わからないを
わかるにかえる

BUNRI

もくじ contents

1 数と式

2 方程式

3 関数

4 図形

5 統計・確率

得点力UP! 入試特集

イラスト：artbox，せのおまいこ，ユニックス

この本の特色と使い方

1単元は，2ページ構成です。

左ページの例題を解いて，右ページの問題にチャレンジしよう！

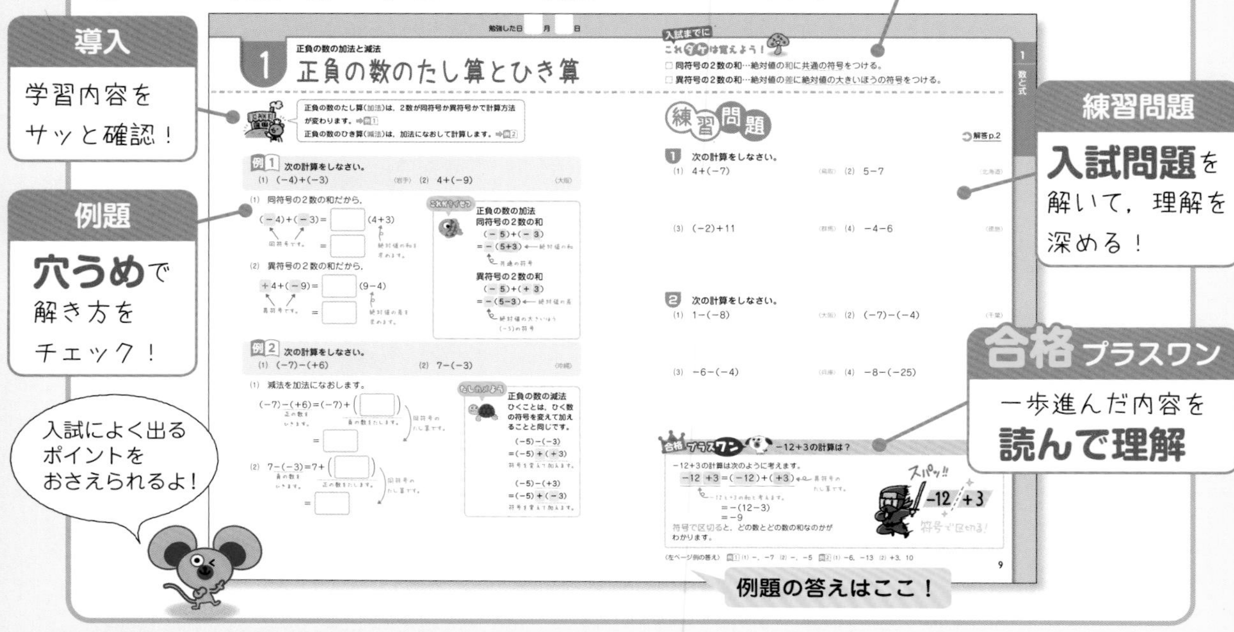

解答集は，問題に答えが入っています。

問題を解いたら，答え合わせをしよう！

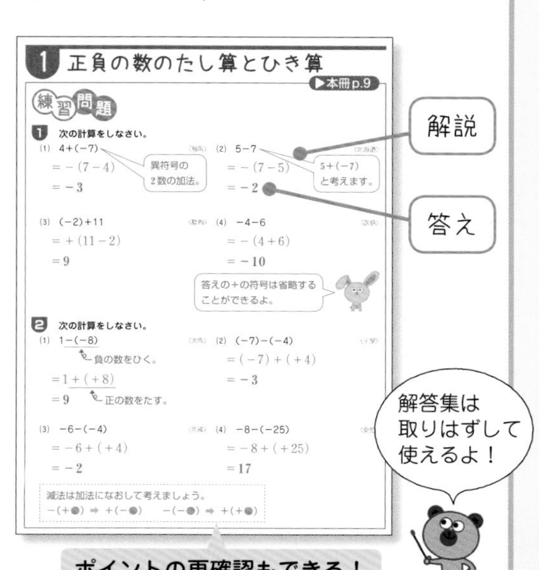

- **ポイント整理**（各章の最初）
  公式などをいつでも確認できる！
- **まとめのテスト**（各章の最後）
  テスト形式の入試問題で，実力を確認！
-  **得点力UP!入試特集**（巻末）
  入試で差がつく応用問題にチャレンジ！

入試によく出る！「合格ミニBOOK」

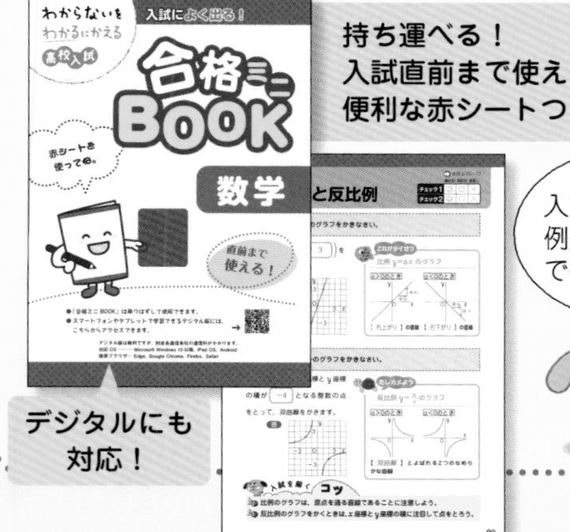

入試によく出る例題を赤シートで何度も確認！

1 数と式

正負の数

$3+(-7)+2$

式の計算

$7x-y-5x+9y$

多項式の計算

$(x+3y)(x-3y)$

平方根

$6\sqrt{7}-\sqrt{28}$

単元の内容	この本での単元番号	終わったらチェック		
		解ける！	ほぼOK	見直し
正負の数	1～3	◎	○	×
文字と式	4～6	◎	○	×
式の計算	7～9	◎	○	×
多項式の計算	10～13	◎	○	×
平方根	14～16	◎	○	×

ポイント整理

1　数と式

各単元の学習ポイントをまとめています。公式を忘れてしまったときや確認したいときにこのページを使いましょう。

正負の数

絶対値

数直線上で，ある数に対応する点と原点との距離。

正負の数の加法

同符号のとき

(＋●)＋(＋■)＝＋(●＋■)

(−●)＋(−■)＝−(●＋■)

異符号のとき

(＋㊀)＋(−㊁)＝＋(㊀−㊁)

(＋㊁)＋(−㊀)＝−(㊀−㊁)

（㊀＝大，㊁＝小）

正負の数の減法

ひく数の符号を変えて，加法になおす。

(−●)−(＋■)＝(−●)＋(−■)

(−●)−(−■)＝(−●)＋(＋■)

2数の積の符号

(＋)×(＋) → (＋)
(−)×(−) → (＋)　← 同符号の2数の積は＋

(＋)×(−) → (−)
(−)×(＋) → (−)　← 異符号の2数の積は−

2数の商の符号

(＋)÷(＋) → (＋)
(−)÷(−) → (＋)　← 同符号の2数の商は＋

(＋)÷(−) → (−)
(−)÷(＋) → (−)　← 異符号の2数の商は−

3つ以上の数の積や商の符号

負の数が奇数（きすう）個 → 積や商の符号は−

負の数が偶数（ぐうすう）個 → 積や商の符号は＋

例　$(-1)^6=1$　　$(-1)^7=-1$

文字と式

積の表し方

▶記号×をはぶく。

▶文字と数の積では，数を前に書く。

例　$a\times(-3)=-3a$

累乗の表し方

同じ文字の積は，累乗の指数を使う。

例　$a\times a\times a=a^3$

商の表し方

記号÷を使わずに，分数の形で表す。

例　$a\div 8=\dfrac{a}{8}$

式の計算

多項式の加法

符号はそのままでかっこをはずす。

例　$(5a-2b)+(-3a+4b)$　← 符号はそのまま。

$=5a-2b-3a+4b$　← 同類項をまとめる。

$=2a+2b$

多項式の減法

ひく式の符号を反対にしてかっこをはずす。

例　$(5a-2b)-(-3a+4b)$　← 符号を反対に。

$=5a-2b+3a-4b$　← 同類項をまとめる。

$=8a-6b$

多項式と数の乗法

分配法則を使ってかっこをはずす。

例　$2(8a-7b)=\underset{①}{\underline{2\times 8a}}+\underset{②}{\underline{2\times(-7b)}}$

$=16a-14b$

単項式の乗法

数どうし，文字どうしでかけ算。

例　$4b\times(-3ac)$

$=4\times(-3)\times b\times a\times c$
数どうし　文字どうし

$=-12abc$ ← 符号，数，文字の順。

単項式の除法

分数の形になおす。

例　$4a\div3b$

$=\dfrac{4a}{3b}$

多項式の計算

式の展開

$(a+b)(c+d)$

$=ac+ad+bc+bd$
①　②　③　④

乗法公式

①$(x+a)(x+b)=x^2+(a+b)x+ab$
和　積

②$(x+a)^2=x^2+2ax+a^2$
2倍　2乗

③$(x-a)^2=x^2-2ax+a^2$
2倍　2乗

④$(x+a)(x-a)=x^2-a^2$
2乗　2乗

例　$(x+9)(x-8)=x^2+x-72$

因数分解の公式

①$x^2+(a+b)x+ab=(x+a)(x+b)$
和　積

②$x^2+2ax+a^2=(x+a)^2$
2倍　2乗

③$x^2-2ax+a^2=(x-a)^2$
2倍　2乗

④$x^2-a^2=(x+a)(x-a)$
2乗　2乗

平方根

平方根

2乗してaになる数をaの平方根といい，$\pm\sqrt{a}$と表す。

$\sqrt{a}$, $-\sqrt{a}$ —2乗(平方)→ a
a —平方根→ $\sqrt{a}$, $-\sqrt{a}$

例　17の平方根は，$\pm\sqrt{17}$
　　9の平方根は，±3 ← 整数になることもある。

平方根の大小

a，bが正の数で，
$a<b$ならば，
$\sqrt{a}<\sqrt{b}$

平方根の積と商

$\sqrt{a}\times\sqrt{b}=\sqrt{ab}$ ← √の中の数どうしでかけ算。

$\sqrt{a}\div\sqrt{b}=\dfrac{\sqrt{a}}{\sqrt{b}}=\sqrt{\dfrac{a}{b}}$ ← 分数の形にする。

√がついた数の表し方

$\sqrt{a^2b}=a\sqrt{b}$ ← √の中はできるだけ小さい自然数にする。

$\sqrt{a^2}=a$

$\dfrac{a}{\sqrt{b}}=\dfrac{a\times\sqrt{b}}{\sqrt{b}\times\sqrt{b}}=\dfrac{a\sqrt{b}}{b}$ ← 分母を有理化。

例　$\sqrt{28}=\sqrt{2^2\times7}=2\sqrt{7}$

例　$\dfrac{4}{\sqrt{3}}=\dfrac{4\times\sqrt{3}}{\sqrt{3}\times\sqrt{3}}=\dfrac{4\sqrt{3}}{3}$

√がついた数の加法と減法

√の中の数が同じものどうしは，まとめることができる。

$a\sqrt{c}+b\sqrt{c}=(a+b)\sqrt{c}$
同じ

$a\sqrt{c}-b\sqrt{c}=(a-b)\sqrt{c}$
同じ

正負の数の加法と減法

1 正負の数のたし算とひき算

正負の数のたし算(加法)は，2数が同符号か異符号かで計算方法が変わります。➡例1
正負の数のひき算(減法)は，加法になおして計算します。➡例2

例1 次の計算をしなさい。

(1) $(-4)+(-3)$ 〈岩手〉　(2) $4+(-9)$ 〈大阪〉

(1) 同符号の2数の和だから，

$(-4)+(-3)=$ □ $(4+3)$

$=$ □

同符号です。　絶対値の和を求めます。

(2) 異符号の2数の和だから，

$+4+(-9)=$ □ $(9-4)$

$=$ □

異符号です。　絶対値の差を求めます。

これがタイセツ

正負の数の加法
同符号の2数の和

$(-5)+(-3)$
$=-(5+3)$ ←絶対値の和
共通の符号

異符号の2数の和

$(-5)+(+3)$
$=-(5-3)$ ←絶対値の差
絶対値の大きいほう(−5)の符号

例2 次の計算をしなさい。

(1) $(-7)-(+6)$　(2) $7-(-3)$ 〈沖縄〉

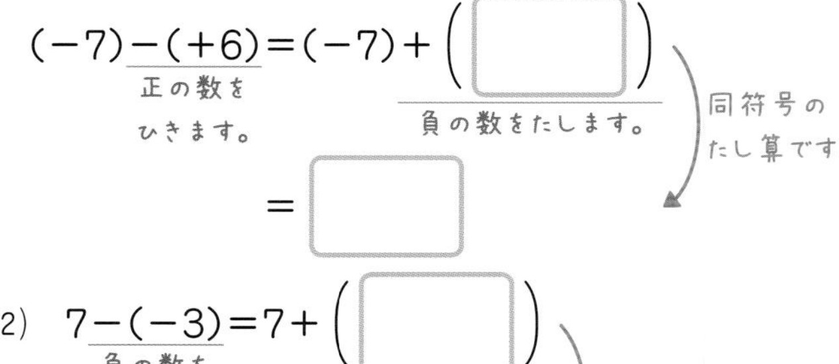

(1) 減法を加法になおします。

$(-7)-(+6)=(-7)+($ □ $)$

正の数をひきます。　負の数をたします。　同符号のたし算です。

$=$ □

(2) $7-(-3)=7+($ □ $)$

負の数をひきます。　正の数をたします。　同符号のたし算です。

$=$ □

たしカメよう

正負の数の減法
ひくことは，ひく数の符号を変えて加えることと同じです。

$(-5)-(-3)$
$=(-5)+(+3)$
符号を変えて加えます。

$(-5)-(+3)$
$=(-5)+(-3)$
符号を変えて加えます。

入試までに
これダケは覚えよう！

□ **同符号の2数の和**…絶対値の和に共通の符号をつける。

□ **異符号の2数の和**…絶対値の差に絶対値の大きいほうの符号をつける。

解答 p.2

1 次の計算をしなさい。

(1) $4+(-7)$ 〈鳥取〉

(2) $5-7$ 〈北海道〉

(3) $(-2)+11$ 〈群馬〉

(4) $-4-6$ 〈徳島〉

2 次の計算をしなさい。

(1) $1-(-8)$ 〈大阪〉

(2) $(-7)-(-4)$ 〈千葉〉

(3) $-6-(-4)$ 〈兵庫〉

(4) $-8-(-25)$ 〈愛知〉

合格プラスワン　$-12+3$の計算は？

$-12+3$の計算は次のように考えます。

$-12\ +3=(-12)+(+3)$ ← 異符号のたし算です。

↑ -12と$+3$の和と考えます。

$=-(12-3)$

$=-9$

符号で区切ると，どの数とどの数の和なのかがわかります。

〈左ページ例の答え〉 例1 (1) −，−7 (2) −，−5 例2 (1) −6，−13 (2) +3，10

正負の数の乗法と除法

2 正負の数のかけ算とわり算

正負の数のかけ算(乗法)，わり算(除法)は，符号に注意して計算します。
同符号の２数の場合は，答えの符号は＋になります。
異符号の２数の場合は，答えの符号は－になります。

例1 次の計算をしなさい。

(1) $(-5)\times(-3)$ 〈愛媛〉　(2) $7\times(-9)$ 〈北海道〉

(1) 同符号の２数の積だから，

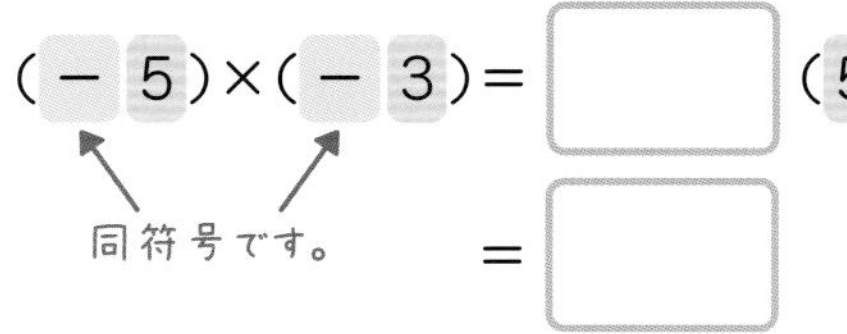

(2) 異符号の２数の積だから，

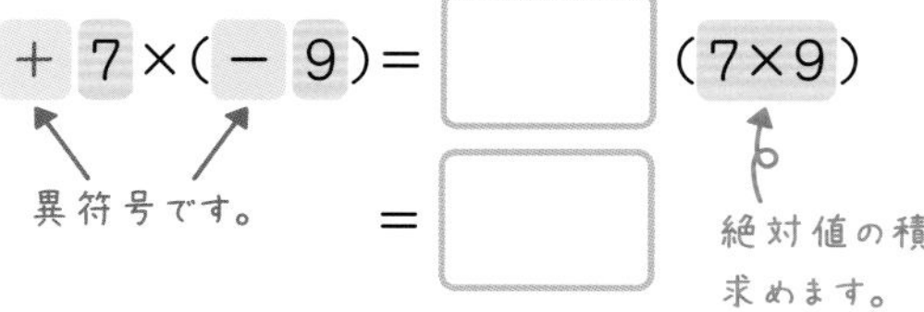

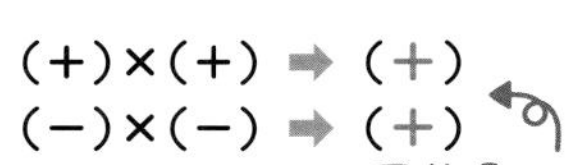

正負の数の乗法

２数の絶対値の積に，下のように符号をつける。

(＋)×(＋) ➡ (＋)
(－)×(－) ➡ (＋)
同符号の２数の積の符号は＋です。

(＋)×(－) ➡ (－)
(－)×(＋) ➡ (－)
異符号の２数の積の符号は－です。

例2 次の計算をしなさい。

(1) $-18\div(-3)$ 〈千葉〉　(2) $(-2)^3\div2$ 〈山口〉

(1) 同符号の２数の商だから，

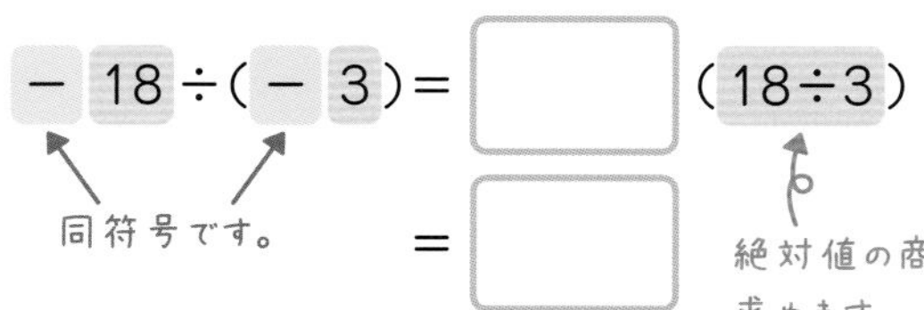

(2) まず，$(-2)^3$ から計算します。

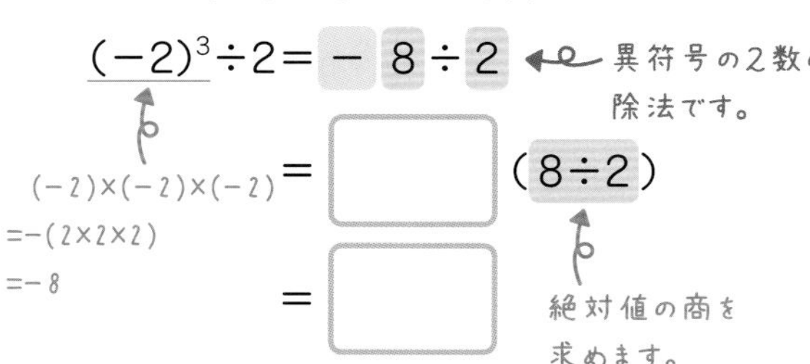

これがタイせつ

正負の数の除法

２数の絶対値の商に，下のように符号をつける。

(＋)÷(＋) ➡ (＋)
(－)÷(－) ➡ (＋)
同符号の２数の商の符号は＋です。

(＋)÷(－) ➡ (－)
(－)÷(＋) ➡ (－)
異符号の２数の商の符号は－です。

入試までに これダケは覚えよう！

□ 同符号の2数の積・商…絶対値の積・商に正の符号(＋)をつける。
□ 異符号の2数の積・商…絶対値の積・商に負の符号(−)をつける。

解答 p.2

1 次の計算をしなさい。

(1) $(-4)\times5$ 〈福島〉
(2) $(-4)\times(-6)$ 〈愛媛〉
(3) $(-5)\times(-4)$ 〈兵庫〉
(4) $7\times(-6)$ 〈三重〉

2 次の計算をしなさい。

(1) $(-8)\div(-2)$ 〈兵庫〉
(2) $20\div(-5)$ 〈愛媛〉
(3) $(-12)\div4$ 〈徳島〉
(4) $(-4)^2\div\frac{1}{5}$ 〈北海道〉

合格プラスワン 累乗の計算に注意しよう

同じ数をいくつかかけたものを累乗(るいじょう)といいます。累乗は，どの数を何個かけているかに注意して計算しましょう。

$2^2=2\times2=4$

$(-2)^2=(-2)\times(-2)=4$

$-2^2=-(2\times2)=-4$

符号に注意しましょう。

累乗で，右上に小さく書いた数を指数(しすう)といい，かけた数の個数を表しているよ。また，2乗を平方(へいほう)，3乗を立方(りっぽう)ともいうよ。

〈左ページ例の答え〉 例1 (1) ＋，15 (2) −，−63 例2 (1) ＋，6 (2) −，−4

四則計算

3 四則の混じった計算をしよう

加法や減法の混じった式では，減法を加法になおしてから，項を書き並べた式にし，正の項の和，負の項の和をそれぞれ求めます。➡例1
四則の混じった式では，計算の順序にしたがって計算します。➡例2

例1 次の計算をしなさい。

(1) $3+(-7)+2$ 〈鳥取〉　(2) $-5-(-9)-1$ 〈山形〉

(1) $3+(-7)+2=3-7+2$
$=\square-7$
$=\square$

符号はそのままでかっこをはずします。
正の項の和，負の項の和をそれぞれ求めます。

(2) $-5-(-9)-1=-5+9-1$
$=9\square$
$=\square$

符号を反対にしてかっこをはずします。

例2 次の計算をしなさい。

(1) $(-9)\div(-3)+5\times(-7)$ 〈大阪〉　(2) $(-2)^3\div4-3^2$ 〈大分〉

(1) 乗法・除法を先に計算します。

$(-9)\div(-3)+5\times(-7)=\square-\square$
$=\square$

先に計算します。

計算の順序
1 累乗・かっこの中
2 乗法・除法
3 加法・減法

(2) 累乗があるときは，累乗を先に計算します。

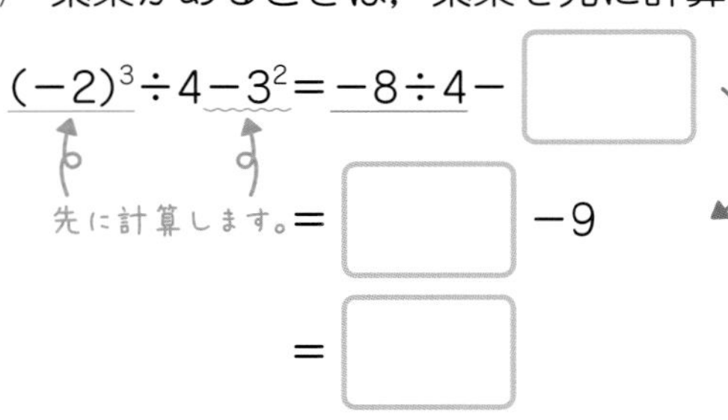

$(-2)^3\div4-3^2=-8\div4-\square$
$=\square-9$
$=\square$

先に計算します。
除法を先に計算します。

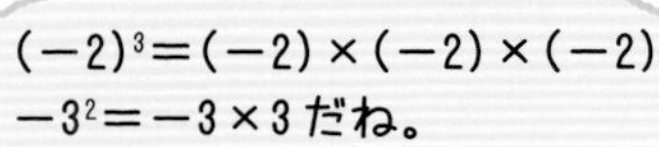

入試までに
これダケは覚えよう！

□ **加法や減法の混じった式**…減法を加法になおしてから計算する。

□ **四則の混じった式**…1累乗・かっこ，2乗法・除法，3加法・減法の順に計算する。

解答 p.2

1 次の計算をしなさい。

(1) $1+(-8)-6$ 〈山形〉

(2) $2-(-3)+(-7)$ 〈高知〉

2 次の計算をしなさい。

(1) $2+5\times(-3)$ 〈三重〉

(2) $6+4\div(-2)$ 〈富山〉

(3) $2-5\times(2-5)$ 〈愛知〉

(4) $(-4)^2+8\div(-2)$ 〈千葉〉

(5) $(-3)^2\times2-5\times3$ 〈茨城〉

(6) $5\times(-4)^2-3^2$ 〈京都〉

合格プラスワン 印をつけて考えよう

四則の混じった計算をするとき，計算の順序に注意する必要があります。順序を間違えないように，下線などの印をつけると，どこを計算しているかがわかりやすくなります。

例 $-18\div(-3)^2+2\times(-2)^3=-18\div9+2\times(-8)$

まず累乗を計算します。 次に乗除を計算します。

$=-2-16$ ← 最後に加減を計算します。

$=-18$

〈左ページ例の答え〉 例1 (1) 5，−2 (2) −6，3 例2 (1) 3，35，−32 (2) 9，−2，−11

4 文字式の表し方
文字を使った式で表そう

数量の関係を，文字を使って表すときは，ことばの式を考えてから文字を使って表しましょう。➡例1
式の値を求めるときは，文字に数を代入して計算します。➡例2

例1 次の数量を，文字を使った式で表しなさい。

(1) $x$kmの道のりを時速4kmの速さで歩いたとき，かかった時間。〈富山〉

(2) ある商店で，定価が1個a円の品物が定価の3割引きで売られています。この品物を10個買ったときの代金。〈福島〉

(1) 道のりが$x$km，速さが時速4kmだから，

$$(時間)=\frac{(道のり)}{(速さ)}$$

$= \square$ (時間)   時間

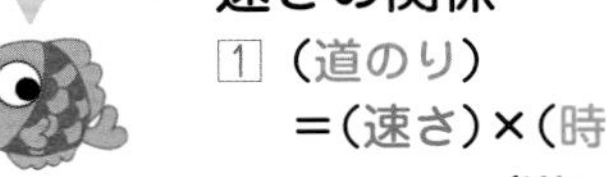
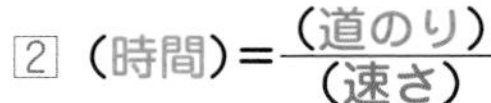

これがタイセツ
速さの関係
1 (道のり)＝(速さ)×(時間)
2 $(時間)=\frac{(道のり)}{(速さ)}$
3 $(速さ)=\frac{(道のり)}{(時間)}$

(2) 売られている品物の値段は，定価a円の3割引きだから，

$a\times\left(1-\frac{3}{10}\right)=\square$ (円)

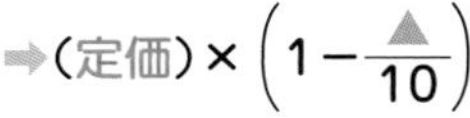

チュウいしよう
割引き後の値段
定価の▲割引き
➡$(定価)\times\left(1-\frac{▲}{10}\right)$

これを10個買ったので，求める代金は，

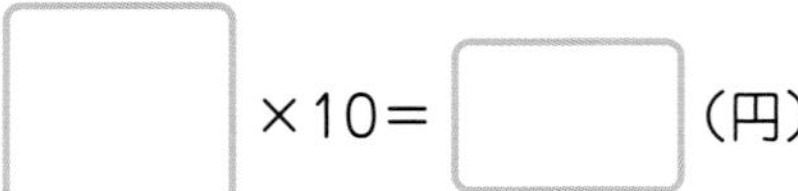

$\square\times10=\square$ (円)

  円

例2 $a=-2$のとき，$2a+12$の値を求めなさい。〈大阪〉

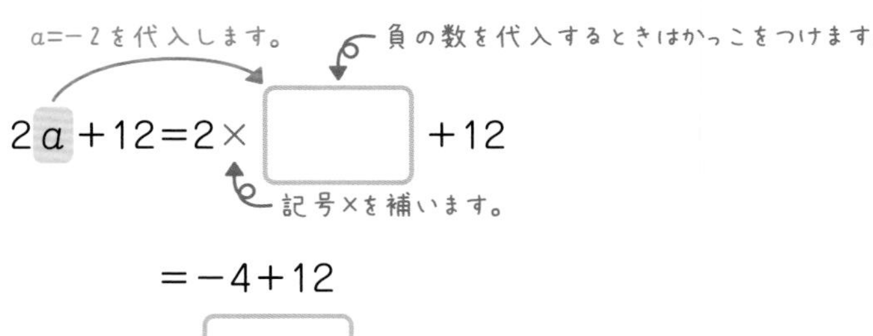

$2a+12=2\times\square+12$

$=-4+12$

$=\square$

入試までに これダケは覚えよう！

□ **文字式の表し方**…記号×をはぶく。記号÷を使わずに，分数の形で表す。

□ **式の値**…式の中の文字を数におきかえて計算する。おきかえることを代入するという。

解答 p.2

1 次の数量を，文字を使った式で表しなさい。

(1) 家から学校まで行くのに最初の$x$kmを時速5kmで歩き，残りの$y$kmを時速9kmで走ったとき，かかった時間。〈佐賀〉

(2) 右の表は，ある店の商品A，B，Cの1個あたりの定価を示したものです。商品Aをa個，商品Bをb個，商品Cを2個買ったときの合計金額。〈徳島〉

商品	商品A	商品B	商品C
定価	200円	150円	120円

2 $a=2$のとき，$-5a+4$の値を求めなさい。 〈大阪〉

合格プラスワン 具体的な数で考えよう

例 aを負の数とするとき，次の㋐〜㋒のうち，その値が正になるものを記号で答えなさい。〈大阪改〉

㋐ aの2倍　㋑ aの2乗　㋒ aの3乗

➡aは負の数だから，例えば，aが-3だとして考えてみましょう。

㋐ $(-3)\times2=-6$ ← 負です。

㋑ $(-3)\times(-3)=9$ ← 正です。

㋒ $(-3)\times(-3)\times(-3)=-27$ ← 負です。

 答 ㋑

〈左ページ例の答え〉 例1 (1) $\frac{x}{4}$，$\frac{x}{4}$ (2) $\frac{7}{10}a$，$\frac{7}{10}a$，$7a$，$7a$ 例2 (-2)，8

1次式の計算

5 文字式の計算をしよう

文字式の加法と減法は，文字の部分が同じ項どうし，数の項どうしをそれぞれ計算します。➡例1

かっこがついた式と数の乗法は，分配法則を使ってかっこをはずします。➡例2

例1 次の計算をしなさい。

(1) $8x-4x$ 〈埼玉15〉　(2) $8x-3-2x+7$ 〈大阪〉

(1) 文字の部分が x で同じだから，

$8x-4x=$ □

$(8-4)x$ と，係数の部分を計算します。

(2) 文字の部分が同じ項どうし，数の項どうしをそれぞれ計算します。

$8x-3-2x+7=8x-2x-3+7$

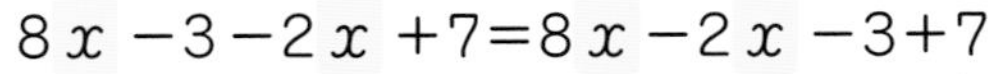

$(8-2)x$　　異符号の2数の和

$=$ □

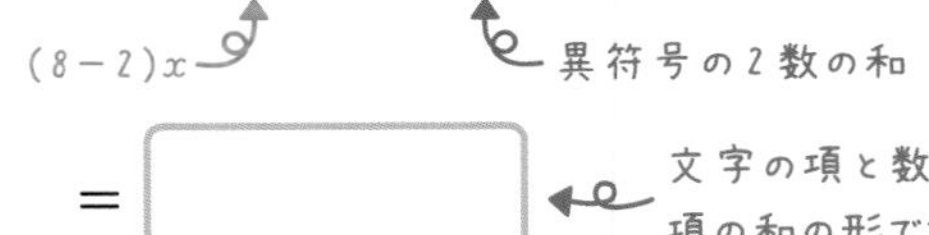

文字の項と数の項の和の形です。

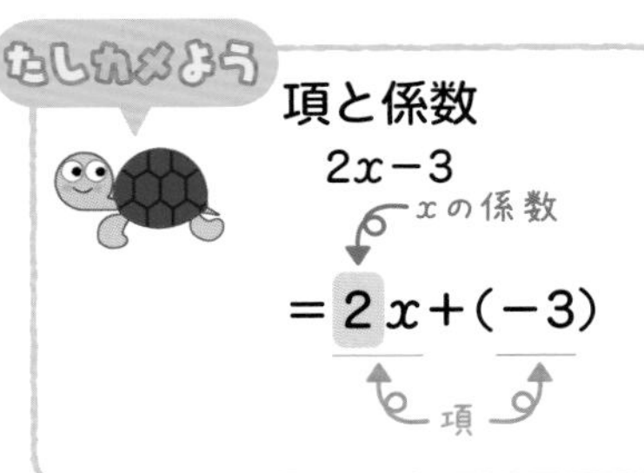

項と係数

$2x-3$

x の係数

$=2x+(-3)$

項

たしすぎに注意

文字をふくむ項と数の項をたすことはできません。

$6x+4=10x$

例2 次の計算をしなさい。

(1) $\frac{1}{2}(6a+4)$ 〈三重〉　(2) $-3(x+2)+(7-9x)$ 〈佐賀〉

(1) 分配法則を使ってかっこをはずします。

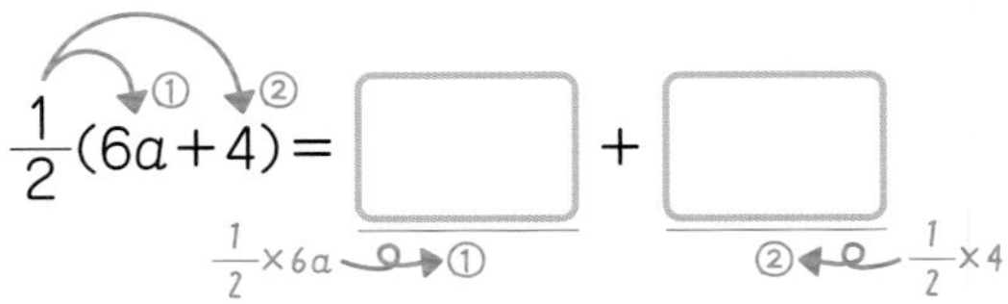

$\frac{1}{2}(6a+4)=$ □ $+$ □

$\frac{1}{2}\times 6a$ → ①　　② ← $\frac{1}{2}\times 4$

(2) かっこをはずし，文字の項と数の項を整理します。

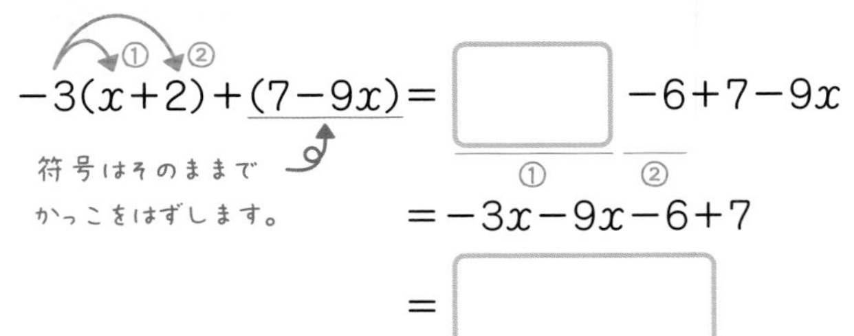

$-3(x+2)+(7-9x)=$ □ $-6+7-9x$

符号はそのままでかっこをはずします。

$=-3x-9x-6+7$

$=$ □

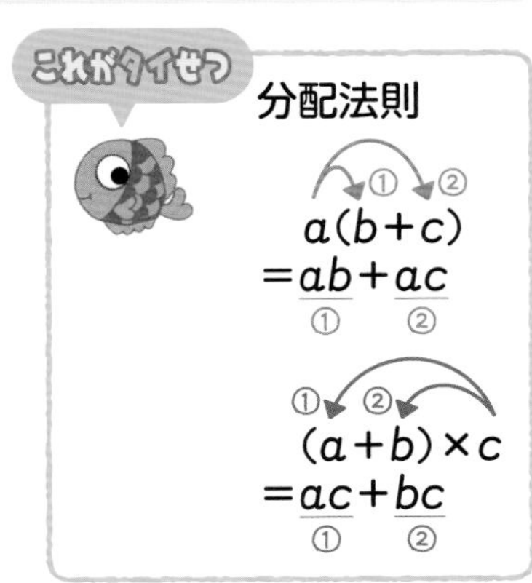

分配法則

$a(b+c)$
$=ab+ac$

$(a+b)\times c$
$=ac+bc$

入試までに
これダケは覚えよう！

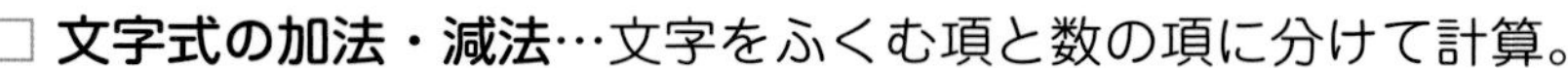
□ **文字式の加法・減法**…文字をふくむ項と数の項に分けて計算。

□ **かっこのついた式と数の乗法**…分配法則を使ってかっこをはずす。

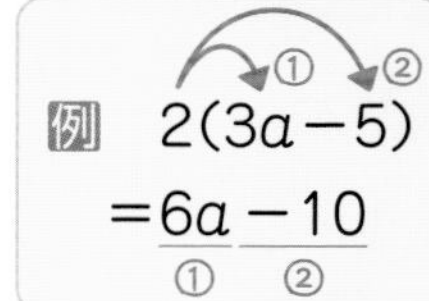

解答 p.3

1 次の計算をしなさい。

(1) $9a-5a$ 〈埼玉14〉

(2) $4a-(9-7a)$ 〈滋賀〉

(3) $4(3a+1)-(7a-5)$ 〈富山〉

(4) $(2x+1)-3(1-x)$ 〈沖縄〉

(5) $4(x+2)-(3x-1)$ 〈徳島〉

(6) $3(x-2)-(x-1)$ 〈鳥取〉

合格プラスワン　−(　　)は符号に注意しよう

分配法則を使うときは，符号に注意しましょう。
かっこの前が負の数のときは，特に注意しましょう。

例　$-3(x+2)$を計算しなさい。

➡ $-3(x+2)=-3x+6$ ✕
ここの符号が違います。

$-3(x+2)=-3x-6$ 〇
$-3\times2=-6$

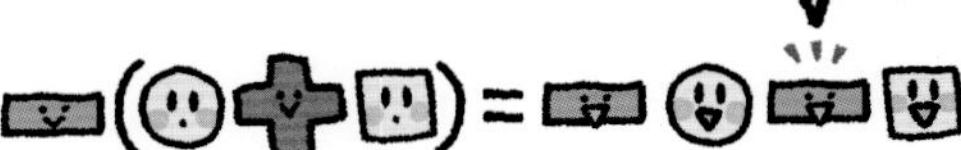

〈左ページ例の答え〉 例1 (1) $4x$　(2) $6x+4$　例2 (1) $3a$，2　(2) $-3x$，$-12x+1$

等式と不等式

関係を式で表そう

数量の間の関係を，等号「＝」を使って表した式を等式（とうしき）といいます。➡例1
数量の間の関係を，不等号「＜」「＞」「≦」「≧」を使って表した式を不等式（ふとうしき）といいます。➡例2

例1

りんごa個を9人にb個ずつ配ると5個余りました。このとき，aをbの式で表しなさい。〈鹿児島〉

9人にb個ずつ配ると，必要なりんごの個数は，

b ×［　　］＝［　　］（個）

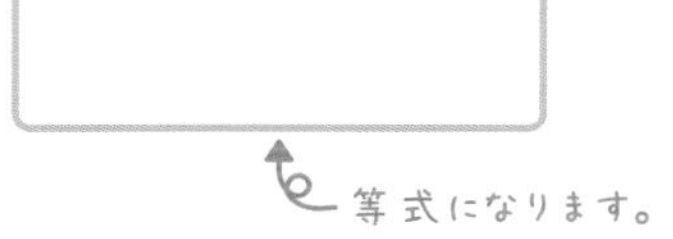

となります。

a個のりんごを配って，5個余ったので，

［　　　　］

等式になります。

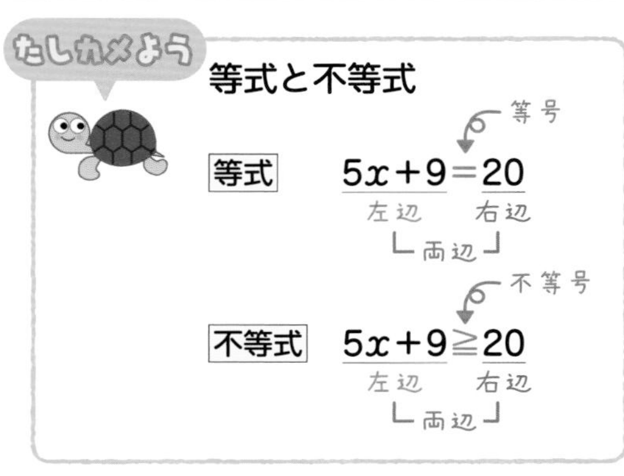

例2

1個5kgの品物x個と1個2kgの品物y個の重さの合計は，40kg未満でした。このときの数量の関係を不等式で表しなさい。〈高知〉

1個5kgの品物x個の重さ

➡［　　］kg

1個2kgの品物y個の重さ

➡［　　］kg

上の2つの重さの合計が40kg未満だから，

［　　　　］

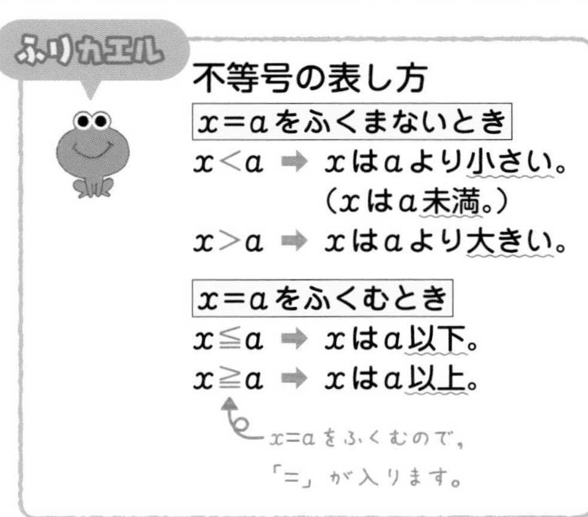

入試までに
これダケは覚えよう！

□ **等式**…等号「＝」を使って表す。左辺と右辺は等しい。

□ **不等式**…不等号「＜」「＞」「≦」「≧」を使って表す。以下と未満の違いなどに注意。

➡ 解答 p.3

1 **次の数量の間の関係を，等式または不等式で表しなさい。**

(1) 25mのテープからxmのテープを7本切り取ると，ym残ります。 〈愛知〉

(2) 1個xgのおもり2個と1個ygのおもり5個の重さの合計は，50gより重くなりました。 〈富山〉

(3) 重さが500kgをこえると動かなくなるエレベーターがあります。体重75kgの人1人が，1個25kgの荷物a個とともに，このエレベーターに乗って移動することができました。 〈山形〉

合格プラスワン　おつりがもらえるということは？

例　500円で，1本a円の鉛筆(えんぴつ)3本と1冊b円のノート2冊を買うと，おつりがもらえました。このときの数量関係を表した不等式として適当でないものを選びなさい。 〈京都改〉

㋐　$3a+2b<500$　　　㋑　$500-(3a+2b)<0$

➡㋐　鉛筆3本とノート2冊の代金の合計は，$3a+2b$(円)

500円でおつりがもらえたので，$3a+2b<500$ ← 正しい。

㋑　500円から代金の合計をひくと，0より大きくなるので，

$500-(3a+2b)>0$ ← 不等号の向きが反対です。

答　㋑

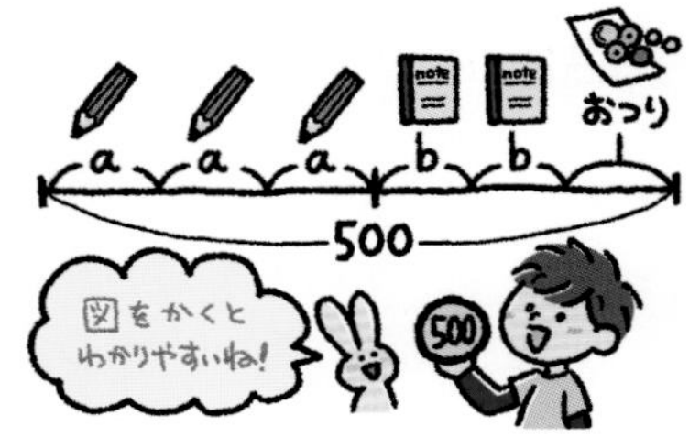

〈左ページ例の答え〉 例1 9，$9b$，$a=9b+5$　例2 $5x$，$2y$，$5x+2y<40$

7 多項式の加法と減法
同類項をまとめよう

文字の部分が同じ項を同類項（どうるいこう）といいます。同類項は分配法則$ax+bx=(a+b)x$を使ってまとめることができます。⇒例1
かっこをふくむ式は，かっこをはずしてから同類項をまとめます。⇒例2

例1 $7x-y-5x+9y$を計算しなさい。〈大阪〉

xをふくむ項とyをふくむ項に分けて計算します。

$7x-y-5x+9y$ 　項を並べかえます。

$=7x-5x-y+9y$ 　同類項をまとめます。

$(7-5)x$　　$(-1+9)y$

$=$ □

例2 次の計算をしなさい。

(1) $8x+y-6(x-y)$ 〈熊本〉　(2) $2(2x-y)-(x-y)$ 〈群馬〉

(1) 分配法則を使ってかっこをはずします。

$8x+y-6(x-y)=8x+y-6x$ □

$-6\times x$ → ①　② ← $-6\times(-y)$

$=8x-6x+y+6y$

$=$ □

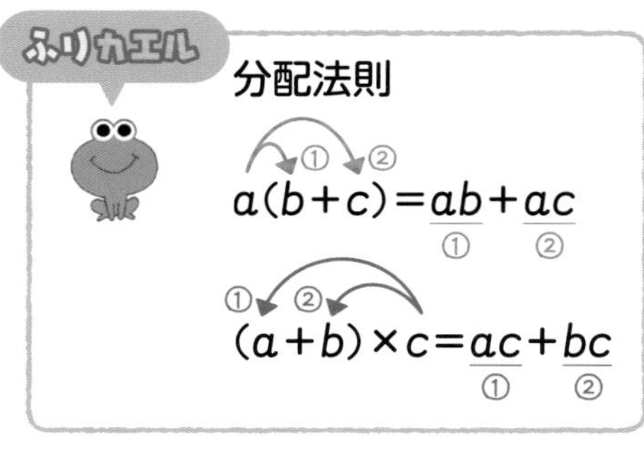

(2) 分配法則を２回使います。

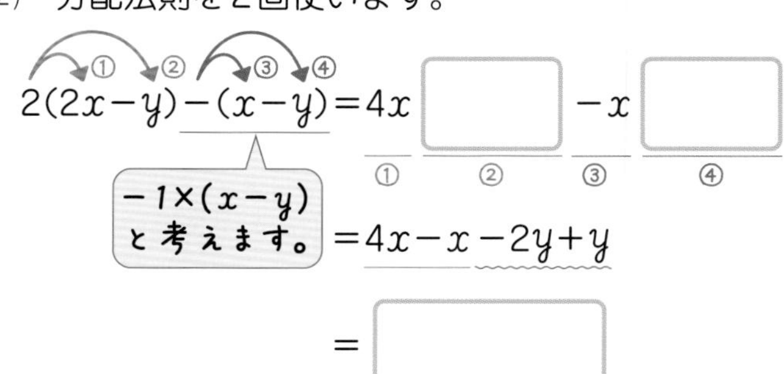

$2(2x-y)-(x-y)=4x$ □ $-x$ □

①　②　③　④

$-1\times(x-y)$と考えます。

$=4x-x-2y+y$

$=$ □

□ **同類項のまとめ方**…項を並べかえてから，分配法則を使ってまとめる。

□ **かっこをふくむ式**…分配法則を使ってかっこをはずしてから，同類項をまとめる。

練習問題

➡ 解答 p.3

1 次の計算をしなさい。

(1) $6a+4b-(3a-b)$ 〈大阪〉

(2) $2(3x-y)-(4x-3y)$ 〈富山〉

(3) $7x-6y+4(y-x)$ 〈熊本〉

(4) $4a+5b-3(a+2b)$ 〈岐阜〉

(5) $7(2a-3b)-5(3a-4b)$ 〈大分〉

(6) $4(2a-3b)-7(a-2b)$ 〈和歌山〉

通分しよう

分数をふくむ式は，通分してから分子の計算をしましょう。

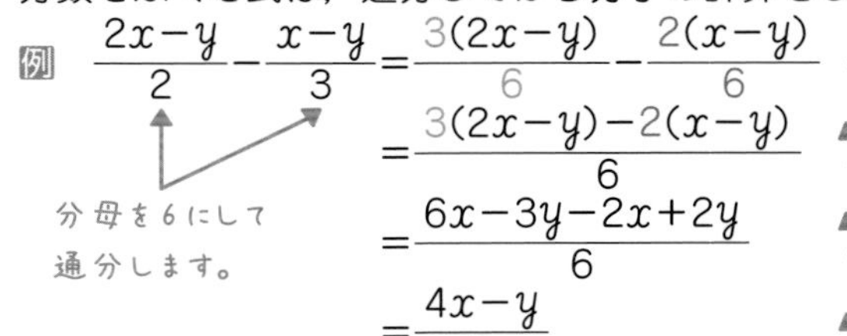

例
$$\frac{2x-y}{2}-\frac{x-y}{3}=\frac{3(2x-y)}{6}-\frac{2(x-y)}{6}$$
$$=\frac{3(2x-y)-2(x-y)}{6}$$
$$=\frac{6x-3y-2x+2y}{6}$$
$$=\frac{4x-y}{6}$$

分母を6にして通分します。

1つの分数にまとめ，分子の計算をします。

分配法則を使います。

分子の同類項をまとめます。

〈左ページ例の答え〉 例1 $2x+8y$ 例2 (1) $+6y$, $2x+7y$ (2) $-2y$, $+y$, $3x-y$

8 単項式の乗法と除法
文字式のかけ算とわり算

単項式の乗法は，数は数どうし，文字は文字どうしで計算します。
単項式の除法は，分数になおしてから約分します。➡例1
乗法と除法の混じった式は，÷のうしろにある式を分母にして計算します。➡例2

例1 次の計算をしなさい。

(1) $3a^2\times2a^3$ 〈大阪〉　(2) $12xy^2\div(-2y)^2$ 〈滋賀〉

(1) 数の部分，文字の部分に分けて，計算します。

$3a^2\times2a^3=3\times2\times a\times a\times a\times a\times a$

$=\square$ ← 同じ文字の積は，累乗を使って表します。

(2) 累乗を先に計算してから，除法を分数になおします。

$12xy^2\div(-2y)^2=12xy^2\div4y^2$

↑ 累乗を先に計算します。

わる式を分母にして，分数になおします。

$=\dfrac{12xy^2}{4y^2}$

$=\dfrac{\overset{3}{\cancel{12}}\times x\times\overset{1}{\cancel{y}}\times\overset{1}{\cancel{y}}}{\underset{1}{\cancel{4}}\times\underset{1}{\cancel{y}}\times\underset{1}{\cancel{y}}}$ ← 約分します。

$=\square$

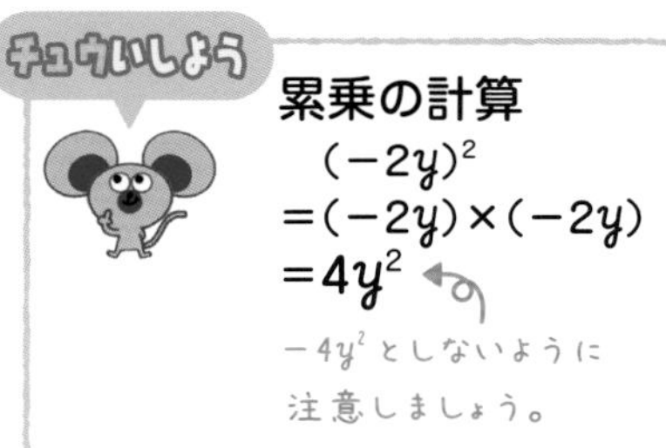

累乗の計算

$(-2y)^2$
$=(-2y)\times(-2y)$
$=4y^2$ ← $-4y^2$としないように注意しましょう。

例2 $(-4a)^2\times9a\div6a^2$を計算しなさい。 〈熊本〉

$(-4a)^2\times9a\div6a^2=16a^2\times9a\div6a^2$

↑ 累乗を先に計算します。

÷のうしろにある式を分母にします。

$=\dfrac{16a^2\times9a}{6a^2}$

$=\dfrac{\overset{8}{\cancel{16}}\times\overset{1}{\cancel{a}}\times\overset{1}{\cancel{a}}\times\overset{3}{\cancel{9}}\times a}{\underset{\underset{1}{\cancel{3}}}{\cancel{6}}\times\underset{1}{\cancel{a}}\times\underset{1}{\cancel{a}}}$ ← 約分します。

$=\square$

入試までに
これダケは覚えよう！

□ **単項式の乗法**…数どうし，文字どうしをかける。

□ **単項式の除法**…÷のうしろにある式を分母にする。

解答 p.3

1 次の計算をしなさい。

(1) $x^2y\times(-3xy)$ 〈沖縄〉

(2) $ab^2\div(-b)$ 〈山口〉

2 次の計算をしなさい。

(1) $12ab\div3b\times(-2a)$ 〈福井〉

(2) $5x^2y\div(-4xy)\times8y$ 〈富山〉

(3) $x^3y\times x^2y^4\div xy^2$ 〈大分〉

(4) $8a\times(-6ab^3)\div(-ab)^2$ 〈鹿児島〉

合格プラスワン　どうしてわる式が分母なの？

単項式の除法で，わる式を分母にする理由は，除法と乗法の関係から説明できます。
除法は，わる式を逆数にして，乗法になおすことができます。

例　$12xy^2\div4y^2$

$=12xy^2\times\dfrac{1}{4y^2}$　← わる式を逆数にして，乗法になおします。

$=\dfrac{12xy^2}{4y^2}$　← わる式が分母になります。

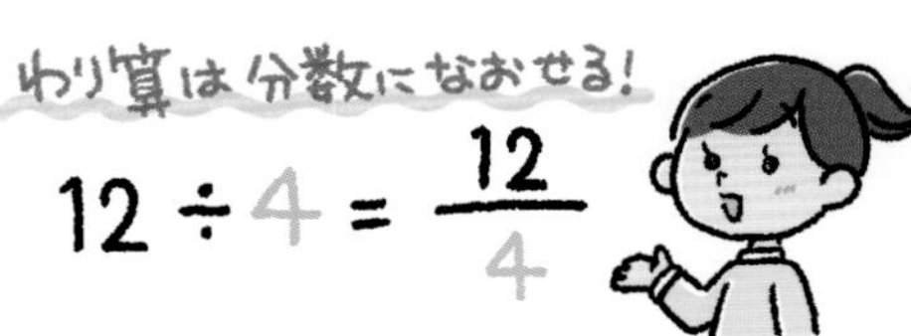

〈左ページ例の答え〉 例1 (1) $6a^5$　(2) $3x$　例2 $24a$

9 等式の変形
$x=$〜という形の式をつくろう

式の値(あたい)を求めるときに，式を簡単にしてから数を代入すると，求めやすくなることがあります。➡例1
等式を変形して$x=$〜という形にすることを，xについて解(と)くといいます。➡例2

例1 次の問いに答えなさい。

(1) $x=8$，$y=-6$のとき，$5x-7y-4(x-2y)$の値を求めなさい。〈京都〉
(2) $x=3$，$y=2$のとき，$(-6xy^2)\div 3y$の値を求めなさい。〈長崎〉

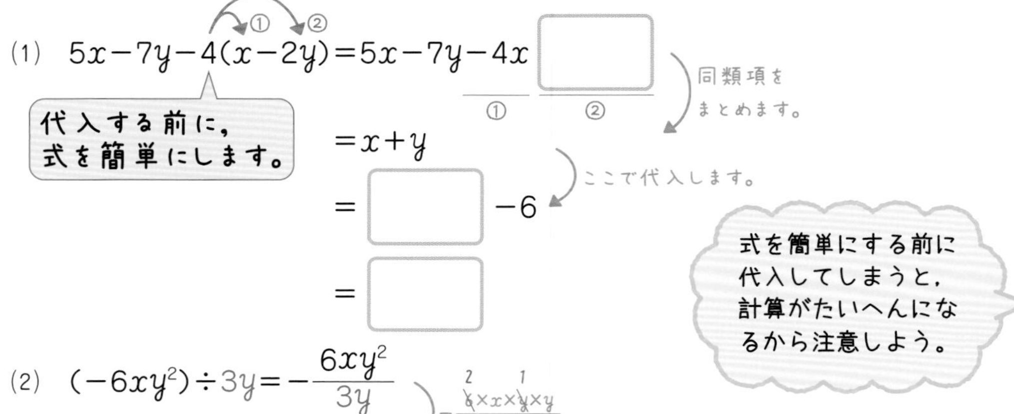

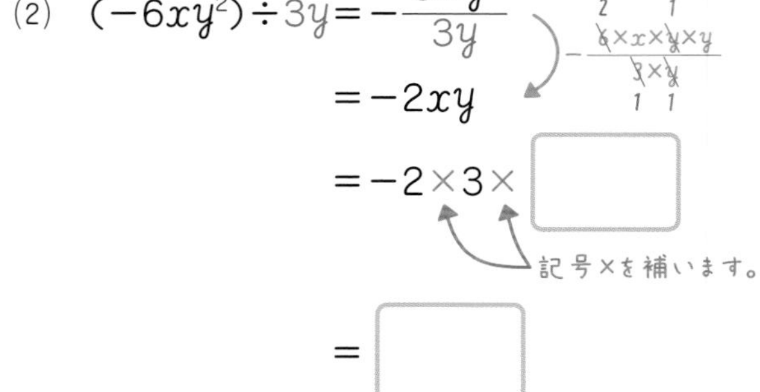

$=$ □

例2 $4a+3b=17$をbについて解きなさい。〈高知〉

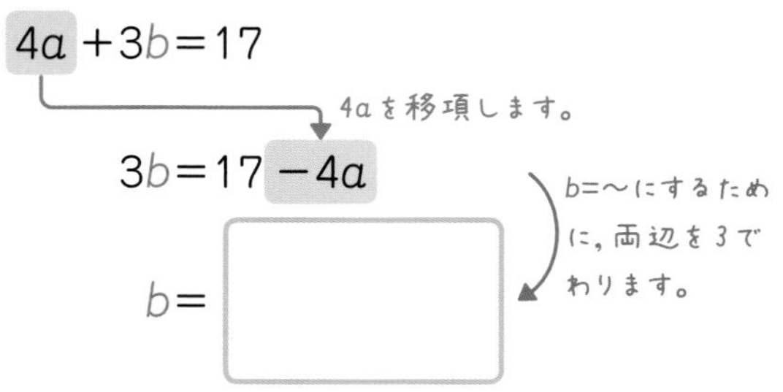

移項
移項は等式の性質を使って考えます。（p.49 プラスワン 参照）

例 $x-3=4$
$x-3+3=4+3$ ← $x=$〜にするために，両辺に3を加えます。
0です。
$x=4+3$ ← 結果として，符号が反対になります。

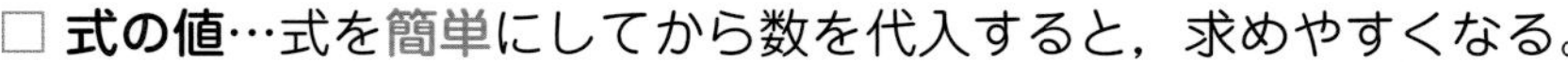

入試までに これダケは覚えよう！

□ **式の値**…式を簡単にしてから数を代入すると，求めやすくなる。

□ **等式の変形**…等式の性質を使って $x=\sim$ という形にすることを，x について解くという。

練習問題

解答 p.4

1 $x=2$，$y=-\frac{1}{2}$ のとき，$(3x-2y)+2(2x-y)$ の値を求めなさい。〈福島〉

2 $a=3$，$b=-2$ のとき，$16a^2b\div(-4a)$ の値を求めなさい。〈北海道〉

3 次の等式を y について解きなさい。

(1) $5x-y=2$ 〈高知〉 (2) $5x+3y-6=0$ 〈福島〉

合格プラスワン 簡単にする前に代入してしまうと…

式の値を求めるとき，先に代入すると計算がたいへんになります。次の例で確かめてみましょう。

例 $x=5$，$y=6$ のとき，$(-10x^2y^2)\div5xy$ の値を求めなさい。

➡式を簡単にする前に代入してみます。

$(-10x^2y^2)\div5xy=(-10\times5^2\times6^2)\div(5\times5\times6)$
$=-9000\div150$
$=-60$

計算がたいへんです。

➡式を簡単にしてから代入します。

$(-10x^2y^2)\div5xy=-\frac{10x^2y^2}{5xy}$
$=-2xy$
$=-2\times5\times6$
$=-60$

式が簡単になります。
ここで代入します。

答えは同じになるので，式を簡単にしてから代入するようにしましょう。

〈左ページ例の答え〉 例1 (1) $+8y$，8，2 (2) 2，-12 例2 $\frac{17-4a}{3}$

10 多項式の計算

式を展開しよう

（多項式）×（単項式）は，分配法則を使ってかっこをはずします。
（多項式）÷（単項式）は，わる式を逆数にして乗法になおします。⇒例1
（多項式）×（多項式）は，分配法則を2回使ってかっこをはずします。⇒例2

例1　$(24ab-16b^2)\div 8b$ を計算しなさい。〈静岡〉

$(24ab-16b^2)\div 8b$

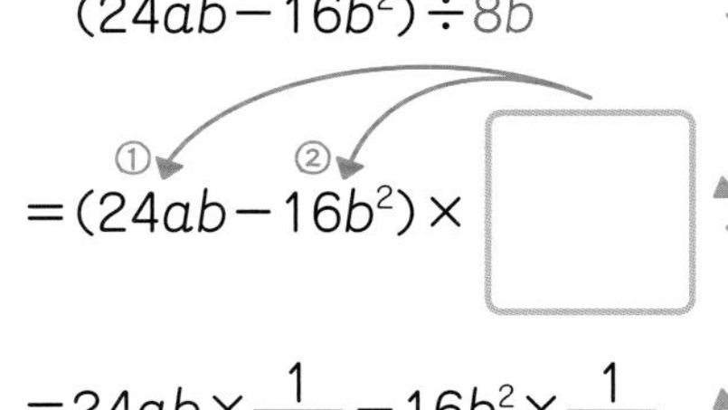

$=(24ab-16b^2)\times$ □

わる式の $8b$ を逆数にして，乗法になおします。

分配法則を使ってかっこをはずします。

$=\underset{①}{24ab\times\frac{1}{8b}}\underset{②}{-16b^2\times\frac{1}{8b}}$

$=\frac{\overset{3}{\cancel{24}}\times a\times\overset{1}{\cancel{b}}}{\underset{1}{\cancel{8}}\times\underset{1}{\cancel{b}}}-\frac{\overset{2}{\cancel{16}}\times\overset{1}{\cancel{b}}\times b}{\underset{1}{\cancel{8}}\times\underset{1}{\cancel{b}}}$ ← 約分します。

$=$ □

$(24ab-16b^2)\div 8b$
$=\frac{24ab}{8b}-\frac{16b^2}{8b}$
と考えることもできるよ。

例2　$(x-3y)(3x+2y)$ を展開しなさい。〈大阪〉

かっこをはずして単項式の和の形にすることを展開する（てんかい）といいます。
かっこの中を x と $-3y$ の項に分け，それぞれに分配法則の考え方を使って展開します。

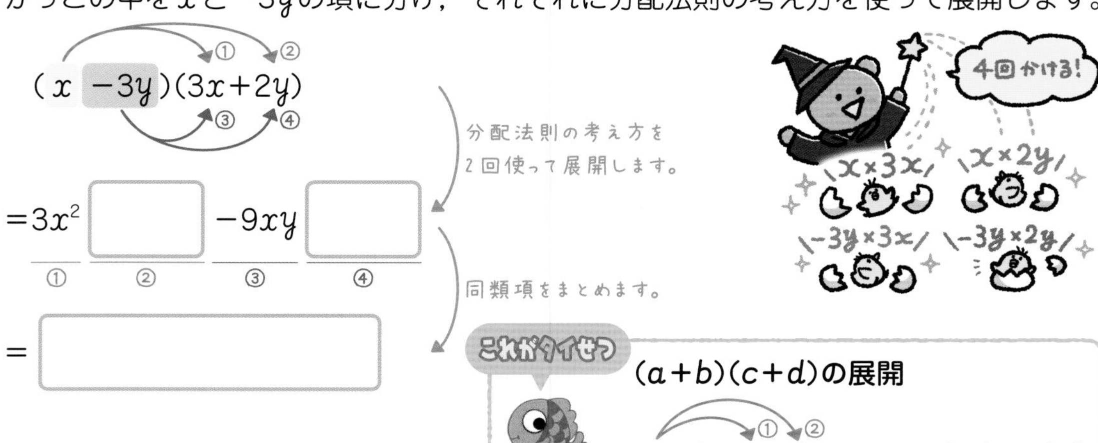

$(x\ -3y)(3x+2y)$

分配法則の考え方を2回使って展開します。

$=\underset{①}{3x^2}\ \underset{②}{□}\ \underset{③}{-9xy}\ \underset{④}{□}$

同類項をまとめます。

$=$ □

これがタイセツ

$(a+b)(c+d)$ の展開

$(a+b)(c+d)=\underset{①}{ac}+\underset{②}{ad}+\underset{③}{bc}+\underset{④}{bd}$

入試までに これダケは覚えよう！

□ (多項式)÷(単項式)…乗法になおす。

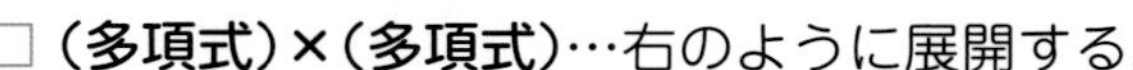
□ (多項式)×(多項式)…右のように展開する。

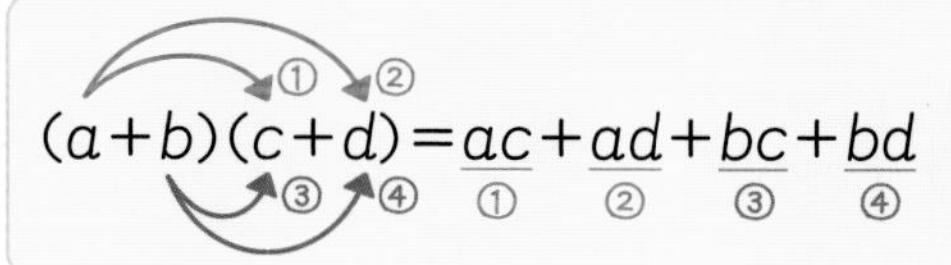
$(a+b)(c+d)=\underset{①}{\underline{ac}}+\underset{②}{\underline{ad}}+\underset{③}{\underline{bc}}+\underset{④}{\underline{bd}}$

練習問題

解答 p.4

1 次の計算をしなさい。

(1) $(x-2y)\times(-4x)$ 〈山口〉

(2) $(48a^2-18ab)\div 6a$ 〈静岡〉

(3) $(10x^2y-5xy^2)\div 5xy$ 〈愛媛〉

(4) $(-8ab+12b^2)\div 2b$ 〈山形〉

2 次の式を展開しなさい。

(1) $(2x-1)(x+3)$ 〈群馬〉

(2) $(x+7)(x-1)$ 〈沖縄〉

合格プラスワン c+dをひとまとまりにして考えよう

例2のこれがタイセツにある公式が成り立つ理由を考えてみましょう。
$(a+b)(c+d)$は，$c+d=M$とおくと，分配法則を使って計算できます。

$(a+b)(c+d)=(a+b)M$　（c+dをMとおく。）
$=aM+bM$　分配法則を使います。
$=a(c+d)+b(c+d)$　Mをc+dに戻します。
$=ac+ad+bc+bd$　分配法則を使います。

〈左ページ例の答え〉 例1 $\frac{1}{8b}$，$3a-2b$ 例2 $+2xy$，$-6y^2$，$3x^2-7xy-6y^2$

11 乗法公式

乗法公式を使って展開しよう

(多項式)×(多項式)を展開するときは，$(a+b)(c+d)=ac+ad+bc+bd$と計算すれば解けますが，特に重要なものを公式としてまとめておくと便利です。それが**乗法公式**です。乗法公式は①～④の4つがあります。

例1 次の式を展開しなさい。

(1) $(x+5)(x-3)$ 〈群馬〉　(2) $(x+3y)(x-3y)$ 〈大阪〉

分配法則の考え方を使っても展開できますが，ここでは乗法公式を使って展開します。式の形によって，①～④の乗法公式を使い分けます。

(1) $(x+5)(x-3)$

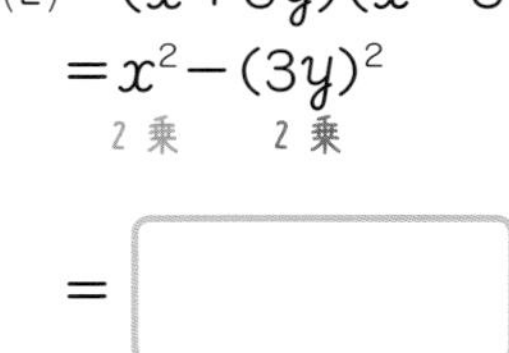

$=x^2+\boxed{}x-\boxed{}$

5と−3の和　5と−3の積

乗法公式①を使います。

(2) $(x+3y)(x-3y)$

$=x^2-(3y)^2$

2乗　2乗

$=\boxed{}$

3yをひとまとまりと考えて，乗法公式④を使います。

これがタイセツ

乗法公式

① $(x+a)(x+b)$
$=x^2+(a+b)x+ab$
和　積

② $(x+a)^2$
$=x^2+2ax+a^2$
2倍　2乗

③ $(x-a)^2$
$=x^2-2ax+a^2$
2倍　2乗

④ $(x+a)(x-a)$
$=x^2-a^2$
2乗　2乗

例2 $x(x+2)-(x+4)(x-3)$を計算しなさい。〈和歌山〉

分配法則や乗法公式を使って計算します。

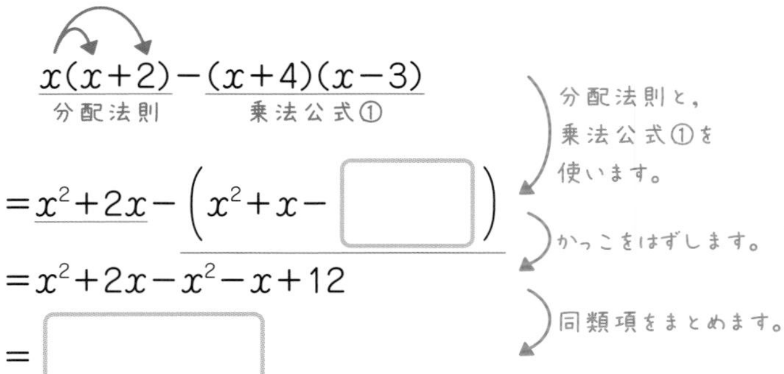

$x(x+2)-(x+4)(x-3)$

分配法則　乗法公式①

分配法則と，乗法公式①を使います。

$=x^2+2x-\left(x^2+x-\boxed{}\right)$

かっこをはずします。

$=x^2+2x-x^2-x+12$

同類項をまとめます。

$=\boxed{}$

使う乗法公式を間違えないように，式の形をよく見よう。

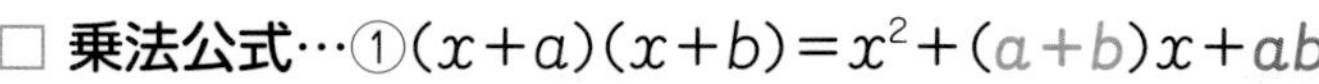

入試までに これダケは覚えよう！

□ 乗法公式…①$(x+a)(x+b)=x^2+(a+b)x+ab$　②$(x+a)^2=x^2+2ax+a^2$

③$(x-a)^2=x^2-2ax+a^2$　④$(x+a)(x-a)=x^2-a^2$

練習問題

解答 p.4

1 次の式を展開しなさい。

(1) $(x-3)(x+8)$ 〈大阪〉　(2) $(x-2)(x+2)$ 〈沖縄〉

(3) $(x-2)^2$ 〈栃木〉　(4) $(3x+1)^2$ 〈群馬〉

2 次の計算をしなさい。

(1) $(x+3)^2-x(x-9)$ 〈高知〉　(2) $(x+3)^2+(x-1)(x-4)$ 〈愛媛〉

合格プラスワン　乗法公式を忘れてしまったら？

乗法公式は覚えておきたい公式ですが，もし忘れてしまったときは，あわてずに，分配法則の考え方を使って展開しましょう。例えば，例1(1)は乗法公式①を使えますが，次のように展開することもできます。

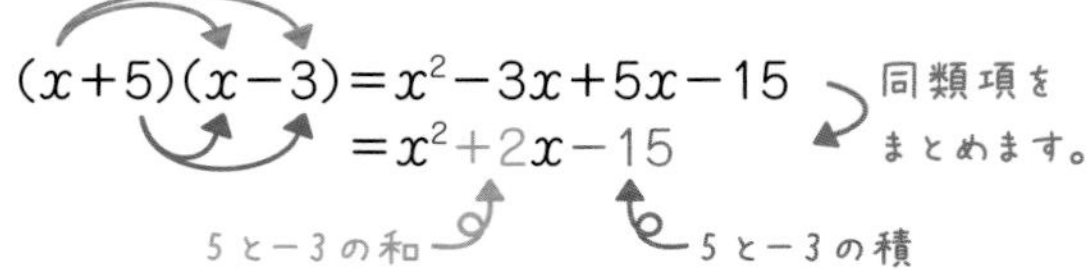

$(x+5)(x-3)=x^2-3x+5x-15$

$=x^2+2x-15$

〈左ページ例の答え〉 例1 (1) 2，15　(2) x^2-9y^2　例2 12，$x+12$

12 因数分解

因数分解の公式を使おう

展開とは逆の計算が因数分解（いんすうぶんかい）です。因数分解するときは，係数や数の項に注目し，和や積がその数になる組み合わせを見つけます。➡例1
式の中の共通部分を１つの文字におきかえて解くこともあります。➡例2

例1 次の式を因数分解しなさい。

(1)　$x^2-2x-35$　〈大阪〉　(2)　$x^2-14x+49$　〈岩手〉

(1)　$x^2-2x-35$ より，和が -2，積が -35 になる数の組み合わせを考えると，5と □ です。

したがって，因数分解の公式①より，

$x^2-2x-35$

$=(x+\square)(x-\square)$

(2)　$x^2-14x+49$ で，

$-14=-2\times\square$，$49=\square^2$

です。したがって，因数分解の公式③より，

$x^2-14x+49=(x-\square)^2$

これがタイセツ

因数分解の公式

① $x^2+(a+b)x+ab$　（$a+b$：和，ab：積）
$=(x+a)(x+b)$

② $x^2+2ax+a^2$　（$2a$：2倍，a^2：2乗）
$=(x+a)^2$

③ $x^2-2ax+a^2$　（$2a$：2倍，a^2：2乗）
$=(x-a)^2$

④ x^2-a^2　（2乗，2乗）
$=(x+a)(x-a)$

例2 $(x-2)^2+4(x-2)-12$ を因数分解しなさい。　〈福井〉

$x-2=A$ とおくと，　←共通している部分を文字でおきかえます。

$(x-2)^2+4(x-2)-12$

$=A^2+4A-12$

$=(A-\square)(A+\square)$　←因数分解の公式①を使います。

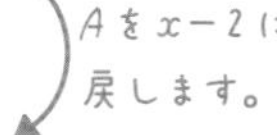

$=(x-2-\square)(x-2+\square)$　←Aを$x-2$に戻します。

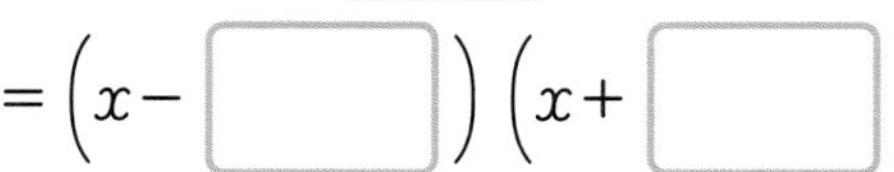

$=(x-\square)(x+\square)$

入試までに これダケは覚えよう！

□ 因数分解の公式…① $x^2+(a+b)x+ab=(x+a)(x+b)$　② $x^2+2ax+a^2=(x+a)^2$
③ $x^2-2ax+a^2=(x-a)^2$　④ $x^2-a^2=(x+a)(x-a)$

解答 p.4

1 次の式を因数分解しなさい。

(1) $x^2+5x-14$ 〈佐賀〉　(2) x^2-64 〈鳥取〉

(3) $x^2+8x+16$ 〈茨城〉　(4) $9x^2-49$ 〈三重〉

2 次の式を因数分解しなさい。

(1) $a(b+8)-(b+8)$ 〈群馬〉　(2) $(a+b)^2-16$ 〈兵庫〉

合格プラスワン　和と積，どちらを先に考える？

例1(1)で数の組み合わせを考えるとき，和が−2になる数の組み合わせはたくさんあるので，先に積を考えるようにしましょう。積が−35になる整数の組み合わせは，右の表のようになり，この中から和が−2になる数を見つけます。
因数分解の公式を使うときは，数の項に注目して，先に積を考えましょう。

積が−35	和が−2
1と−35	×
−1と35	×
5と−7	○
−5と7	×

〈左ページ例の答え〉 例1 (1) −7，5，7　(2) 7，7，7　例2 2，6，2，6，4，4

13 いろいろな因数分解

いろいろな式を因数分解しよう

展開してから因数分解する場合もあります。
また，共通因数がある場合は，先にくくり出しましょう。➡例1
式の値を求めるとき，因数分解を利用すると求めやすくなる場合があります。➡例2

例1 次の式を因数分解しなさい。

(1) $(x+2)(x-6)-9$ 〈千葉〉　(2) $2x^2+4x-48$ 〈京都〉

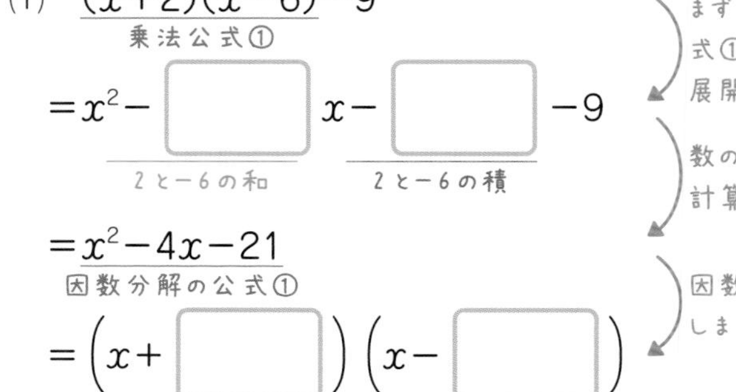

(1) $(x+2)(x-6)-9$（乗法公式①）

まずは乗法公式①を使って展開します。

$=x^2-\boxed{}\,x-\boxed{}-9$（2と−6の和／2と−6の積）

数の項を計算します。

$=x^2-4x-21$（因数分解の公式①）

因数分解します。

$=(x+\boxed{})(x-\boxed{})$

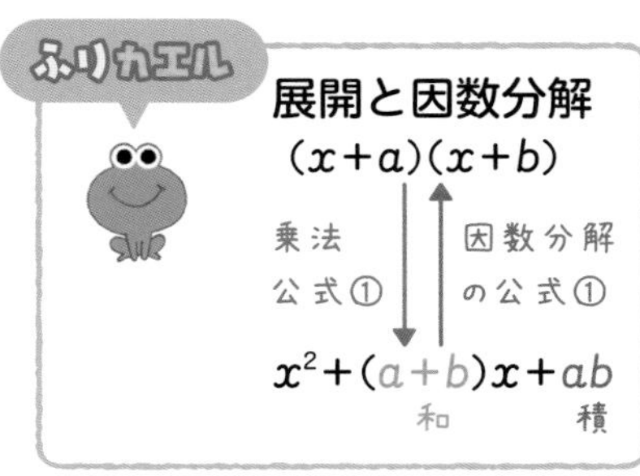

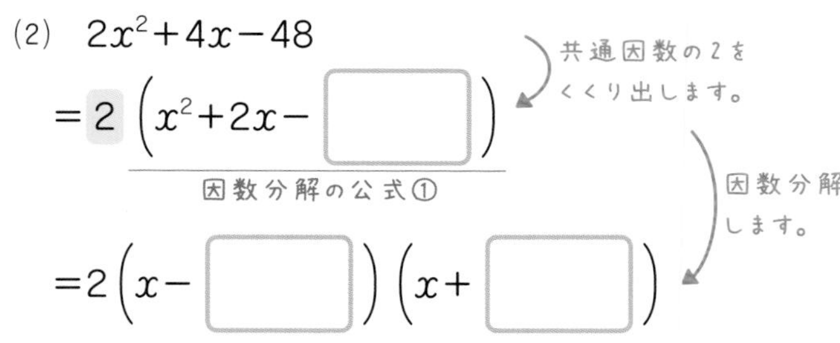

(2) $2x^2+4x-48$

共通因数の2をくくり出します。

$=2(x^2+2x-\boxed{})$（因数分解の公式①）

因数分解します。

$=2(x-\boxed{})(x+\boxed{})$

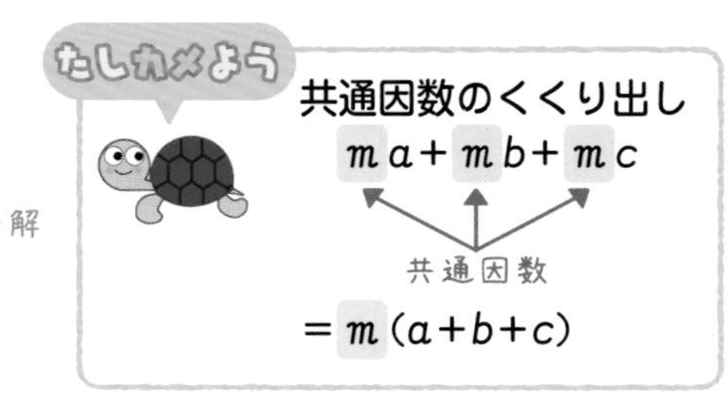

例2 $x=13$ のとき，$x^2-8x+15$ の値を求めなさい。 〈埼玉14〉

因数分解してから代入すると，計算が簡単になります。

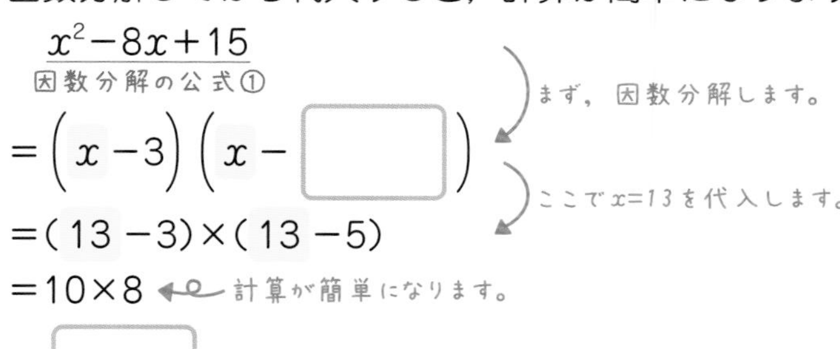

$x^2-8x+15$（因数分解の公式①）

まず，因数分解します。

$=(x-3)(x-\boxed{})$

ここで $x=13$ を代入します。

$=(13-3)\times(13-5)$

$=10\times8$ ← 計算が簡単になります。

$=\boxed{}$

代入は，因数分解するまでガマン!!

□ **いろいろな因数分解**…展開できる部分があるときは，先に展開してから因数分解する。

□ **共通因数をもつ因数分解**…共通因数をくくり出してから，かっこの中を因数分解する。

練習問題

解答 p.5

1 次の式を因数分解しなさい。

(1) $x(x+1)-20$ 〈愛知〉

(2) $3x^2y-6xy-24y$ 〈山形〉

2 $a=5$，$b=-1$ のとき，$a^2+2ab+b^2$ の値を求めなさい。 〈三重〉

3 $a=37$，$b=12$ のとき，a^2-9b^2 の値を求めなさい。 〈静岡〉

合格プラスワン 式の値と因数分解

因数分解できる式で式の値を求めるとき，先に因数分解してから代入すると，計算しやすくなります。

例 $a=23$，$b=22$ のとき，$a^2-2ab+b^2$ の値を求めなさい。

➡式を因数分解する前に代入してみます。

$a^2-2ab+b^2=23^2-2\times23\times22+22^2$

$=529-1012+484$

$=1$

計算がたいへんです。

➡式を因数分解してから代入します。

$a^2-2ab+b^2=(a-b)^2$

$=(23-22)^2$ ←ここで代入します。

$=1^2$ ←かっこの中が1になります。

$=1$

答えは同じになるので，式の値を求めるときは，式を因数分解してから代入するようにしましょう。

〈左ページ例の答え〉 例1 (1) 4，12，3，7 (2) 24，4，6 例2 5，80

平方根とその大小

14 平方根とは？

2乗してaになる数をaの平方根(へいほうこん)といい，根号($\sqrt{\ }$)(ルート)を使って，$\pm\sqrt{a}$と表します。正の数の平方根は2つあります。0の平方根は0です。また，負の数の平方根はありません。平方根の正のほうは，$\sqrt{\ }$の中の数が大きいほど大きくなります。

例1 次の㋐～㋓で正しいものはどれですか。記号で答えなさい。〈沖縄〉

㋐ 7の平方根は$\sqrt{7}$である。　㋑ $\sqrt{(-3)^2}=3$である。

㋒ $\sqrt{25}$は±5に等しい。　㋓ $\sqrt{5}$は4より大きい。

㋐ 2乗して7になる数が7の平方根で，

［　　］です。

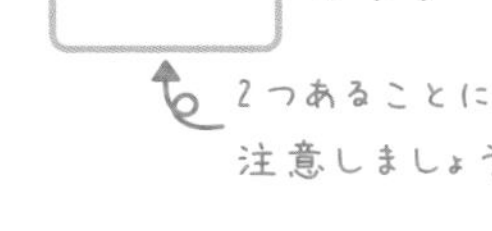

㋑ $\sqrt{(-3)^2}=\sqrt{9}=$［　　］

㋒ $\sqrt{25}=$［　　］

㋓ $4=\sqrt{16}$で，$5<16$より$\sqrt{5}<\sqrt{16}$だから，

$\sqrt{5}$［　　］4

チュウいしよう

aの平方根

2乗してaになる数

$\sqrt{a}$…正のほうのaの平方根

$-\sqrt{a}$…負のほうのaの平方根

これがタイせつ

平方根の大小

a，bが正の数で，

$a<b$ならば，$\sqrt{a}<\sqrt{b}$

［　　］

例2 aは自然数で，$8<\sqrt{a}<9$です。このとき，aにあてはまる数の個数を求めなさい。〈熊本〉

$8=\sqrt{64}$，$9=\sqrt{［\ \ ］}$だから，

$64<a<$［　　］となる自然数aを

考えます。ここにあてはまるaは，

65から［　　］までの［　　］個です。

［　　］個

入試までに
これダケは覚えよう！

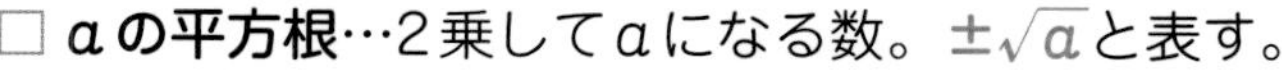
□ **aの平方根**…2乗してaになる数。$\pm\sqrt{a}$と表す。

□ **平方根の大小関係**…$\sqrt{}$の中の数の大きさを比べる。

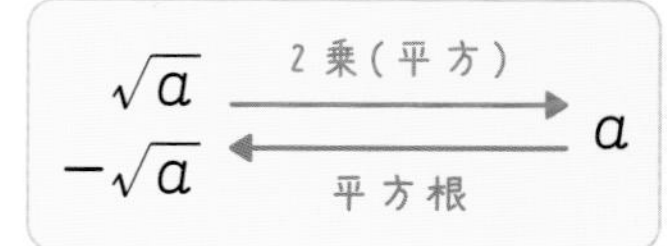

練習問題

解答 p.5

1 次の㋐～㋔の中から，無理数をすべて選び，記号で答えなさい。〈群馬〉

㋐ $\frac{1}{3}$　　㋑ $\sqrt{5}$　　㋒ 0.25　　㋓ $-2\sqrt{3}$　　㋔ $\sqrt{16}$

2 $\sqrt{5}<n<\sqrt{13}$となるような自然数nを求めなさい。〈高知〉

3 nを1けたの自然数とします。$\sqrt{n+18}$が整数となるようなnの値を求めなさい。〈鹿児島〉

合格プラスワン　素因数分解しよう

例　$\sqrt{90n}$の値が自然数となるような自然数nのうち，もっとも小さいものを求めなさい。〈福井〉

➡$\sqrt{90n}$が自然数となるということは，$90n$はある自然数の2乗になっていなければなりません。そこで，90を素因数分解して考えます。90を素因数分解すると，

$90=2\times3^2\times5$ ←90を素数の積で表します。

これを自然数の2乗にするためには，2×5つまり10をかければよいことがわかります。

答　10

```
2) 90
3) 45
3) 15
    5
```

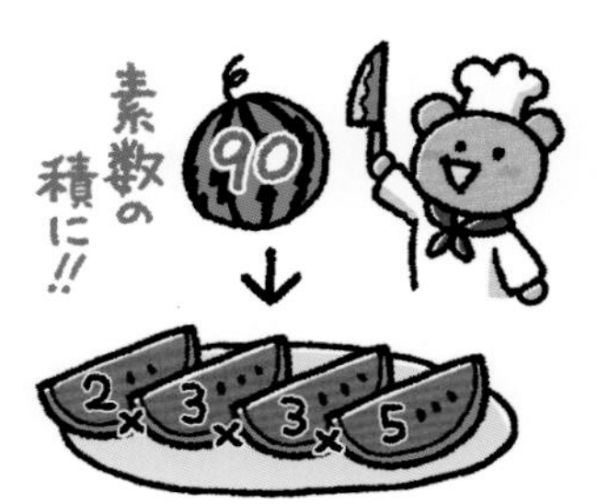

〈左ページ例の答え〉 例1 $\pm\sqrt{7}$，3，5，<，㋑　例2 81，81，80，16，16

15 平方根の計算(1)
√ がついた数の計算をしよう

√ の中の数が等しいとき，同類項をまとめる計算と同じように，加法や減法ができます。⇒例1
分母に√ があるときは，分母と分子に同じ数をかけて，有理化(ゆうりか)します。⇒例2

例1 $6\sqrt{7}-\sqrt{28}$を計算しなさい。 〈埼玉14〉

$\sqrt{28}$を$a\sqrt{b}$の形になおすと，√ の中の数が等しくなるので，同類項と同じようにまとめます。

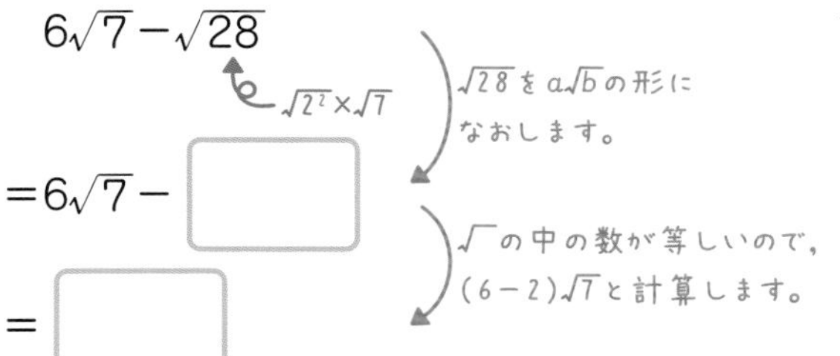

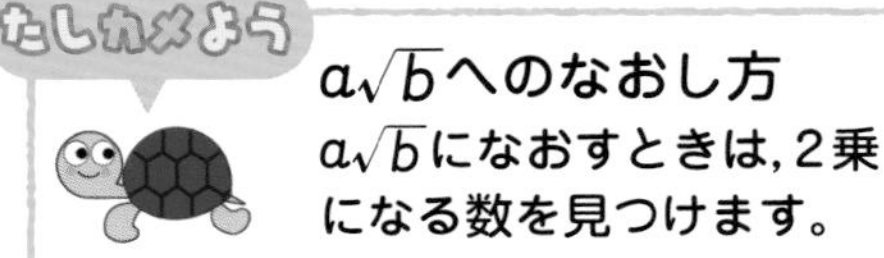

$a\sqrt{b}$へのなおし方
$a\sqrt{b}$になおすときは，2乗になる数を見つけます。

例 $\sqrt{27}=\sqrt{3^2\times3}$
$=\sqrt{3^2}\times\sqrt{3}$ 　（$\sqrt{ab}=\sqrt{a}\times\sqrt{b}$）
$=3\times\sqrt{3}$
$=3\sqrt{3}$

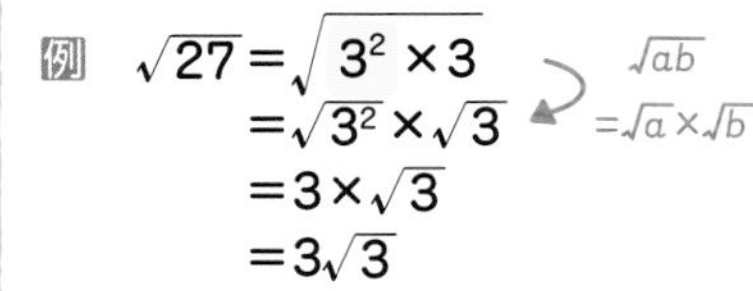

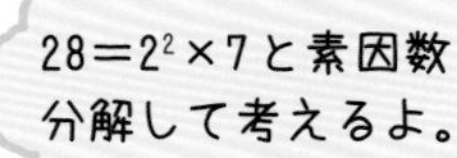

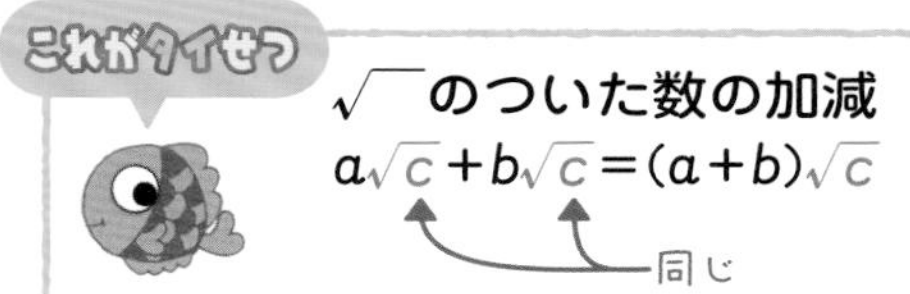

例2 $\frac{3}{\sqrt{3}}+\sqrt{12}$を計算しなさい。 〈高知〉

分母に√ がない形にすることを，分母を有理化するといいます。

$\frac{3}{\sqrt{3}}$は分母に$\sqrt{3}$があるので，分母と分子に$\sqrt{3}$をかけて有理化します。

$\frac{3}{\sqrt{3}}+\sqrt{12}=\frac{3\times\sqrt{3}}{\sqrt{3}\times\sqrt{3}}+\sqrt{12}$

$=\frac{\overset{1}{\cancel{3}}\times\sqrt{3}}{\underset{1}{\cancel{3}}}+\sqrt{12}$ 　（$\sqrt{2^2}\times\sqrt{3}$）

分母の√ がなくなります。

これがタイせつ　分母の有理化
分母に$\sqrt{b}$があるときは，$\sqrt{b}$を分母と分子にかけて，分母の√ をなくします。

$\frac{a}{\sqrt{b}}=\frac{a\times\sqrt{b}}{\sqrt{b}\times\sqrt{b}}=\frac{a\sqrt{b}}{b}$

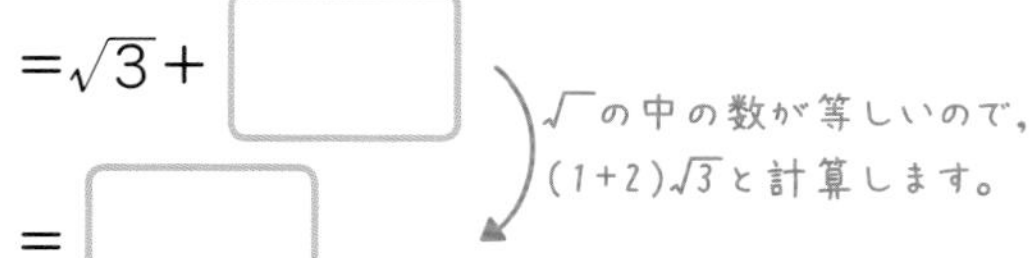

入試までに
これダケは覚えよう！

□ $\sqrt{\ }$ をふくむ式の計算…$\sqrt{a}\times\sqrt{b}=\sqrt{ab}$　$\sqrt{a}\div\sqrt{b}=\dfrac{\sqrt{a}}{\sqrt{b}}=\sqrt{\dfrac{a}{b}}$（分数に）　$\dfrac{a}{\sqrt{b}}=\dfrac{a\sqrt{b}}{b}$（有理化）

$a\sqrt{c}+b\sqrt{c}=(a+b)\sqrt{c}$

練習問題

➡ 解答 p.5

1 次の計算をしなさい。

(1) $\sqrt{27}+\sqrt{3}$　〈長崎〉

(2) $\sqrt{50}-3\sqrt{2}$　〈沖縄〉

(3) $\sqrt{8}+\sqrt{6}\times\sqrt{3}$　〈茨城〉

(4) $\sqrt{30}\div\sqrt{5}-\sqrt{42}\times\sqrt{7}$　〈京都〉

2 次の計算をしなさい。

(1) $\sqrt{27}+\dfrac{3}{\sqrt{3}}$　〈福島〉

(2) $\dfrac{20}{\sqrt{5}}-\sqrt{45}$　〈愛知〉

合格プラスワン　$\sqrt{\ }$ の中の数はできるだけ小さい自然数に

$\sqrt{\ }$ の計算をするときは，$\sqrt{\ }$ の中の数をできるだけ小さい自然数にします。
次の例では，$\sqrt{\ }$ の中の数を小さくすると，計算できることがわかります。

例　$\sqrt{6}\times\sqrt{3}+\sqrt{6}\div\sqrt{3}$ を計算しなさい。　〈岐阜〉

➡　$\sqrt{6}\times\sqrt{3}+\sqrt{6}\div\sqrt{3}$　乗法・除法を先に計算します。
$=\sqrt{18}+\sqrt{2}$　$\sqrt{18}$ を $a\sqrt{b}$ の形になおします。
$=3\sqrt{2}+\sqrt{2}$　$\sqrt{\ }$ の中の数が等しいので，まとめます。
$=4\sqrt{2}$

ここで終わりにしてはいけません！

〈左ページ例の答え〉 例1 $2\sqrt{7}$，$4\sqrt{7}$　例2 $2\sqrt{3}$，$3\sqrt{3}$

平方根の計算(2)

16 公式を使って計算しよう

$\sqrt{\ }$ をふくむ式でも，乗法公式や分配法則を使って，文字式のときと同じように計算することができます。➡例1

$\sqrt{\ }$ をふくむ式の値を求めるときも，因数分解を利用して，式を簡単にします。➡例2

例1 $(\sqrt{5}+7\sqrt{2})(\sqrt{5}-\sqrt{2})$ を計算しなさい。 〈三重〉

乗法公式を使います。乗法公式①で，x が $\sqrt{5}$，a が $7\sqrt{2}$，b が $-\sqrt{2}$ のときだから，

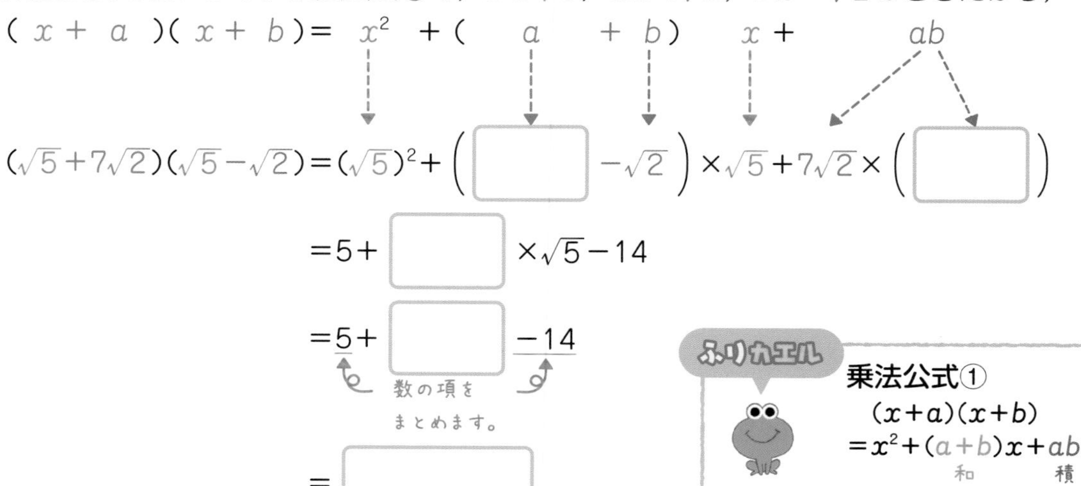

例2 $x=\sqrt{5}-2$ のときの，式 x^2+4x+4 の値を求めなさい。 〈岐阜〉

まず，因数分解してから代入すると，計算が簡単になります。

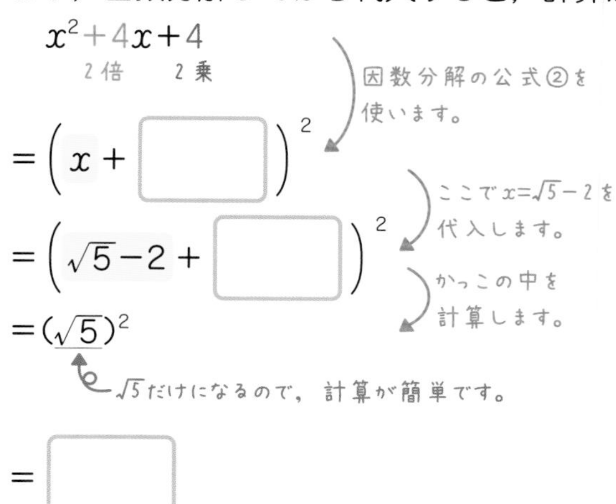

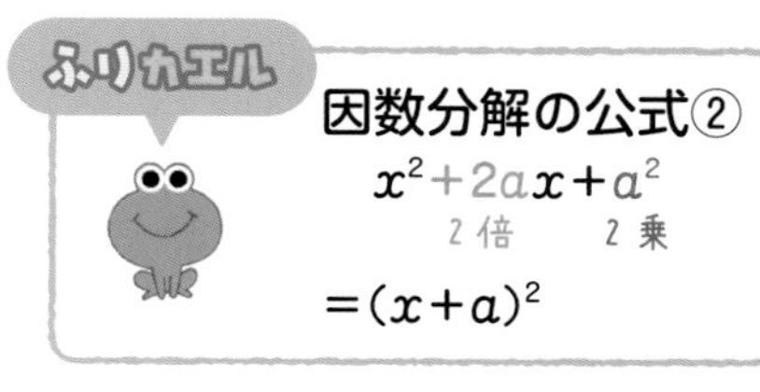

入試までに これダケは覚えよう！

□ **乗法公式と平方根**…$\sqrt{}$をふくむ式でも，文字式と同じように乗法公式を使って展開できる。

□ **式の値と平方根**…先に因数分解してから代入すると，簡単になることが多い。

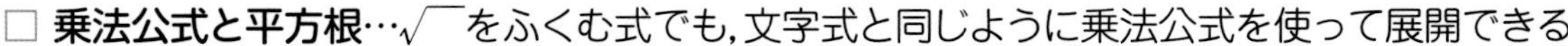

練習問題

➡ 解答 p.5

1 次の計算をしなさい。

(1) $(\sqrt{6}+5)(\sqrt{6}-2)$ 〈東京〉

(2) $(\sqrt{2}-\sqrt{5})^2$ 〈千葉〉

(3) $(2\sqrt{7}-\sqrt{5})(2\sqrt{7}+\sqrt{5})$ 〈三重〉

(4) $(2-\sqrt{3})^2+\sqrt{12}$ 〈山形〉

2 $x=3+\sqrt{7}$のときの，式x^2-6x+9の値を求めなさい。 〈鹿児島〉

3 $x=\sqrt{2}+1$，$y=\sqrt{2}-1$のときの，式x^2-y^2の値を求めなさい。 〈徳島〉

合格プラスワン　くくり出しにも注意しよう

式の値を求めるときは，因数分解してから代入すると計算が簡単になりますが，因数分解は公式を使う場合だけではありません。次の例で確認しましょう。

例　$x=3+\sqrt{3}$，$y=2\sqrt{3}$のとき，x^2-xyの値を求めなさい。 〈茨城〉

➡ x^2-xyは共通因数xがあるので，先に共通因数のxをくくり出してから代入します。

x^2-xy ← 共通因数をくくり出します。

$=x(x-y)$ ← ここで代入します。

$=(3+\sqrt{3})(3+\sqrt{3}-2\sqrt{3})$

$=(3+\sqrt{3})(3-\sqrt{3})$ ← 乗法公式④を使います。

$=9-3$

2乗 2乗

$=6$

〈左ページ例の答え〉 例1 $7\sqrt{2}$，$-\sqrt{2}$，$6\sqrt{2}$，$6\sqrt{10}$，$-9+6\sqrt{10}$　例2 2，2，5

まとめのテスト 1

➡ 解答 p.6

勉強した日　月　日
得点　/100点

ここで学習 1➡1〜5　2➡6　3➡7, 8　4➡9

1 次の計算をしなさい。

5点×8(40点)

(1) $7-4\times(-2)$ 〈静岡〉

(　　　)

(2) $5+(-14)\div 7$ 〈埼玉16〉

(　　　)

(3) $-9+(-5)\times(1-4)$ 〈高知〉

(　　　)

(4) $2\times(-3)^2-2^2$ 〈大分〉

(　　　)

(5) $4a-3(a+1)$ 〈富山〉

(　　　)

(6) $(x+5)-2(-x+3)$ 〈佐賀〉

(　　　)

(7) $6a\times(-3)$ 〈埼玉16〉

(　　　)

(8) $(-3x)^2\times x$ 〈山口〉

(　　　)

2 次の数量の関係を，不等式で表しなさい。

5点×2(10点)

(1) a 本の鉛筆を1人4本ずつ b 人に配ったら10本以上余りました。 〈栃木〉

(　　　)

(2) 1個 a 円のケーキ4個と1個 b 円のシュークリーム3個を買ったところ，代金の合計は1700円より安くなりました。 〈熊本〉

(　　　)

3 次の計算をしなさい。 5点×8(40点)

(1) $2(2a-3b)-(a-5b)$ 〈岐阜〉

(　　　　　)

(2) $2(a+3b)-3(a-2b)$ 〈三重〉

(　　　　　)

(3) $3(5a-b)-2(6a-b)$ 〈鳥取〉

(　　　　　)

(4) $7a-b-5(a-2b)$ 〈東京〉

(　　　　　)

(5) $10x^2y\div(-12xy)$ 〈三重〉

(　　　　　)

(6) $12xy\div4x^2\times(-2xy)$ 〈鳥取〉

(　　　　　)

(7) $3a^3b\times2ab^2\div(-2a)^2$ 〈長崎〉

(　　　　　)

(8) $8a^3\times(-b)^2\div2ab$ 〈熊本〉

(　　　　　)

4 次の等式を，〔　〕の中の文字について解きなさい。 5点×2(10点)

(1) $4x-3y=15$ 〔y〕 〈千葉〉

(　　　　　)

(2) $V=\frac{1}{3}\pi r^2h$ 〔h〕 〈鳥取〉

(　　　　　)

レベルUP 計算の順序に注意しよう

四則の混じった計算をするときは，計算の順序に注意しましょう。
順序を間違えると，違う答えになってしまう場合があります。
例えば，12－8×5は，乗法を先に計算します。

例
12－8×5
＝12－40
＝－28
乗法を先に計算します。

12－8×5
＝4×5
＝20
減法を先に計算すると，正しい答えになりません。

解答 p.6

勉強した日　　月　　日

得点　　/100点

ここで学習 1→10, 11　2→12, 13　3→14　4→15, 16　5→16

1 次の計算をしなさい。

5点×6(30点)

(1) $(6x^2y+4xy^2)\div 2xy$ 〈富山〉

(　　　)

(2) $(x-5)(x-7)$ 〈栃木〉

(　　　)

(3) $(x+2y)^2$ 〈沖縄〉

(　　　)

(4) $(x+2)(x-5)-6x$ 〈滋賀〉

(　　　)

(5) $x(x+2)-(x-1)^2$ 〈熊本〉

(　　　)

(6) $(x+5)(x-2)+(x+4)(x-4)$ 〈愛媛〉

(　　　)

2 次の式を因数分解しなさい。

5点×6(30点)

(1) x^2+5x 〈茨城〉

(　　　)

(2) $x^2+7x+10$ 〈佐賀〉

(　　　)

(3) $x^2+2x-15$ 〈岩手〉

(　　　)

(4) $x^2-(y+3)^2$ 〈群馬〉

(　　　)

(5) $(3x+1)^2-2(3x+25)$ 〈愛知〉

(　　　)

(6) $2x^2-18$ 〈長崎〉

(　　　)

3 nを自然数とします。$3<\sqrt{3n}<5$をみたすnの個数を求めなさい。 （5点）〈長崎〉

（　　　　　）

4 次の計算をしなさい。 5点×6(30点)

(1) $\sqrt{27}-6\sqrt{3}$ 〈群馬〉

（　　　　　）

(2) $\sqrt{27}-\dfrac{6}{\sqrt{3}}$ 〈和歌山〉

（　　　　　）

(3) $\sqrt{18}\div\sqrt{6}-\sqrt{27}$ 〈茨城〉

（　　　　　）

(4) $\sqrt{10}\times\sqrt{5}-\dfrac{4}{\sqrt{2}}$ 〈長崎〉

（　　　　　）

(5) $(\sqrt{2}+1)^2-\sqrt{8}$ 〈滋賀〉

（　　　　　）

(6) $(\sqrt{3}+\sqrt{2})^2-\sqrt{24}$ 〈愛知〉

（　　　　　）

5 $x=\sqrt{5}+3$，$y=3$のとき，$x^2-2xy+y^2$の値を求めなさい。 （5点）〈茨城〉

（　　　　　）

順にあてはめよう

例　nを50以下の正の整数とします。$\sqrt{3n}$が整数となるようなnの個数を求めなさい。 〈千葉〉

➡aを正の整数としたとき，nが$3\times a^2$となっていれば，$\sqrt{3n}$が整数となります。

$n=3\times1^2$のとき，$\sqrt{3n}=\sqrt{3^2\times1^2}=3\times1=3$
$n=3\times2^2$のとき，$\sqrt{3n}=\sqrt{3^2\times2^2}=3\times2=6$
$n=3\times3^2$のとき，$\sqrt{3n}=\sqrt{3^2\times3^2}=3\times3=9$
$n=3\times4^2$のとき，$\sqrt{3n}=\sqrt{3^2\times4^2}=3\times4=12$
nが3×5^2以上のときは，$n>50$となるので条件をみたしません。

√の中が2乗の積になるから，整数になります。

答　4個

特集 最大公約数，最小公倍数を見つけよう!!

9と12の最大公約数は？

9の約数…1, ③, 9
12の約数…1, 2, ③, 4, 6, 12

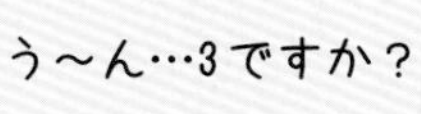

正解!!　では9と12の
最小公倍数は？

9の倍数…9, 18, 27, ㊱, …
12の倍数…12, 24, ㊱, …

う～ん…36ですか？

正解!!　では90と162では
どうなる？

かっ，数が大きくなると難しい…

素因数分解を利用しよう!!

倍数や約数を考えるとき，数が大きくなると難しく思うことはありませんか？
そんなときは，素因数分解を利用してみましょう。
90と162を素因数分解すると，右のようになります。
これを下のように縦にそろえて書きます。

2)90	2)162
3)45	3) 81
3)15	3) 27
5	3) 9
	3

90と162の最大公約数は，左下のように考えて，18です。

共通する約数のうち，一番大きい数です。約分で利用します。

90と162の最小公倍数は，右下のように考えて，810です。

共通する倍数のうち，一番小さい数です。通分で利用します。

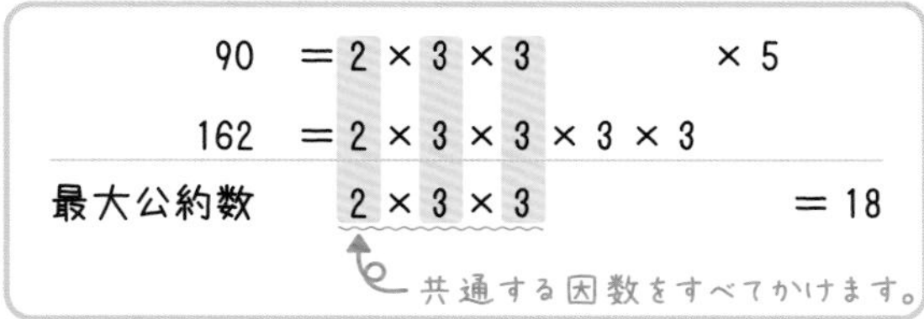

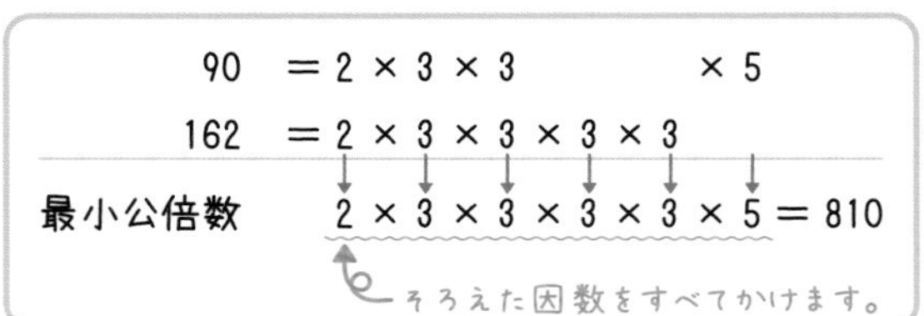

方程式

1次方程式

$3x-2=-4x+5$ の解は？

連立方程式

$\begin{cases} 2x+y=8 \\ x-y=1 \end{cases}$ の解は？

2次方程式

$(x-3)(x+8)=0$ の解は？

2次方程式

$x^2+3x-5=0$ の解は？

単元の内容	この本での単元番号	終わったらチェック		
		解ける！	ほぼOK	見直し
1次方程式	17～18	◎	○	×
連立方程式	19～20	◎	○	×
2次方程式	21～23	◎	○	×

2　方程式

各単元の学習ポイントをまとめています。公式を忘れてしまったときや確認したいときにこのページを使いましょう。

1次方程式

等式の性質

$A=B$ならば，

1. $A+C=B+C$
2. $A-C=B-C$
3. $A\times C=B\times C$
4. $A\div C=B\div C$　$(C\neq 0)$
5. $B=A$

移項

符号を反対にして，他方の辺に移す。

例　$x-6=9$

$x=9+6$　← 符号が反対になることに注意。

方程式の解き方

1. xをふくむ項を左辺，数の項を右辺に移項。
2. $ax=b$の形に整理。
3. 両辺をxの係数aでわる。

例　$4x-15=x-3$

↓ 手順1

$4x-x=-3+15$　（符号に注意。）

↓ 手順2

$3x=12$

↓ 手順3

$x=4$

かっこをふくむ方程式

分配法則を使ってかっこをはずす。

例　$6(x-2)=5x+1$

$6x-12=5x+1$　← 左辺のかっこをはずす。

小数をふくむ方程式

両辺に10や100などをかけて，係数を整数にしてから解く。

例　$0.7x+1=0.3x+0.6$

$7x+10=3x+6$　← 両辺に10をかける。

整数部分にも10をかけることに注意。

分数をふくむ方程式

両辺に分母の最小公倍数をかけて，係数を整数にしてから解く。

例　$\frac{1}{4}x-1=\frac{1}{3}x-2$

$3x-12=4x-24$　← 両辺に12をかける。

比例式の性質

$a:b=c:d$ならば，$ad=bc$

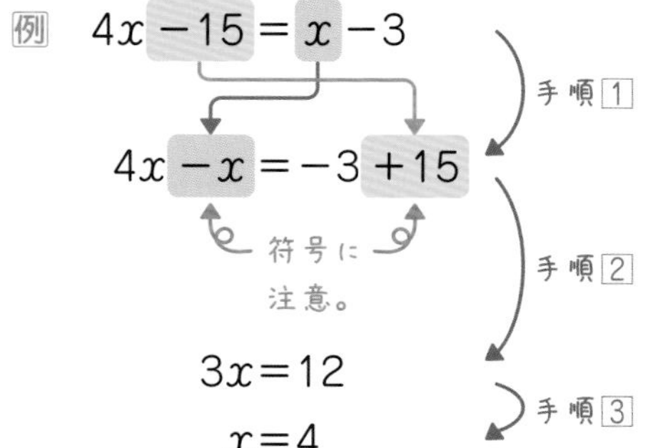

連立方程式

加減法

2つの式をたしたりひいたりして，1つの文字を消去する解き方。

例

$$\begin{array}{rrcr} & 2x-y & = & 5 \\ +) & -x+y & = & -7 \\ \hline & x & = & -2 \end{array}$$

yを消去！

代入法

一方の式を他方の式に代入して，1つの文字を消去する解き方。

例 $\begin{cases} y=-4x \\ 5x+y=1 \end{cases}$ 代入する。

yを消去！ → $5x+(-4x)=1$

A=B=Cの連立方程式

$\begin{cases} A=B \\ A=C \end{cases}$ $\begin{cases} A=B \\ B=C \end{cases}$ $\begin{cases} A=C \\ B=C \end{cases}$ のどれか

の式になおす。

例 $5x+4y=x+2y=3$は，

$\begin{cases} 5x+4y=3 \\ x+2y=3 \end{cases}$ などとして解く。

2次方程式

因数分解を利用した解き方

$AB=0$ならば，$A=0$または$B=0$を利用。

▶$(x-m)(x-n)=0$

➡ $x=m$，$x=n$

▶$x(x-m)=0$

➡ $x=0$，$x=m$ ← $x=0$に注意。

▶$(x-m)^2=0$

➡ $x=m$ ← 解が1つのときもある。

例 $(x-3)(x+2)=0$

$x=3$，$x=-2$ ← 符号に注意。

例 $x(x-6)=0$

$x=0$，$x=6$ ← $x=0$も解。

例 $(x-9)^2=0$

$x=9$ ← 解が1つ。

例 $x^2+x-2=0$

$(x-1)(x+2)=0$ ← 左辺を因数分解する。

$x=1$，$x=-2$

平方根の考え方を利用した解き方

$A^2=B$ならば，$A=\pm\sqrt{B}$となる。

▶$x^2-a=0$ ➡ $x=\pm\sqrt{a}$

▶$ax^2=b$ ➡ $x=\pm\sqrt{\dfrac{b}{a}}$

▶$(x-m)^2=n$ ➡ $x=m\pm\sqrt{n}$

例 $x^2-7=0$

$x=\pm\sqrt{7}$

例 $4x^2=7$

$x=\pm\sqrt{\dfrac{7}{4}}$

$x=\pm\dfrac{\sqrt{7}}{2}$ ← $\sqrt{4}=2$

例 $(x-6)^2=3$

$x=6\pm\sqrt{3}$

2次方程式の解の公式

2次方程式$ax^2+bx+c=0$の解は，

$$x=\frac{-b\pm\sqrt{b^2-4ac}}{2a}$$

例 2次方程式$5x^2+7x-1=0$の解は，

$$x=\frac{-7\pm\sqrt{7^2-4\times5\times(-1)}}{2\times5}$$

$$=\frac{-7\pm\sqrt{49+20}}{10}$$

$$=\frac{-7\pm\sqrt{69}}{10}$$

いろいろな2次方程式

かっこをはずしたり，移項したりして，右辺を0にしてから解く。

例 $x^2=4(x-1)$

$x^2=4x-4$ ← かっこをはずす。

$x^2-4x+4=0$ ← 移項して右辺を0に。

$(x-2)^2=0$

$x=2$

1次方程式の解き方(1)

17 移項して1次方程式を解こう

1次方程式を解くときは，xをふくむ項を左辺，数の項を右辺にまとめて，最後にxの係数でわります。移項するときは，符号が変わることに注意しましょう。➡例1
かっこをふくむ方程式は，分配法則を使ってかっこをはずします。➡例2

例1 1次方程式$3x-2=-4x+5$を解きなさい。〈沖縄〉

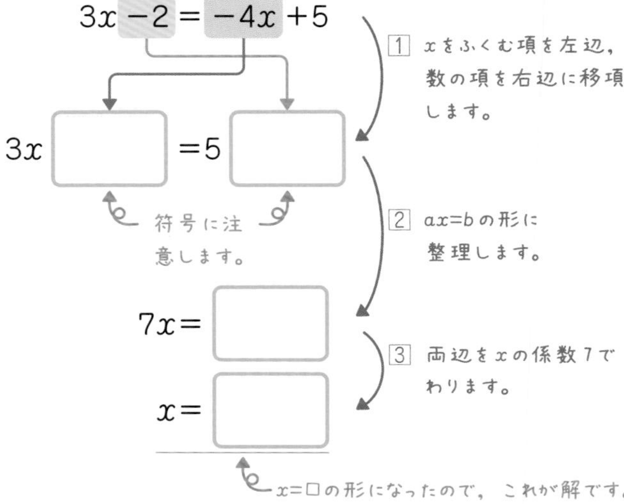

1次方程式の解き方
1 xをふくむ項を左辺に，数の項を右辺に移項。
2 $ax=b$の形に整理。
3 両辺をxの係数aでわる。

移項
例 $x-3=4$
$x=4+3$
符号を反対にして，他方の辺に移す。

例2 1次方程式$0.2(x-2)=x+1.2$を解きなさい。〈千葉〉

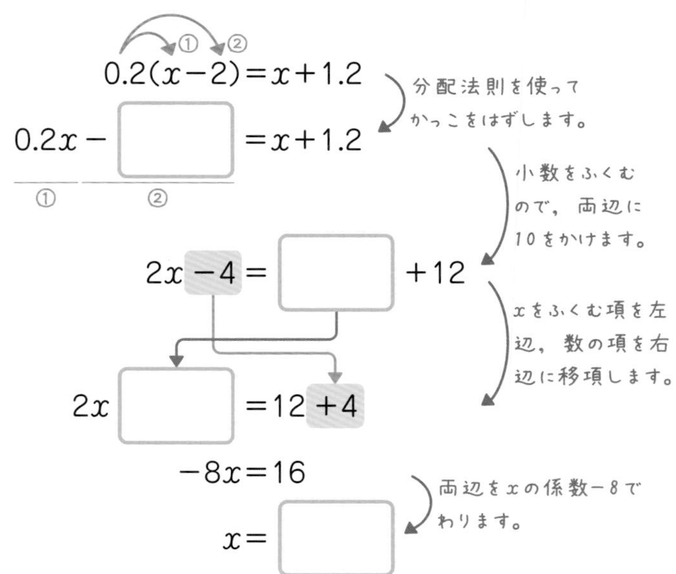

ふりカエル

分配法則

$a(b+c)=\underset{①}{ab}+\underset{②}{ac}$

両辺に10や100などをかけると，小数を整数になおすことができるよ。そのとき，整数部分にも10や100をかけることに注意しよう。

□ **かっこをふくむ方程式**…分配法則を使ってかっこをはずしてから解く。

□ **小数をふくむ方程式**…両辺に10や100などをかけて，係数を整数にしてから解く。

練習問題

➡解答 p.7

1 次の1次方程式を解きなさい。

(1) $5x-10=3x$ 〈熊本〉

(2) $3x-4=2x+6$ 〈沖縄〉

(3) $3x-4=-2x+6$ 〈長崎〉

(4) $x-1=3x+3$ 〈熊本〉

(5) $x+6=2(x+1)$ 〈東京〉

(6) $x+3.5=0.5(3x-1)$ 〈千葉〉

合格プラスワン 等式の性質って？

等式$A=B$の両辺に同じ数をたしたり，ひいたり，かけたり，わったりしても，等式は成り立ちます。これを等式の性質といいます。方程式は等式の性質を使って解きます。

例
$2x+5=9$
$2x+5-5=9-5$ ← 左辺を2xだけにするために，両辺から5をひきます。
$2x=4$
$2x\div2=4\div2$ ← 左辺をx=□の形にするために，両辺を2でわります。
$x=2$

等式の性質
$A=B$ならば，
1 $A+C=B+C$
2 $A-C=B-C$
3 $A\times C=B\times C$
4 $A\div C=B\div C$ $(C\neq0)$
5 $B=A$

〈左ページ例の答え〉 例1 $+4x$，$+2$，7，1 例2 0.4，$10x$，$-10x$，-2

18 1次方程式の解き方(2)
いろいろな1次方程式を解こう

分数をふくむ方程式を解くときは，分母の最小公倍数を両辺にかけて，係数を整数になおします。➡例1
比例式は，$a:b=c:d$ならば，$ad=bc$という性質を使って解きます。➡例2

例1 1次方程式$\dfrac{x-2}{4}+\dfrac{2-5x}{6}=1$を解きなさい。〈群馬〉

$$\frac{x-2}{4}+\frac{2-5x}{6}=1$$

両辺に分母の最小公倍数の12をかけて，分数を整数にします。

$$\left(\frac{x-2}{4}+\frac{2-5x}{6}\right)\times 12=1\times \square$$

左辺のかっこをはずします。

$$\frac{x-2}{4}\times 12+\frac{2-5x}{6}\times 12=1\times 12$$

約分します。

$$(x-2)\times 3+(2-5x)\times 2=12$$

左辺のかっこをはずします。

$$3x-6+4-10x=12$$

$ax=b$の形に整理します。

$$-7x=\square$$

両辺を-7でわります。

$$x=\square$$

ふりカエル
最小公倍数
公倍数のうちでいちばん小さい数。
例　4の倍数
4, 8, 12, 16, 20, 24, …
6の倍数
6, 12, 18, 24, 30, …
（4と6の公倍数。）（4と6の最小公倍数。）

例2 比例式$(x-3):8=3:2$を解きなさい。〈愛知〉

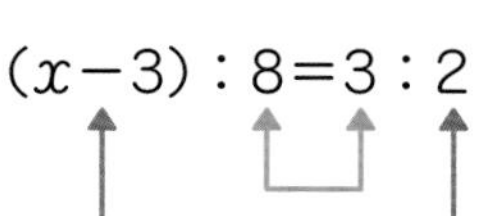

$$(x-3):8=3:2$$

比例式の性質を使って，積の形にします。

$$(x-3)\times 2=8\times \square$$

外側どうし　内側どうし

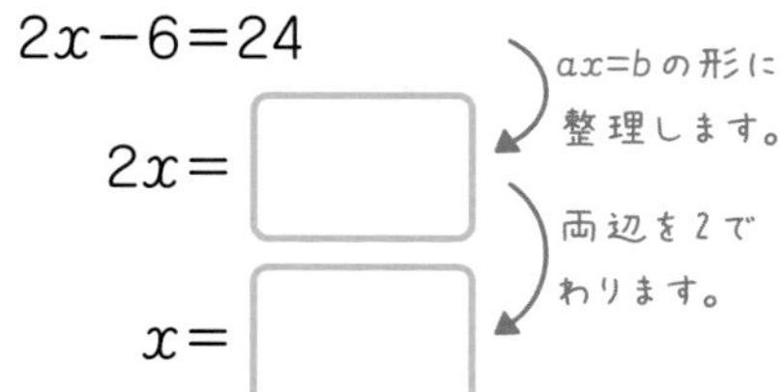

$$2x-6=24$$

$ax=b$の形に整理します。

$$2x=\square$$

両辺を2でわります。

$$x=\square$$

これがタイセツ

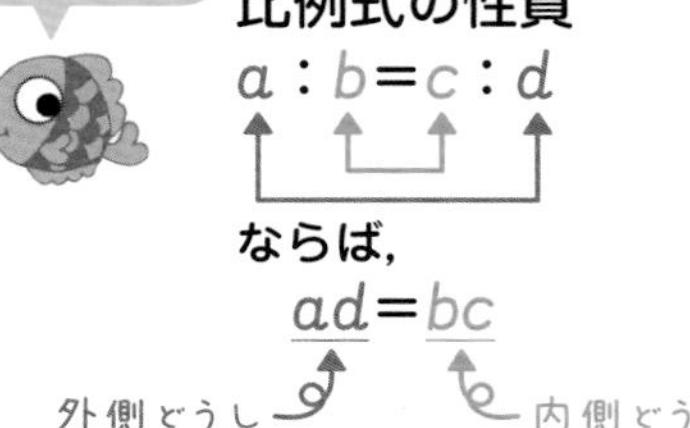

比例式の性質
$a:b=c:d$
ならば，
$ad=bc$
外側どうし　内側どうし

□ **分数をふくむ方程式**…両辺に分母の最小公倍数をかけて，係数を整数にしてから解く。

□ **比例式の性質**…$a:b=c:d$ ならば，$ad=bc$

解答 p.7

1 次の1次方程式を解きなさい。

(1) $\dfrac{x-4}{3}+\dfrac{7-x}{2}=5$ 〈和歌山〉 (2) $\dfrac{3x+9}{4}=-x-10$ 〈大阪〉

2 次の比例式を解きなさい。

(1) $4:x=2:3$ 〈沖縄〉 (2) $15:(x-2)=3:2$ 〈茨城〉

合格プラスワン 整数になおせるのは方程式のときだけ！

例1では，両辺に分母の最小公倍数をかけて，分数を整数にしましたが，これは，例1が方程式で，等式の性質が使えるからです。方程式でないときは通分します。2つの違いに注意しましょう。

例 $\dfrac{x-2}{4}+\dfrac{2-5x}{6}=1$

$\left(\dfrac{x-2}{4}+\dfrac{2-5x}{6}\right)\times12=1\times12$

方程式だから，等式の性質を使って，両辺に12をかけます。

例 $\dfrac{2x-y}{2}-\dfrac{x-y}{3}$

$=\dfrac{3(2x-y)}{6}-\dfrac{2(x-y)}{6}$

方程式ではないので，通分します。(p.21参照)

〈左ページ例の答え〉 例1 12，14，−2 例2 3，30，15

19 連立方程式の解き方(1)
加減法を使って解こう

連立方程式を解くときは，まず，1つの文字を消去(しょうきょ)します。
左辺どうし，右辺どうしを，それぞれたすかひくかして，1つの文字を消去する方法を加減法(かげんほう)といいます。ここでは加減法を使って連立方程式を解いてみましょう。

例1 次の連立方程式を解きなさい。

(1) $\begin{cases} 2x+y=8 \\ x-y=1 \end{cases}$ 〈大阪〉　(2) $\begin{cases} x+3y=4 \\ 2x+5y=6 \end{cases}$ 〈埼玉15〉

上の式を①，下の式を②とします。

(1)
$$\begin{array}{rrrl} & 2x & +y & =8 \\ +) & x & -y & =1 \\ \hline & 3x & & = \square \end{array}$$

yの係数が+1と−1だから，①+②でyを消去します。

yを消去！

両辺を3でわります。

$x=\square$

これを①に代入すると，　①，②のうち，計算しやすい方に代入します。

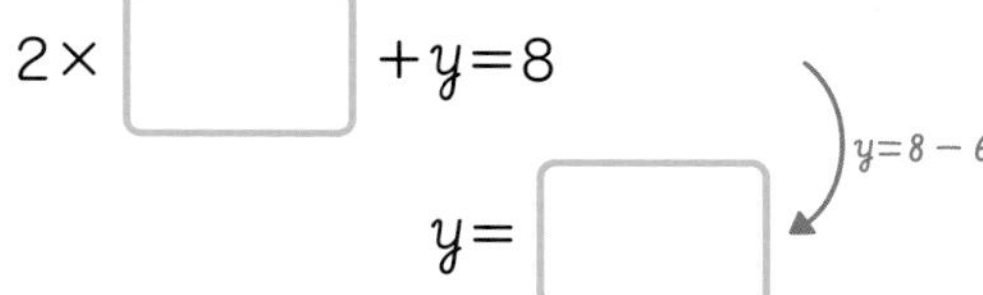

$2\times\square+y=8$

$y=8-6$

$y=\square$

1つの文字を消去すると，1次方程式になるね。

(2)　このままでは，どちらの文字も消去できないので，xを消去するために，①の両辺を2倍します。

$$\begin{array}{lrrl} ①\times2 & & 2x & +6y=8 \\ ② & -) & 2x & +5y=6 \\ \hline & & & y=\square \end{array}$$

①×2−②でxを消去します。

xを消去！

これを①に代入すると，

$x+3\times\square=4$

$x=4-6$

$x=\square$

①の両辺を2倍するときに，右辺に2をかけるのを忘れないように注意しよう。
$(x+3y)\times2=4\times2$

入試までに
これダケは覚えよう！

□ **加減法**…連立方程式で，2つの式をたしたりひいたりして，1つの文字を消去する解き方。

例
$$\begin{array}{rrrr} & 2x & -y & = 6 \\ +) & -x & +y & = -9 \\ \hline & x & & = -3 \end{array}$$

yを消去！

解答 p.7

1 次の連立方程式を解きなさい。

(1) $\begin{cases} x-y=9 \\ 3x+y=7 \end{cases}$ 〈栃木〉

(2) $\begin{cases} 5x+2y=12 \\ 3x-2y=4 \end{cases}$ 〈沖縄〉

(3) $\begin{cases} 4x-3y=22 \\ 2x-5y=4 \end{cases}$ 〈福井〉

(4) $\begin{cases} 5x-3y=-1 \\ x+6y=13 \end{cases}$ 〈茨城〉

合格プラスワン どちらの式も何倍かして解こう

加減法を使うとき，両方の式を何倍かして解く場合もあります。
消去する文字の係数の絶対値に注目し，その最小公倍数を考えます。

例 連立方程式 $\begin{cases} -3x+2y=-1 & \cdots① \\ 5x-3y=2 & \cdots② \end{cases}$ を解きなさい。

$$\begin{array}{lrrrr} ①\times3 & & -9x & +6y & = -3 \\ ②\times2 & +) & 10x & -6y & = 4 \\ \hline & & x & & = 1 \end{array}$$

yを消去！

yの係数の絶対値(2と3)の最小公倍数6でそろえます。

これを①に代入すると，
$-3\times1+2y=-1$
$2y=2$
$y=1$

〈左ページ例の答え〉 例1 (1) 9，3，3，2 (2) 2，2，−2

20 連立方程式の解き方(2)

代入法を使って解こう

連立方程式で，一方の式を他方の式に代入することによって文字を消去して解く方法を代入法(だいにゅうほう)といいます。$y=$（xの式）や$x=$（yの式）の形を見つけたら，その式をもう一方の式に代入して，１つの文字を消去しましょう。

例1 次の連立方程式を解きなさい。

(1) $\begin{cases} x+y=3 \\ y=3x-5 \end{cases}$ 〈沖縄〉　(2) $\begin{cases} 2x+3y=-6 \\ x=-4y+7 \end{cases}$ 〈東京〉

上の式を①，下の式を②とします。

(1)　②の式$y=3x-5$を①に代入すると，

②が$y=$（xの式）だから，代入法を使って解きます。

yを消去！

$x+(3x-5)=3$ ← 代入するときは，かっこをつけましょう。

$x+3x-5=3$

移項して整理します。

$4x=$ □

両辺を４でわります。

$x=$ □

これを②に代入すると，

$y=3\times$ □ -5　　$y=$ □

(2)　②の式$x=-4y+7$を①に代入すると，

②が$x=$（yの式）だから，代入法を使って解きます。

xを消去！

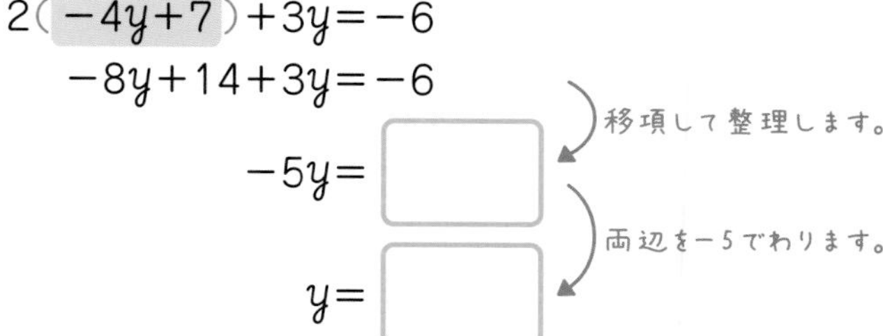

$2(-4y+7)+3y=-6$

$-8y+14+3y=-6$

移項して整理します。

$-5y=$ □

両辺を−５でわります。

$y=$ □

これを②に代入すると，

$x=-4\times$ □ $+7$

$x=$ □

かっこに注意

代入するときは代入する部分全体にかっこをつけて計算しましょう。

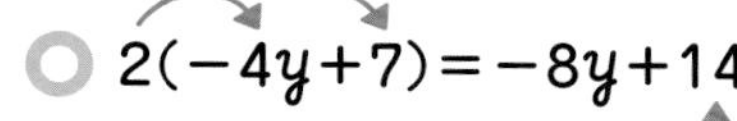

○ $2(-4y+7)=-8y+14$

ここも２倍になります。

× $2-4y+7=-4y+9$

かっこをつけないとかけ算になりません。

入試までに

これダケは覚えよう！

□ **代入法**…連立方程式で，一方の式を他方の式に代入して，１つの文字を消去する解き方。

例 $\begin{cases} y=4x \\ 5x+y=18 \end{cases}$ 代入

yを消去！ $5x+4x=18$

解答 p.7

1 次の連立方程式を解きなさい。

(1) $\begin{cases} 2x+y=5 \\ y=4x-1 \end{cases}$ 〈北海道〉

(2) $\begin{cases} y=4x \\ 3x+4y=38 \end{cases}$ 〈佐賀〉

(3) $\begin{cases} 3x+4y=5 \\ x=1-y \end{cases}$ 〈福島〉

(4) $\begin{cases} x-2y=8 \\ y=2x-7 \end{cases}$ 〈茨城〉

合格プラスワン $A=B=C$の連立方程式は？

$A=B=C$の連立方程式は，$\begin{cases} A=B \\ A=C \end{cases}$ $\begin{cases} A=B \\ B=C \end{cases}$ $\begin{cases} A=C \\ B=C \end{cases}$ のどれかにします。

例 $6x+5y=2x+3y=4$を解きなさい。〈北海道〉

➡ $\begin{cases} 6x+5y=4 & \cdots① \\ 2x+3y=4 & \cdots② \end{cases}$ とすると，

$\begin{cases} A=C \\ B=C \end{cases}$ の式になおします。

$$\begin{array}{lrrl} ① & 6x & +5y= & 4 \\ ②\times3 & -)\ 6x & +9y= & 12 \\ \hline & & -4y= & -8 \end{array}$$

xを消去！

$y=2$

これを②に代入すると，

$2x+3\times2=4$

$2x=-2$

$x=-1$

〈左ページ例の答え〉 例1 (1) 8，2，2，1 (2) −20，4，4，−9

21 2次方程式の解き方(1)
因数分解や平方根を使おう

右辺が0の2次方程式で，左辺が因数分解できるときは，左辺を因数分解してから解を求めます。⇒例1
$(x-m)^2=n$ の形をした式は，平方根の考え方を使って解きます。⇒例2

例1 次の2次方程式を解きなさい。

(1)　$(x-3)(x+8)=0$　〈北海道〉　(2)　$x^2+x-12=0$　〈群馬〉

(1)　$(x-3)(x+8)=0$

どちらかが0です。

$x-3=0$ または □ $=0$

したがって，$x=$ □，□

これがタイセツ

因数分解による解き方
$(x-m)(x-n)=0$ ならば，
$x-m=0$ または $x-n=0$
したがって，$x=m$，$x=n$

(2)　因数分解の公式①を使って左辺を因数分解します。

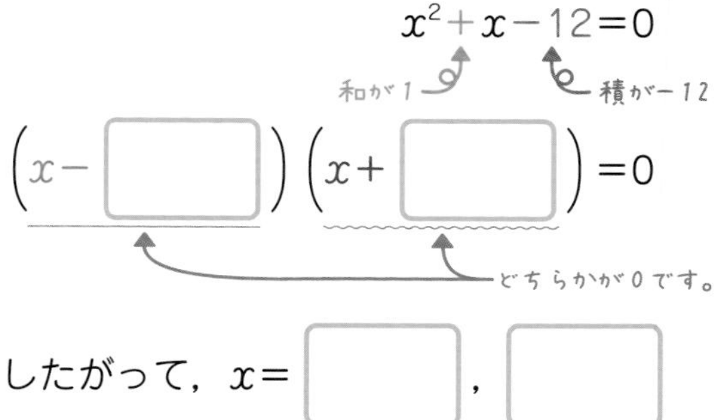

$x^2+x-12=0$

和が1　積が−12

$(x-$ □ $)(x+$ □ $)=0$

どちらかが0です。

したがって，$x=$ □，□

例2 2次方程式 $(x-3)^2=5$ を解きなさい。　〈富山〉

平方根の考え方を使って解きます。

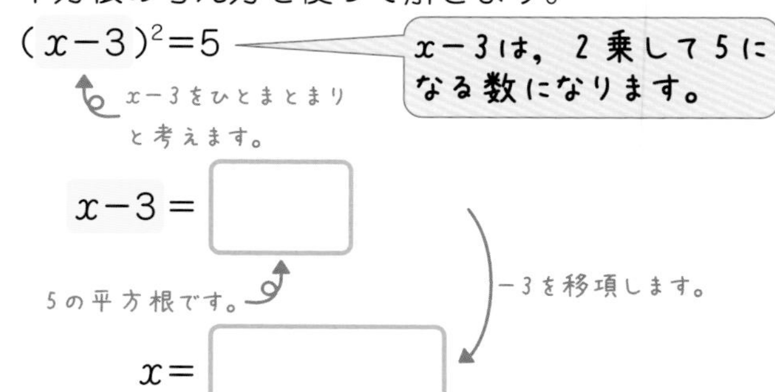

$(x-3)^2=5$

$x-3$は，2乗して5になる数になります。

$x-3$をひとまとまりと考えます。

$x-3=$ □

5の平方根です。

−3を移項します。

$x=$ □

ふりカエル

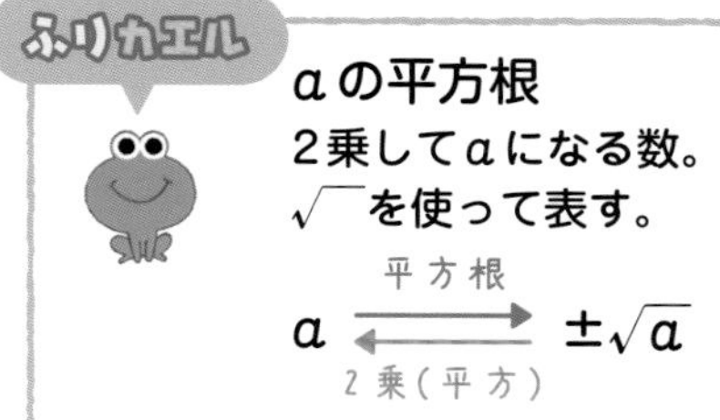

a の平方根
2乗して a になる数。
$\sqrt{\ }$ を使って表す。

a ⇄ $\pm\sqrt{a}$（→ 平方根，← 2乗（平方））

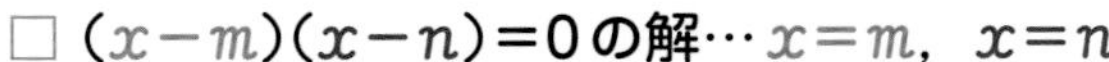

□ $(x-m)(x-n)=0$ の解… $x=m$, $x=n$

□ $(x-m)^2=n$ の解… $x=m\pm\sqrt{n}$

練習問題

解答 p.8

1 次の2次方程式を解きなさい。

(1) $x^2+5x-6=0$ 〈東京〉

(2) $x^2-3x-18=0$ 〈兵庫〉

(3) $x^2-12x-28=0$ 〈富山〉

(4) $x^2+15x+36=0$ 〈京都〉

2 次の2次方程式を解きなさい。

(1) $(x-1)^2=3$ 〈栃木〉

(2) $(x+1)^2=64$ 〈静岡〉

合格プラスワン 右辺が0か確認しよう！

因数分解を利用して2次方程式を解くときは，右辺が0かを確認しましょう。その理由は，かけ算して0になるときは，片方が0になるという右の性質を利用しているからです。例えば，右辺を2としたらどうでしょうか。$AB=2$ となる2つの数 A，B の組み合わせは何になりますか？
$A=1$，$B=2$ や $A=2$，$B=1$ をすぐに思いつく人が多いと思いますが，その他に $A=-1$，$B=-2$ などもあります。また，$A=0.5$，$B=4$ などの小数や，分数も考えられます。このように，A，B の値を決められません。右辺が0だから，因数分解を利用して2次方程式を解くことができるのです。

2つの数を A，B とするとき，$AB=0$ ならば，$A=0$ または $B=0$

〈左ページ例の答え〉 例1 (1) $x+8$，3，-8 (2) 3，4，3，-4 例2 $\pm\sqrt{5}$，$3\pm\sqrt{5}$

2次方程式の解き方(2)

22 解の公式を使おう

右辺が0の2次方程式で，左辺が因数分解できないときは，解の公式を使います。解の公式は形が複雑ですが，代入するだけで解を求めることができて便利です。ここでしっかり覚えましょう。

例1 次の2次方程式を，解の公式を使って解きなさい。

(1)　$x^2+3x-5=0$　〈長崎〉　(2)　$x^2+2x-1=0$　〈三重〉

どちらの式も左辺が因数分解できないので，解の公式にあてはめます。

(1)　解の公式で，$a=1$，$b=3$，$c=-5$だから，

$$x=\frac{-\square\pm\sqrt{3^2-4\times\square\times(-5)}}{2\times1}$$

$$=\frac{-3\pm\sqrt{9+\square}}{2}$$

$$=\frac{-3\pm\sqrt{\square}}{2}$$

2次方程式の解の公式

2次方程式$ax^2+bx+c=0$の解は，

$$x=\frac{-b\pm\sqrt{b^2-4ac}}{2a}$$

(2)　解の公式で，$a=1$，$b=2$，$c=-1$だから，

$$x=\frac{-2\pm\sqrt{\square^2-4\times1\times(\square)}}{2\times1}$$

$$=\frac{-2\pm\sqrt{4+\square}}{2}$$

$$=\frac{-2\pm\sqrt{8}}{2}$$

$$=\frac{-2\pm2\sqrt{\square}}{2}$$

$$=\square$$

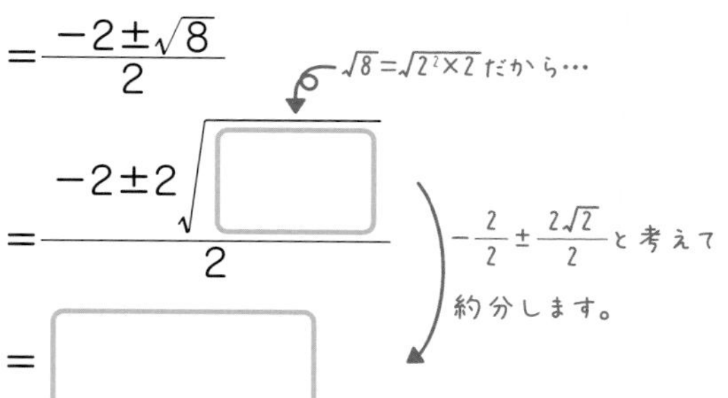

bの値が偶数(ぐうすう)のときは，最後に約分できるよ。約分するのを忘れないように注意しよう。

入試までに これダケは覚えよう！

□ 2次方程式$ax^2+bx+c=0$の解の公式…$x=\dfrac{-b\pm\sqrt{b^2-4ac}}{2a}$

➡ 解答 p.8

1 次の2次方程式を解きなさい。

(1) $x^2+3x-1=0$ 〈岩手〉

(2) $3x^2-5x+1=0$ 〈茨城〉

(3) $5x^2+3x-2=0$ 〈愛媛〉

(4) $3x^2+4x-1=0$ 〈埼玉16〉

$\sqrt{\ }$の中の数に注意！

解の公式を使って解くときに，$\sqrt{\ }$がはずせる場合があります。
途中(とちゅう)で計算を止めないように注意しましょう。

例 $2x^2-x-1=0$を解きなさい。

➡解の公式で，$a=2$，$b=-1$，$c=-1$だから，

$$x=\frac{-(-1)\pm\sqrt{(-1)^2-4\times2\times(-1)}}{2\times2}$$

$$=\frac{1\pm\sqrt{9}}{4}$$ ←ここで終わりではありません！

$$=\frac{1\pm3}{4}$$ ←$\sqrt{9}=3$です。

$$x=\frac{1+3}{4}=\frac{4}{4}=1$$

または，

$$x=\frac{1-3}{4}=-\frac{2}{4}=-\frac{1}{2}$$

←この2つが解です。

〈左ページ例の答え〉 例1 (1) 3，1，20，29 (2) 2，−1，4，2，$-1\pm\sqrt{2}$

2次方程式の解き方(3)

23 いろいろな2次方程式を解こう

右辺が0ではない2次方程式は，移項して右辺を0にしてから，因数分解したり，解の公式を使ったりして解きます。➡例1
かっこをふくむときは，かっこをはずしてから右辺を0にします。➡例2

例1　2次方程式 $x^2=x+2$ を解きなさい。〈愛媛〉

右辺が0ではないので，移項して，右辺を0にします。

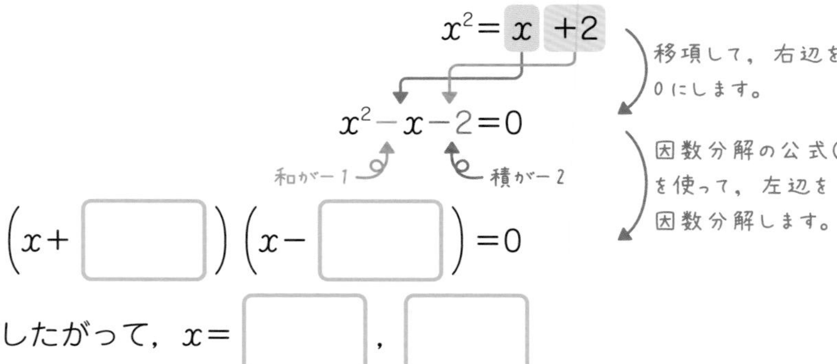

したがって，$x=\square$，$\square$

例2　2次方程式 $(x+3)(x-3)=2x-1$ を解きなさい。〈長崎〉

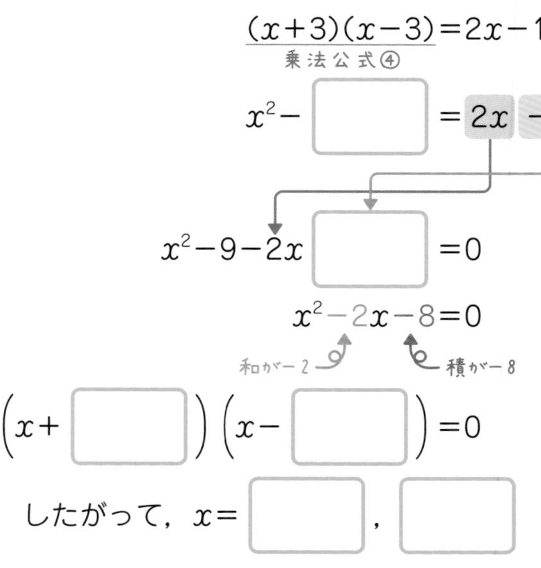

移項すると，符号が変わることに注意しよう。

したがって，$x=\square$，$\square$

乗法公式④
$(x+a)(x-a)$
$=x^2-a^2$
2乗　2乗

入試までに これダケは覚えよう！

□ **右辺が0ではない2次方程式**…移項して，右辺を0にしてから解く。

□ **かっこをふくむ2次方程式**…かっこをはずしてから，右辺を0にする。

練習問題

解答 p.8

1 次の2次方程式を解きなさい。

(1) $x^2+x=3$ 〈群馬〉

(2) $x^2+7x=2x-1$ 〈熊本〉

(3) $x^2-x=2(6-x)$ 〈福井〉

(4) $x^2-x=7(x-1)$ 〈愛知〉

(5) $(x-3)^2-16=0$ 〈山口〉

(6) $(x+2)^2=3x+5$ 〈長崎〉

合格プラスワン 解を代入しよう！

解がわかっているときは，方程式にその解を代入することができます。

例 xについての2次方程式
$x^2-ax-10=0$の解の1つが2であるとき，aの値ともう1つの解を求めなさい。

➡ $x=2$を代入すると，← 解の1つが2です。

$2^2-a\times2-10=0$

$-2a=6$

$a=-3$

$a=-3$を$x^2-ax-10=0$に代入すると，

$x^2+3x-10=0$

$(x-2)(x+5)=0$

したがって，$x=2$，-5

答 $a=-3$，$x=-5$

〈左ページ例の答え〉 例1 1，2，−1，2 例2 9，+1，2，4，−2，4

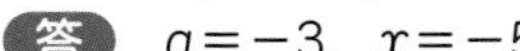

ここで学習 1，2➡17，18　3～5➡19，20

1 次の1次方程式，比例式を解きなさい。

5点×6(30点)

(1) $10x-6=9x$ 〈沖縄〉

(　　　　)

(2) $6x+4=3x-5$ 〈熊本〉

(　　　　)

(3) $x-7=9(x+1)$ 〈東京〉

(　　　　)

(4) $3(x+5)=4x+9$ 〈東京〉

(　　　　)

(5) $1.3x-2=0.7x+1$ 〈熊本〉

(　　　　)

(6) $x:16=5:4$ 〈長崎〉

(　　　　)

2 xについての方程式$ax+9=5x-a$の解が6であるとき，aの値を求めなさい。

(7点)〈栃木〉

(　　　　)

3 2元1次方程式$3x-2y=7$の解を次の㋐～㋓から選びなさい。

(7点)〈沖縄〉

㋐ $x=1,\ y=2$

㋑ $x=-1,\ y=2$

㋒ $x=1,\ y=-2$

㋓ $x=-1,\ y=-2$

(　　　　)

2 方程式

4 次の連立方程式を解きなさい。

6点×8(48点)

(1) $\begin{cases} 4x+y=-1 \\ x-2y=11 \end{cases}$ 〈高知〉

(　　　　　　)

(2) $\begin{cases} 2x+3y=7 \\ 3x-y=-6 \end{cases}$ 〈福島〉

(　　　　　　)

(3) $\begin{cases} -3x+y=5 \\ x+2y=3 \end{cases}$ 〈岩手〉

(　　　　　　)

(4) $\begin{cases} 7x-4y=2 \\ 5x-2y=4 \end{cases}$ 〈大分〉

(　　　　　　)

(5) $\begin{cases} x+2y=4 \\ y=3x-5 \end{cases}$ 〈佐賀〉

(　　　　　　)

(6) $\begin{cases} 2x-3y=5 \\ x-1=y \end{cases}$ 〈福井〉

(　　　　　　)

(7) $\begin{cases} 4x+5=3y-2 \\ 3x+2y=16 \end{cases}$ 〈愛知〉

(　　　　　　)

(8) $6x-3y+7=4x+6y=2x+3$ 〈埼玉17〉

(　　　　　　)

5 x，yについての連立方程式 $\begin{cases} ax-y=19 \\ ax+by=7 \end{cases}$ の解が，$x=5$，$y=-4$であるとき，aとbの値をそれぞれ求めなさい。

(8点)〈佐賀〉

(　　　　　　)

解を求めたら，正しいか確かめよう

方程式を成り立たせる文字の値が方程式の解です。解を求めたときは，もとの式に代入して，解が正しいかを確かめることができます。方程式を解くときは，答えの確かめをして，計算ミスに気づけるようにしましょう。p.48 例1の問題で確かめてみましょう。

1次方程式$3x-2=-4x+5$の解は，$x=1$でした。この値を左辺と右辺に代入すると，

(左辺)$=3\times1-2=1$
(右辺)$=-4\times1+5=1$

左辺と右辺が等しいので，解は正しいです。

まとめのテスト2

➡ 解答 p.9

勉強した日　　月　　日

得点　　/100点

ここで学習 1, 2➡21　3➡22　4, 5➡23

1 次の2次方程式を解きなさい。　5点×4(20点)

(1) $x^2-4x-12=0$ 〈山口〉

(　　　　　　)

(2) $x^2+5x-24=0$ 〈大阪〉

(　　　　　　)

(3) $(x-2)^2=6$ 〈京都〉

(　　　　　　)

(4) $(x+3)^2=12$ 〈高知〉

(　　　　　　)

2 xについての2次方程式$x^2+ax-12=0$の解の1つが-2であるとき，もう1つの解を求めなさい。　(6点)〈滋賀〉

(　　　　　　)

3 次の2次方程式を解きなさい。　5点×4(20点)

(1) $x^2+3x-2=0$ 〈徳島〉

(　　　　　　)

(2) $x^2-5x-1=0$ 〈兵庫〉

(　　　　　　)

(3) $2x^2-3x-1=0$ 〈三重〉

(　　　　　　)

(4) $5x^2-9x+3=0$ 〈埼玉14〉

(　　　　　　)

4 次の2次方程式を解きなさい。

6点×6(36点)

(1) $2x^2-3x=1$ 〈鹿児島〉

(　　　　　　　)

(2) $x^2-4x=x-3$ 〈静岡〉

(　　　　　　　)

(3) $(x+1)^2-16=0$ 〈徳島〉

(　　　　　　　)

(4) $(x-3)^2=x$ 〈滋賀〉

(　　　　　　　)

(5) $(x-8)(x+2)=2(x+2)$ 〈愛知〉

(　　　　　　　)

(6) $(x-1)(x+2)=7(x-1)$ 〈大分〉

(　　　　　　　)

5 a，bは自然数とします。2次方程式$x^2+ax-b=0$について，次の問いに答えなさい。

6点×3(18点)〈岐阜〉

(1) $a=3$，$b=1$のとき，2次方程式を解きなさい。

(　　　　　　　)

(2) $x=-6$，$x=3$がともに2次方程式の解であるとき，a，bの値の組(a, b)を求めなさい。

(　　　　　　　)

(3) $x=-3$が2次方程式の1つの解であるとき，a，bの値の組は2つあります。2つのa，bの値の組(a, b)を求めなさい。

(　　　　　　　　　　)

$(x-▲)^2=■$の形にして解こう

2次方程式は解の公式を使って解くことができますが，平方根の考え方を使って解くこともできます。

例　2次方程式$x^2-2x-1=0$を，$(x-▲)^2=■$の形に変形して解きなさい。〈岩手〉

➡ $x^2-2x-1=0$
　　-1(定数項)を移項します。
$x^2-2x=1$
　　$(x-▲)^2$にするために，両辺に1を加えます。
$x^2-2x+1=1+1$
　　左辺を$(x-▲)^2$にします。
$(x-1)^2=2$
$x-1=\pm\sqrt{2}$
$x=1\pm\sqrt{2}$

特集 図形の問題にチャレンジ!!

方程式を利用した図形の問題もよく出題されます。

例えばどんなのですか？

横が縦よりも長い，長方形の形をした土地があります。この土地の周の長さが38m，面積が90m²のとき，この土地の縦の長さは何mになるかな？

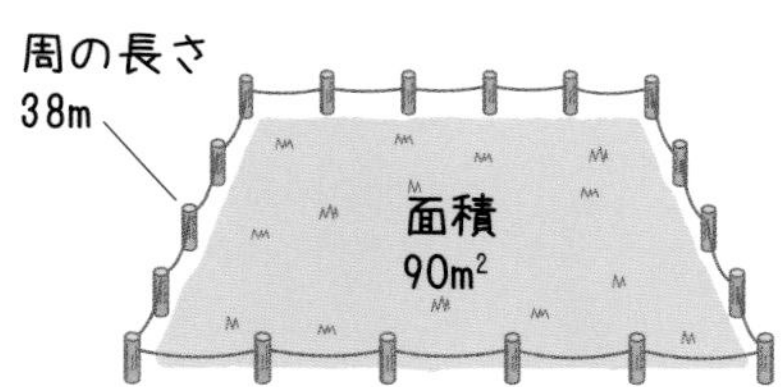

あっ，もしかして，縦の長さをxmとして，方程式をつくるんですか！

求めるものをxとして方程式をつくろう!!

土地の縦の長さを求める問題だから，縦をxmとします。
周の長さが38mだから，縦と横の長さの和は，その半分の19mになります。したがって，横の長さは$19-x$(m)となります。
土地の面積が90m²だから，

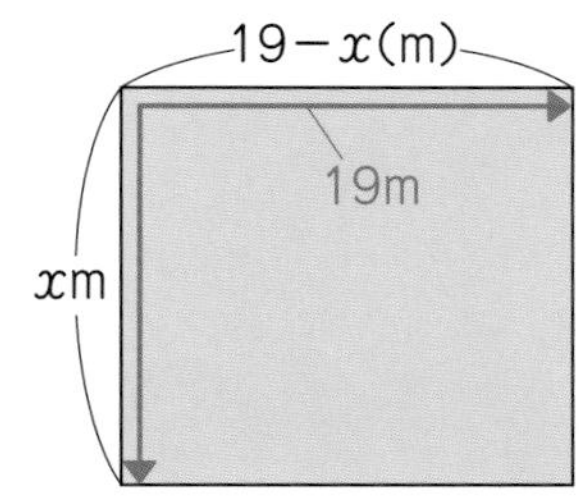

$$x(19-x)=90$$

（縦）×（横）　かっこをはずします。

$$19x-x^2=90$$

移項して整理します。

$$x^2-19x+90=0$$

因数分解の公式①を使います。

$$(x-9)(x-10)=0$$

$x=9,\ 10$

$x=9$のとき，横の長さは，$19-9=10$(m)
$x=10$のとき，横の長さは，$19-10=9$(m)
横が縦よりも長いので，9mが答えとなります。

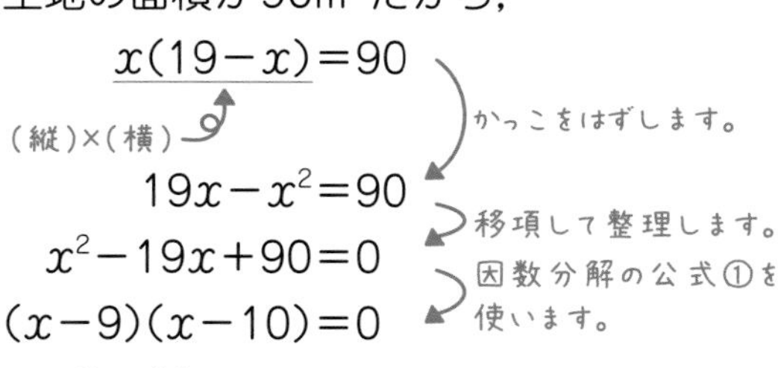

方程式が1次方程式や連立方程式になることもあります。それぞれの方程式を，解けるようにしましょう。

 9m

関数

比例と反比例

比例のグラフの形は？

1次関数

2点(3, 2), (5, 6)を通る直線の式は？

1次関数

$2x+3y+6=0$ のグラフは？

関数 $y=ax^2$

$y=3x^2$ の x の値が1から3まで増加するときの変化の割合は？

単元の内容	この本での単元番号	終わったらチェック		
		解ける！	ほぼOK	見直し
比例と反比例	24～25	◎	○	×
1次関数	26～29	◎	○	×
関数 $y=ax^2$	30～32	◎	○	×

3 関数

各単元の学習ポイントをまとめています。公式を忘れてしまったときや確認したいときにこのページを使いましょう。

比例と反比例

関数

ある量(x)とそれにともなって変化する他の量(y)があって，xの値を決めると，それにともなってyの値がただ1つに決まるとき，yはxの関数である。

比例

関係式 ➡ $y=ax$(aは比例定数)

性質 ➡ xの値が2倍，3倍，…になると，yの値も2倍，3倍，…になる。

例 $y=2x$

2倍　3倍

x	0	1	2	3	…
y	0	2	4	6	…

2倍　3倍

反比例

関係式 ➡ $y=\frac{a}{x}$(aは比例定数)

性質 ➡ xの値が2倍，3倍，…になると，yの値は$\frac{1}{2}$倍，$\frac{1}{3}$倍，…になる。

例 $y=\frac{12}{x}$

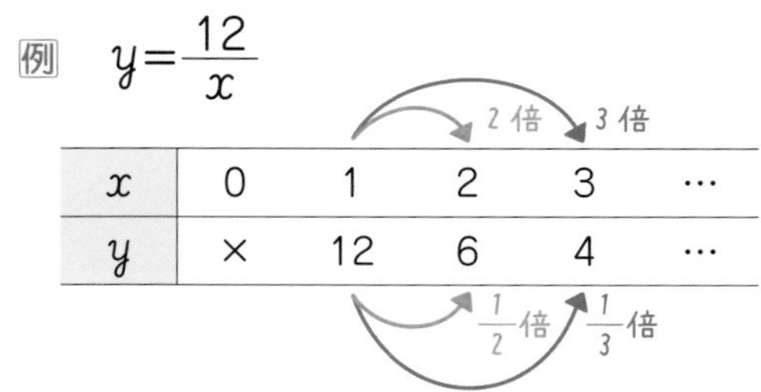

2倍　3倍

x	0	1	2	3	…
y	×	12	6	4	…

$\frac{1}{2}$倍　$\frac{1}{3}$倍

座標

点の位置を表す。

例 A(2，3)

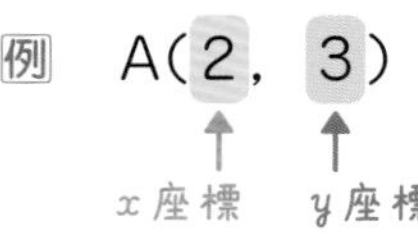

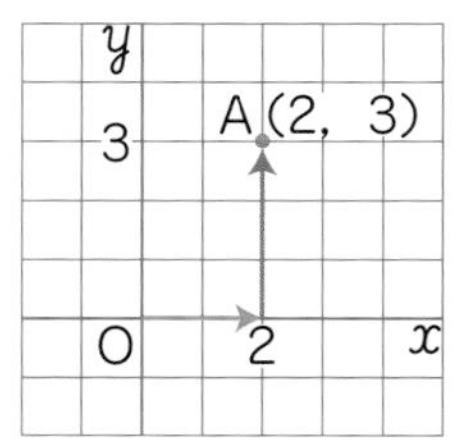

比例のグラフ

原点を通る直線。

$a>0$ 右上がり　$a<0$ 右下がり

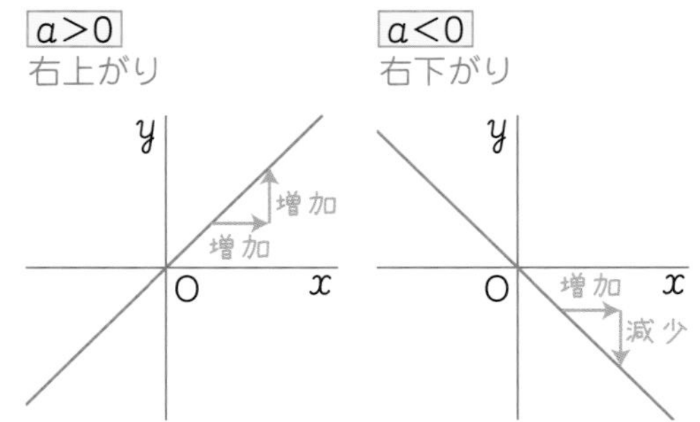

反比例のグラフ

2つのなめらかな曲線(双曲線)。

$a>0$　$a<0$

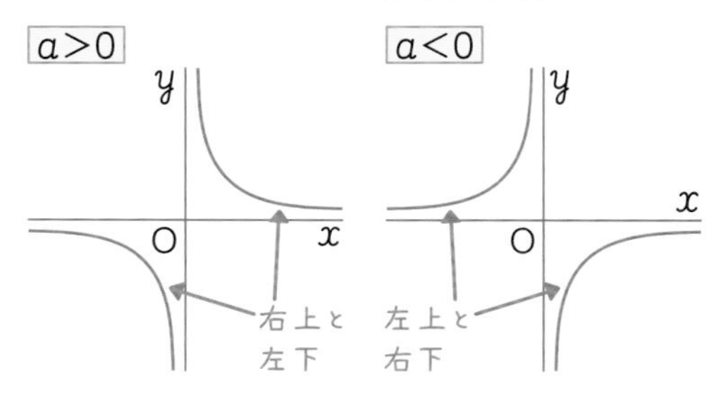

1次関数

1次関数

関係式 ➡ $y=ax+b$(a，bは定数)

xに比例する部分　定数の部分

1次関数と変化の割合

xの増加量に対するyの増加量の割合を変化の割合という。

1次関数$y=ax+b$の変化の割合は一定で，aに等しい。

$$(\text{変化の割合})=\frac{(y\text{の増加量})}{(x\text{の増加量})}=a$$

1次関数 $y=ax+b$ のグラフ

傾きが a，切片が b の直線。

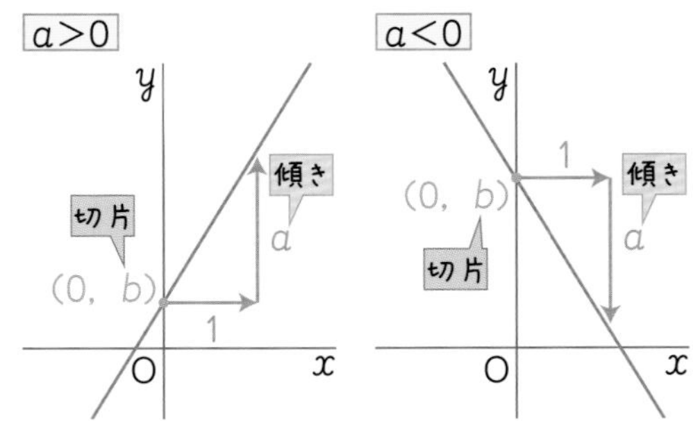

例　$y=2x-3$ のグラフ。

$y=$●，$x=$▲のグラフ

$y=$●

➡ x 軸に平行な直線。

$x=$▲

➡ y 軸に平行な直線。

2直線の交点の座標

2直線の式を組にした連立方程式を解くことで求めることができる。

例　下のグラフの交点の座標は，

$$\begin{cases} y=2x-1 & \cdots① \\ y=-x+3 & \cdots② \end{cases}$$

を解いて，

$$\left(\frac{4}{3},\ \frac{5}{3}\right)$$

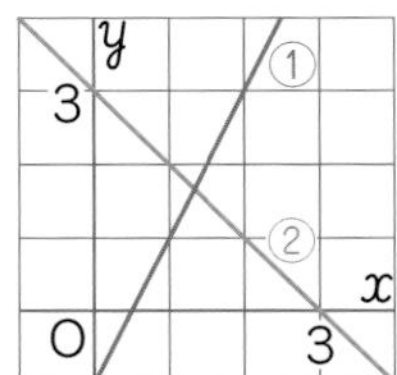

2直線の交点の座標
⇕
連立方程式の解

関数 $y=ax^2$

2乗に比例する関数

関係式 ➡ $y=ax^2$（a は定数）

関数 $y=ax^2$ のグラフ

▶原点を頂点とする放物線。

▶y 軸について対称。

$a>0$　上に開いた形

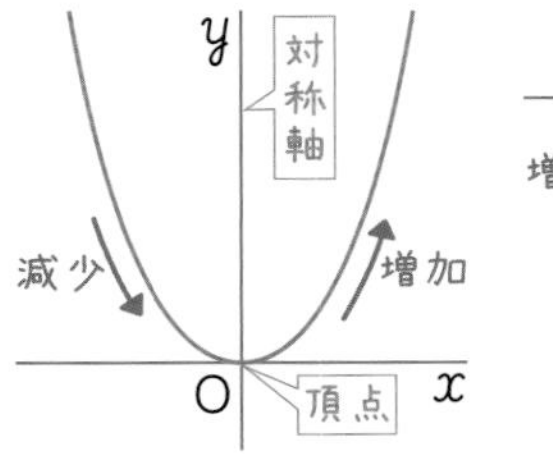

$a<0$　下に開いた形

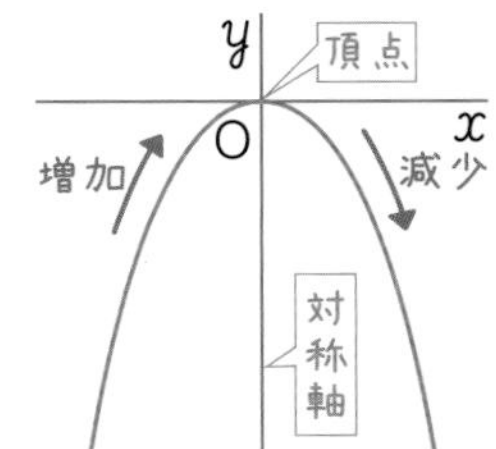

▶定数 a の絶対値が大きいほど，グラフの開きは小さくなる。

例

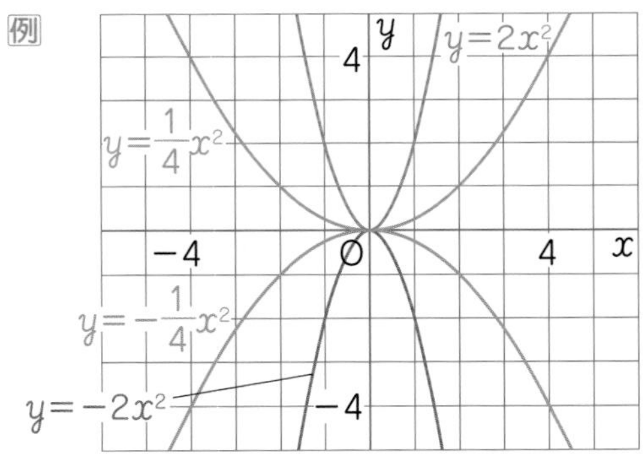

関数 $y=ax^2$ の変域

x の変域に0をふくむときは，y の最大値か最小値が0になる。

例　$y=-x^2$ で，$-2 \leqq x \leqq 1$ のときの y の変域は，$-4 \leqq y \leqq 0$

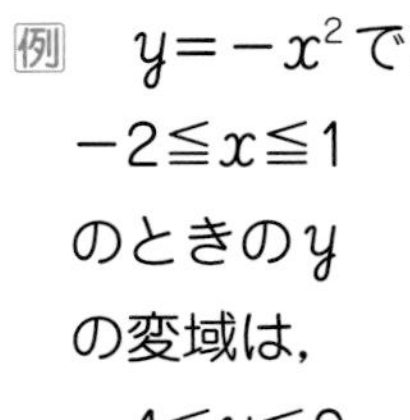

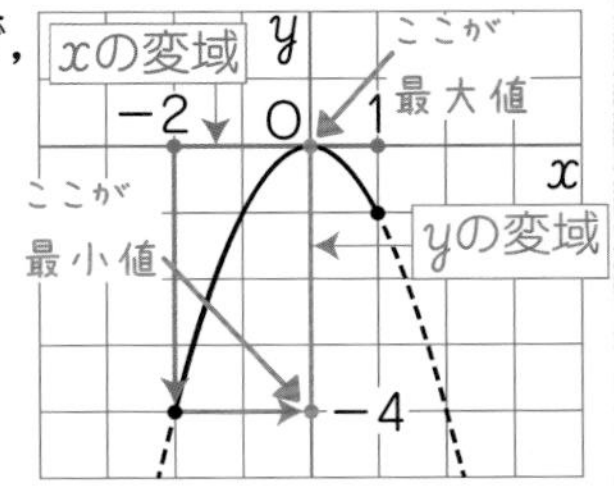

関数 $y=ax^2$ の変化の割合

1次関数とは異なり，一定ではない。

24 比例
比例とは？

yがxの関数で，$y=ax$と表されるとき，yはxに比例する(ひれい)といい，aを比例定数といいます。比例の式を求めるときは，x，yの値(あたい)から，aの値を求めます。➡例1
比例のグラフは，原点を通る直線になります。➡例2

例1 yはxに比例し，$x=2$のとき$y=10$です。yをxの式で表しなさい。〈山口〉

1 求める式を$y=ax$と表します。

2 この式に$x=2$，$y=10$を代入します。

3 $10=a\times2$
$2a=10$　（両辺を入れかえます。）
$a=$□　（両辺を2でわります。）

4 したがって，$y=$□　（$y=ax$にaの値を代入します。）

比例の式の求め方
1 求める式を$y=ax$と表す。
2 x，yの値を代入する。
3 aの値を求める。
4 yをxの式で表す。

例2 $y=3x$のグラフ上に点Aがあり，点Aの座標は(6, □)です。□にあてはまる数を求めなさい。〈岩手〉

$y=3x$と表されるので，yはxに□します。したがって，グラフは右のような原点を通る直線になります。点Aのx座標が6だから，$x=6$を$y=3x$に代入して，y座標を求めます。

$y=3\times6$　（$x=6$を代入します。）
$=$□　（この値が点Aのy座標になります。）

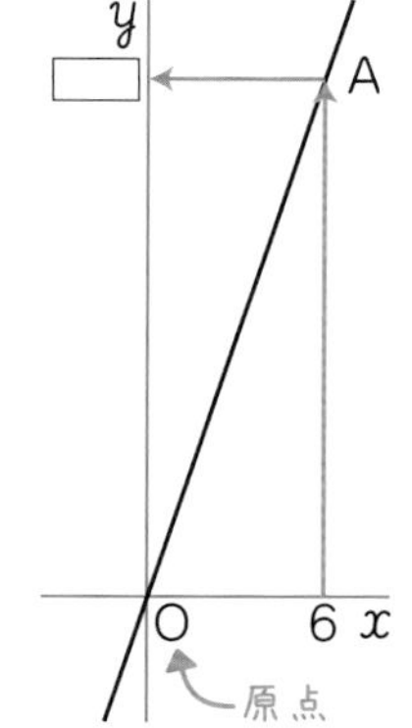

答 □

比例のグラフ
比例$y=ax$のグラフは，原点を通る直線であり，比例定数aの値によって右のようになる。

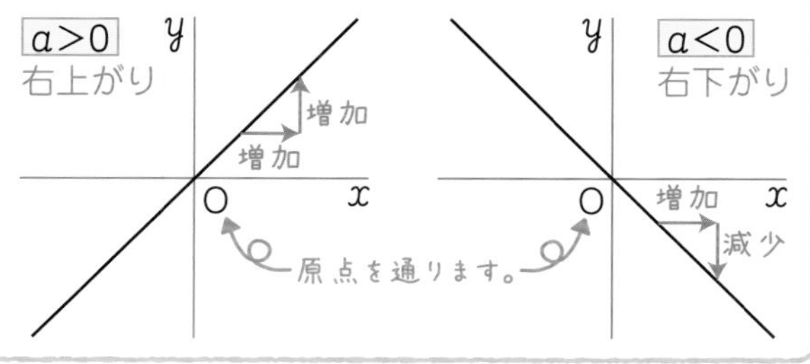

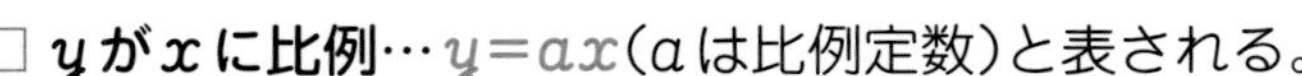
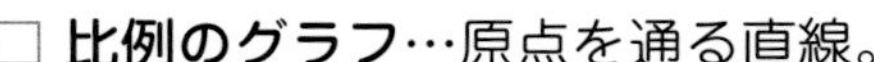

□ y が x に比例… $y=ax$（a は比例定数）と表される。

□ 比例のグラフ…原点を通る直線。

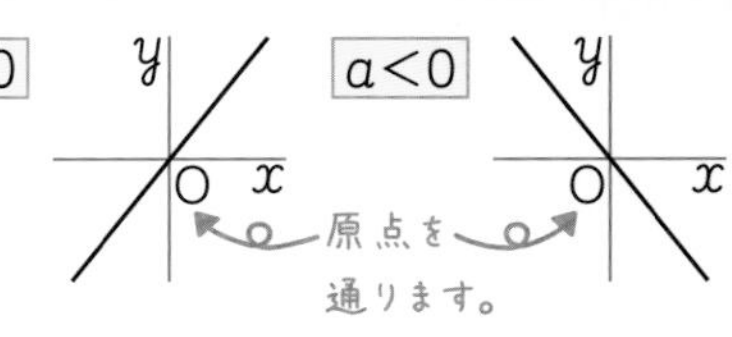

解答 p.10

1 y は x に比例し，$x=3$ のとき $y=12$ です。y を x の式で表しなさい。〈長崎〉

2 y は x に比例し，$x=3$ のとき $y=-6$ となります。$x=-5$ のときの y の値を求めなさい。〈北海道〉

3 右の図は，y が x に比例する関数のグラフです。y を x の式で表しなさい。〈栃木〉

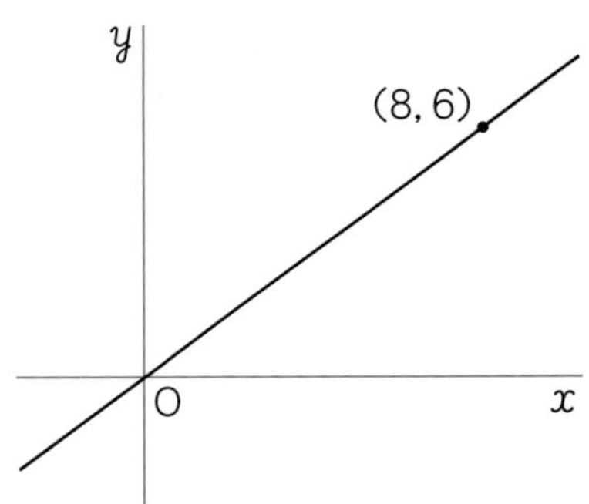

合格プラスワン　座標とは？

座標は点の位置を表し，（x 座標，y 座標）のようにかきます。

例　点（3，2）は，x 座標が3，y 座標が2で，右のような位置になります。

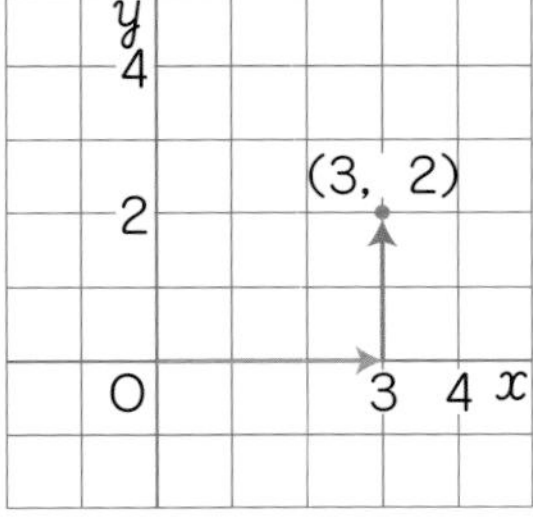

〈左ページ例の答え〉 例1 5，$5x$　例2 比例，18，18

25 反比例

反比例とは？

y が x の関数で，$y=\frac{a}{x}$ と表されるとき，y は x に反比例（はんぴれい）するといいます。⇒例1

反比例のグラフは，双曲線（そうきょくせん）とよばれる2つのなめらかな曲線になります。⇒例2

例1

y は x に反比例し，$x=2$ のとき $y=-3$ です。y を x の式で表しなさい。〈群馬〉

1 求める式を $y=\frac{a}{x}$ と表します。

2 この式に $x=2$，$y=-3$ を代入します。

3 $-3=\frac{a}{2}$

両辺を入れかえて，両辺に2をかけると，$a=-3\times2$ となります。

$a=$ □

4 したがって，$y=$ □

← $y=\frac{a}{x}$ に a の値を代入します。

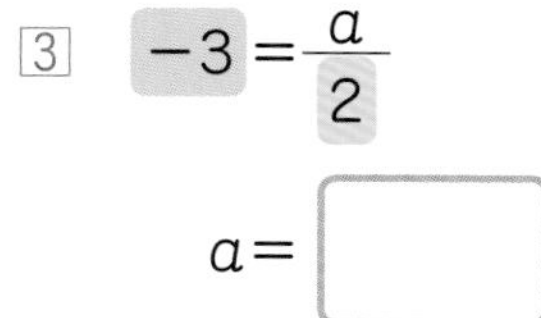

たしかめよう

反比例の式の求め方

1 求める式を $y=\frac{a}{x}$ と表す。
2 x，y の値を代入する。
3 a の値を求める。
4 y を x の式で表す。

例2

関数 $y=\frac{8}{x}$ のグラフ上にあり，x 座標，y 座標がともに整数である点は何個あるか，求めなさい。〈徳島〉

$y=\frac{8}{x}$ と表されるので，y は x に □ します。

したがって，グラフは右のような双曲線になります。
x 座標，y 座標がともに整数である点は，$xy=8$ より，右のグラフの赤い点・の部分となります。

← (x 座標)×(y 座標)=8 となる点です。

答 □

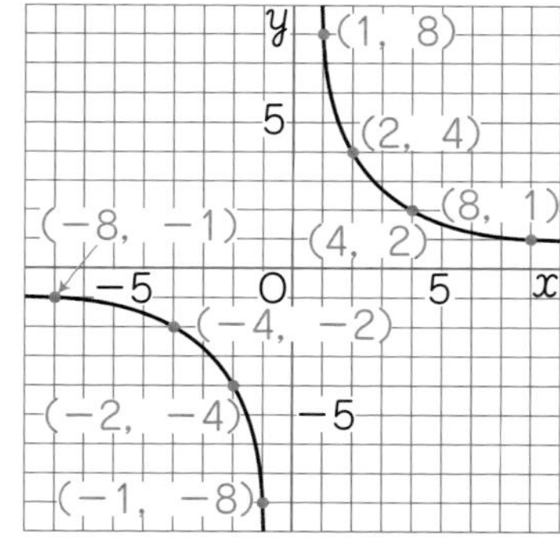

これがタイセツ

反比例のグラフ

反比例 $y=\frac{a}{x}$ のグラフは，双曲線とよばれる2つのなめらかな曲線であり，比例定数 a の値によって右のようになる。

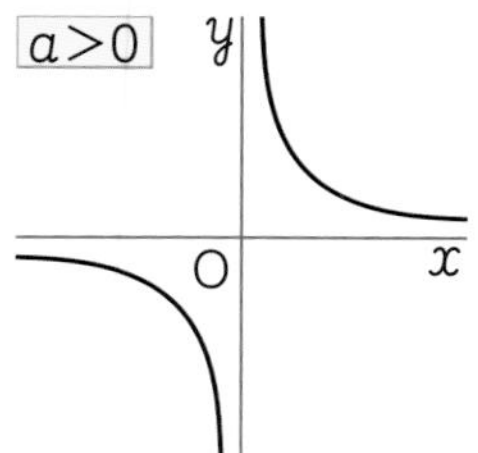

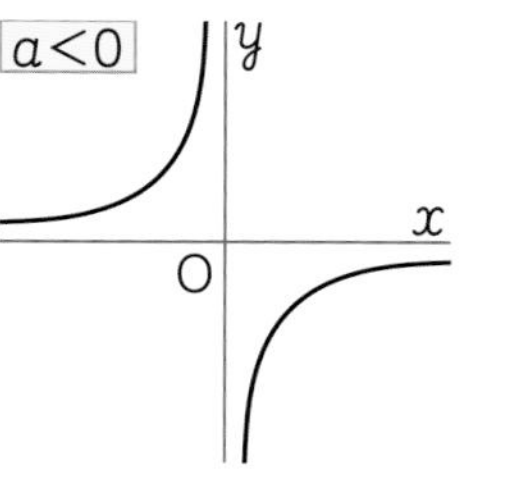

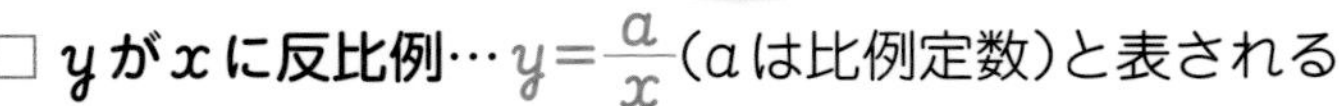

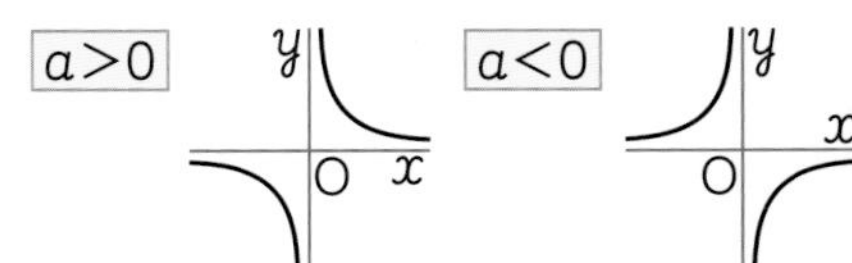

□ y が x に反比例… $y=\frac{a}{x}$（a は比例定数）と表される。

□ 反比例のグラフ…座標軸とは交わらない双曲線。

解答 p.10

1 y は x に反比例し，$x=-3$ のとき $y=-5$ です。y を x の式で表しなさい。 〈岩手〉

2 y は x に反比例し，$x=3$ のとき，$y=-6$ です。$x=-2$ のときの y の値を求めなさい。 〈富山〉

3 右の図に $y=\frac{4}{x}$ のグラフをかきなさい。 〈岐阜〉

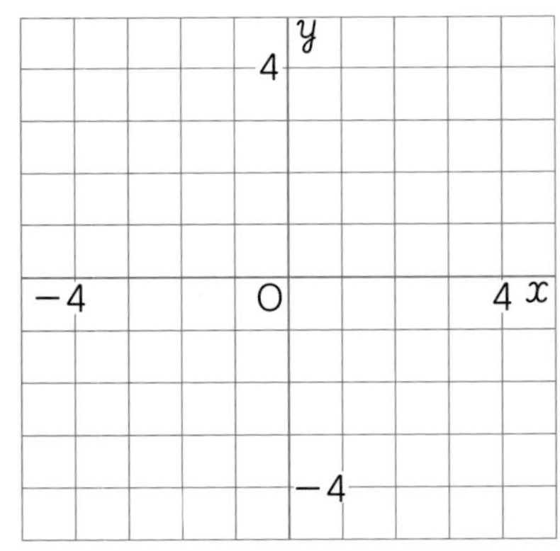

合格プラスワン x の値が2倍，3倍，…になると？

x の値が2倍，3倍，…になると，y の値も2倍，3倍，…になるのが比例，y の値が $\frac{1}{2}$ 倍，$\frac{1}{3}$ 倍，…になるのが反比例です。次の例で確認しましょう。

例 $y=6x$ ← 比例（x：2倍，3倍 → y：2倍，3倍）

x	…	0	1	2	3	…
y	…	0	6	12	18	…

例 $y=\frac{6}{x}$ ← 反比例（x：2倍，3倍 → y：$\frac{1}{2}$ 倍，$\frac{1}{3}$ 倍）

x	…	0	1	2	3	…
y	…	×	6	3	2	…

〈左ページ例の答え〉 例1 -6，$-\frac{6}{x}$ 例2 反比例，8個

1次関数

26 1次関数とは？

$y=ax+b$と表されるとき，yはxの1次関数であるといいます。⇒例1

$\dfrac{(y\text{の増加量})}{(x\text{の増加量})}$を変化の割合といい，1次関数$y=ax+b$では$a$に等しいです。⇒例2

例1

気温は，地上から10kmまでは，高度が1km増すごとに6℃ずつ低くなります。地上の気温が8℃のとき，地上から$x$km上空の気温をy℃とします。$0 \leqq x \leqq 10$のとき，xとyの関係を式で表しなさい。〈愛知〉

気温の変化は，高度が1km増すごとに-6℃となるから，$x$km増すときの変化は［　　］℃です。

地上の気温が8℃だから，$x$km上空の気温y℃は，

$y=$［　　］$+$［　　］

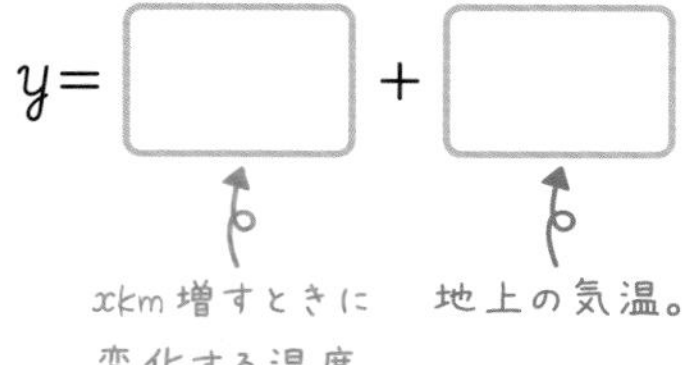

yはxの1次式で表されるので，
$0 \leqq x \leqq 10$のとき，yはxの1次関数です。

1次関数の式

$y=ax+b$（a, bは定数）

ax：xに比例する部分　b：定数の部分

$3x+7$などはxの1次式，
$3x^2+7$などはxの2次式，
$3x^3+7$などはxの3次式だよ。

例2

1次関数$y=6x-4$について，xの増加量が5のときのyの増加量を求めなさい。〈鳥取〉

xの増加量に対するyの増加量の割合を変化の割合といいます。
1次関数$y=ax+b$では，変化の割合は一定でaに等しくなります。

$\dfrac{(y\text{の増加量})}{(x\text{の増加量})}=a$より，

$\dfrac{(y\text{の増加量})}{5}=$［　　］

$(y\text{の増加量})=$［　　］$\times 5$

$(y\text{の増加量})=$［　　］

1次関数$y=ax+b$と変化の割合

$(\text{変化の割合})=\dfrac{(y\text{の増加量})}{(x\text{の増加量})}=a$

1次関数$y=ax+b$のaは，
xの増加量が1のときの
yの増加量ともいえるね。

入試までに これダケは覚えよう！

□ 1次関数…$y=ax+b$という式で表される。
1次関数では，変化の割合は一定でaに等しい。

1次関数$y=ax+b$
$$(\text{変化の割合})=\frac{(y\text{の増加量})}{(x\text{の増加量})}=a$$

3 関数

解答 p.10

1 水が4L入っている大きな水そうに，一定の割合で水を入れます。下の表は，水を入れはじめてからx分後の，水そうの水の量をyLとするとき，xとyの値の関係を表したものです。この表の□にあてはまる数を求めなさい。〈山口〉

x	0	1	2	3	…	7	…	10
y	4	6	8	10	…	□	…	24

2 1次関数$y=3x-2$について，xの値が4から7まで増加するときのyの増加量を求めなさい。〈佐賀〉

合格プラスワン 増加量が負の数？

1次関数の変化の割合が負の数のとき，xの値が増加するときのyの増加量は負の数になります。

例 1次関数$y=-4x+16$について，xの値が1から4まで増加するときのyの増加量を求めなさい。

➡(xの増加量)$=4-1=3$
(yの増加量)$=-4\times3$
$=-12$ ← 負の数になります。

これは，yの値が12減少することを表します。

〈左ページ例の答え〉 例1 $-6x$，$-6x$，8 例2 6，6，30

1次関数のグラフ

27 1次関数のグラフを考えよう

1次関数$y=ax+b$のグラフは，傾きがa，切片がbの直線です。⇒例1
$a>0$のとき，xの値が増加すればyの値も増加し，右上がりの直線になります。
$a<0$のとき，xの値が増加すればyの値は減少し，右下がりの直線になります。 ⇒例2

例1

右の直線はある1次関数のグラフです。この関数の式を求めなさい。〈佐賀〉

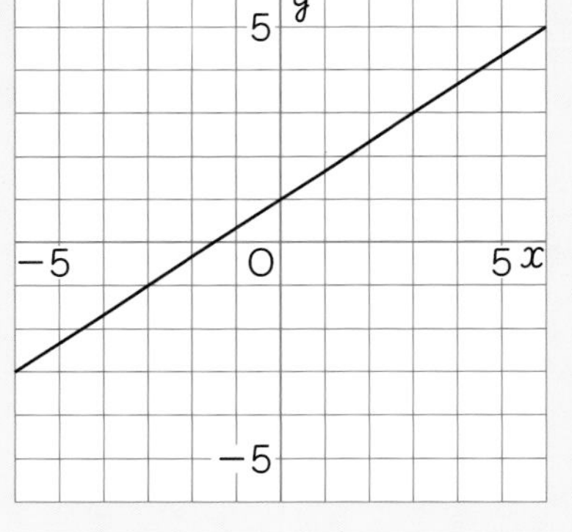

グラフがy軸と交わる点のy座標を切片（せっぺん）といいます。

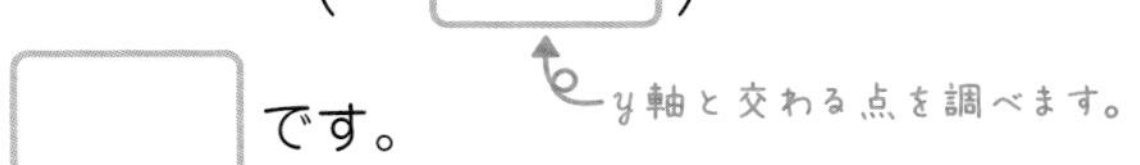

グラフは点$(0, \square)$を通るから，切片は

y軸と交わる点を調べます。

$\square$ です。

1次関数$y=ax+b$で，aを傾き（かたむ）といいます。グラフは右へ3進むと上へ2進むので，

（3，3）を通ります。

分母　分子

傾きは $\square$ です。

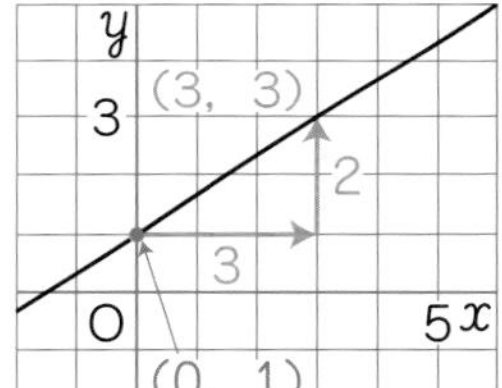

答 $\square$

例2

次の㋐～㋓の式で表される関数のうち，グラフが右下がりの直線であるものはどれですか。〈大阪〉

㋐ $y=2x-3$　㋑ $y=-3x+2$　㋒ $y=\dfrac{2}{x}$　㋓ $y=-\dfrac{3}{x}$

㋐，㋑　$y=ax+b$と表されるので，yはxの1次関数です。

㋐の傾きは2で正の数だから，グラフは右 $\square$ の直線です。

㋑の傾きは−3で負の数だから，グラフは右 $\square$ の直線です。

㋒，㋓　$y=\dfrac{a}{x}$と表されるので，yはxに反比例します。

したがって，グラフは双曲線になります。

右下がりの直線にはなりません。

答 $\square$

郵　便　は　が　き

おそれいりますが，切手をおはりください。

141-8426

東京都品川区西五反田２－11－８
(株)文理

「わからないをわかるにかえる
高校入試」
アンケート 係

ご住所	〒　都道府県　市区郡　電話　－　－		
お名前	フリガナ	男・女	学年　年
お買上げ月	年　月	学習塾に	□通っている　□通っていない
スマートフォンを	□持っている　□持っていない		

＊ご住所は町名・番地までお書きください。

✂はがきで送られる方はここを切り取ってください。

「わからないをわかるにかえる　高校入試」をお買い上げいただき，ありがとうございました。今後のよりよい本づくりのため，裏にありますアンケートにお答えください。

アンケートにご協力くださった方の中から，抽選で（年２回），**図書カード 1000 円分**をさしあげます。（当選者の発表は賞品の発送をもってかえさせていただきます。）なお，このアンケートで得た情報は，ほかのことには使用いたしません。

《はがきで送られる方》

① 左のはがきの下のらんに，お名前など必要事項をお書きください。
② 裏にあるアンケートの回答を，右にある回答記入らんにお書きください。
③ 点線にそってはがきを切り離し，お手数ですが，左上に切手をはって，ポストに投函してください。

《インターネットで送られる方》

文理のホームページよりアンケートのページにお進みいただき，ご回答ください。

https://portal.bunri.jp/questionnaire.html

アンケート

●次のアンケートにお答えください。回答は右のらんにあてはまる□をぬってください。

[1] 今回お買い上げになった教科は何ですか。　① 国語　② 社会　③ 数学　④ 理科　⑤ 英語

[2] この本を選んだのはどなたですか。　① 自分(中学生)　② 保護者　③ その他

[3] この本を選ばれた理由は何ですか。(複数可)
① 高校入試に備えて　② 内容・レベルがちょうどよいので
③ イラストを用いた説明がわかりやすいので　④ 知り合いにすすめられたので
⑤ 書店やネットなどですすめられていたので　⑥ 同シリーズの学年別を使用してよかったので
⑦ 付録がよかったので　⑧ その他

[4] この本の使用目的を教えてください。(複数可)
① 1・2 年の復習　② 受験勉強のはじめに
③ 苦手分野の克服　④ 入試直前の追い込み
⑤ 学力テスト対策　⑥ その他

[5] この本を使い始めたのはいつごろですか。
① 中 2 の 4 ～ 9 月　② 中 2 の 10 ～ 3 月
③ 中 3 の 4 ～ 6 月　④ 中 3 の 7 ～ 9 月
⑤ 中 3 の 10 月以降　⑥ その他

[6] 内容はいかがでしたか。　① わかりやすい　② わかりにくい　③ その他

[7] 問題の量はいかがでしたか。　① ちょうどよい　② 多い　③ 少ない

[8] 問題のレベルはいかがでしたか。　① ちょうどよい　② 難しい　③ やさしい

[9] ページ数はいかがでしたか。　① ちょうどよい　② 多い　③ 少ない

[10] 表紙デザインはいかがでしたか。　① よい　② ふつう　③ よくない

[11] カラーの誌面デザインはいかがでしたか。　① よい　② ふつう　③ よくない

[12] 付録のミニブックはいかがでしたか。
① 役に立つ　② あまり役に立たない　③ まだ利用していない

[13] ミニブックのデジタル版はいかがでしたか。使いやすさなど，ご意見をご自由にお書きください。

[14] 〈英語のみ〉 音声のご利用方法はどれですか。(まだ利用していない方は，どれを利用するつもりですか。)
① ホームページからダウンロード　② スマートフォンやタブレットを利用

[15] ミニブック以外にどのような付録があるとよいですか。(複数可)
① カード　② 要点まとめ下敷き　③ ポスター　④ 解説動画　⑤ その他

[16] 文理の問題集で，使用したことがあるものが あれば教えてください。(複数可)
① 中学教科書ワーク　② 中間・期末の攻略本　③ わからないをわかるにかえる(学年・分野別)
④ 完全攻略　⑤ その他

[17]「わからないをわかるにかえる　高校入試」について，ご感想やご意見・ご要望等がございましたら，教えてください。

[18] 文理以外の本で，お使いになっている参考書や問題集がございましたら，教えてください。また，どんな点がよかったかも教えてください。

アンケートの回答：記入らん

[1] □①　□②　□③　□④　□⑤
[2] □①　□②　□③(　　　)
[3] □①　□②　□③　□④　□⑤　□⑥
□⑦　□⑧(　　　)
[4] □①　□②　□③　□④　□⑤
□⑥(　　　)
[5] □①　□②　□③　□④　□⑤
□⑥(　　　)
[6] □①　□②　□③(　　　)
[7] □①　□②　□③　|　[10] □①　□②　□③
[8] □①　□②　□③　|　[11] □①　□②　□③
[9] □①　□②　□③　|　[12] □①　□②　□③
[13]
[14] □①　□②
[15] □①　□②　□③　□④
□⑤(　　　)
[16] □①　□②　□③　□④
□⑤(　　　)
[17]
[18]

ご協力ありがとうございました。わからないをわかるにかえる高校入試

入試までに
これダケは覚えよう！

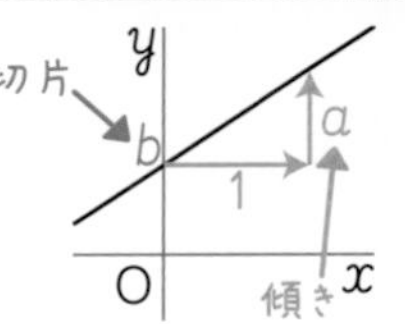

□ $y=ax+b$のグラフ…傾きがaで，切片がbの直線。
y軸との交点が(0，b)で，そこから右へ1進んだときに，上へa進む。

練習問題

解答 p.10

1 右の図のように，x軸，y軸とそれぞれ点A，Bで交わる直線①があります。点Oは原点とします。点Bのy座標が4，△OABの面積が10のとき，直線①の式を求めなさい。〈北海道〉

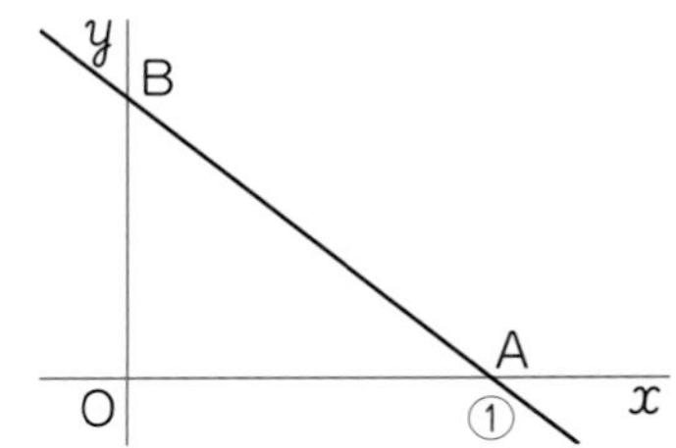

2 次の1次関数のグラフをかきなさい。〈京都〉

(1) $y=\frac{5}{6}x+1$

(2) $y=-\frac{3}{5}x+3$

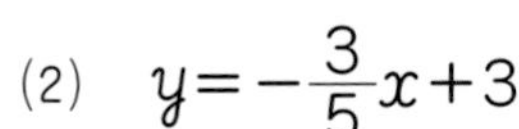

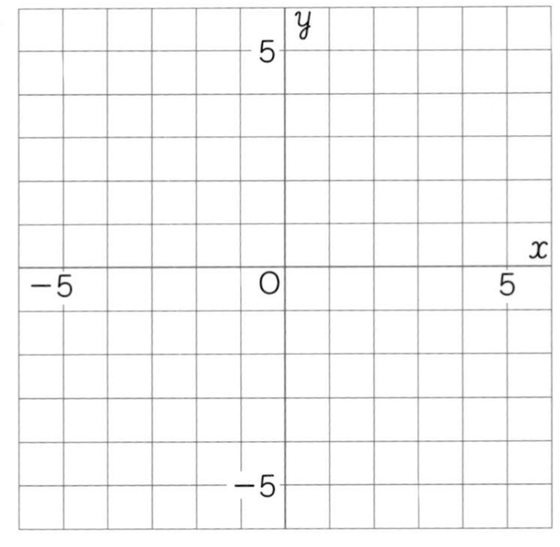

合格プラスワン 変域を求めよう！

xやyのとりうる値の範囲を変域(へんいき)といいます。変域を求めるときは，不等号に注意しましょう。

例 1次関数$y=-\frac{1}{2}x+1$について，xの変域が$-2 \leqq x < 4$のときのyの変域を求めなさい。

➡ $x=-2$のとき，
$y=-\frac{1}{2}\times(-2)+1=2$
この値をふくみます。

$x=4$のとき，
$y=-\frac{1}{2}\times4+1=-1$
この値をふくみません。

不等号に注意！

答 $-1<y \leqq 2$

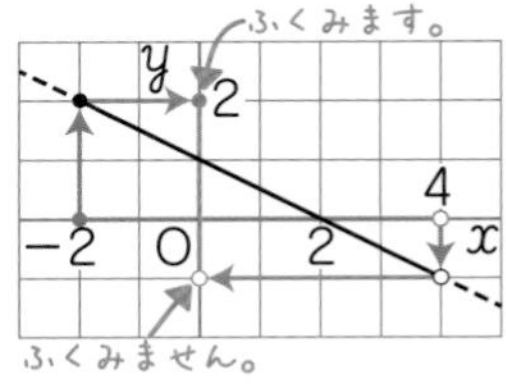

〈左ページ例の答え〉 例1 1，1，$\frac{2}{3}$，$y=\frac{2}{3}x+1$ 例2 上がり，下がり，㋑

1次関数の式の求め方

28 1次関数の式を求めよう

1次関数や直線の式を求めるときは，$y=ax+b$ の a と b の値を求めます。
グラフの傾きと通る点がわかっているときは，代入して b の値を求めます。⇒例1
通る2点の座標がわかっているときは，まず，傾きを求めます。⇒例2

例1

y は x の1次関数で，そのグラフが点(2，1)を通り，傾き3の直線であるとき，この1次関数の式を求めなさい。〈佐賀〉

求める式を $y=ax+b$ とすると，

y が x の1次関数だから，式は $y=ax+b$ と表されます。ここから，a，b の値を求めます。

傾きが3だから，$y=$ ☐ $x+b$

点(2，1)を通るので，← 上の式に，$x=2$，$y=1$ を代入します。

$1=$ ☐ $\times 2+b$

b についての1次方程式を解きます。

$b=$ ☐

答 ☐

例2

2点(3，2)，(5，6)を通る直線の式を求めなさい。〈兵庫〉

求める直線の式を $y=ax+b$ とすると，
2点(3，2)，(5，6)を通るから，傾き a は，

直線の式は $y=ax+b$ と表されます。ここから，a，b の値を求めます。

$a=\frac{6-2}{5-3}=\frac{4}{2}=$ ☐ ← 右の図でも確認しましょう。

点(3，2)を通るので，← 上の式に，a の値と $x=3$，$y=2$ を代入します。点(5，6)に注目して解くこともできます。

$2=$ ☐ $\times 3+b$

$b=$ ☐

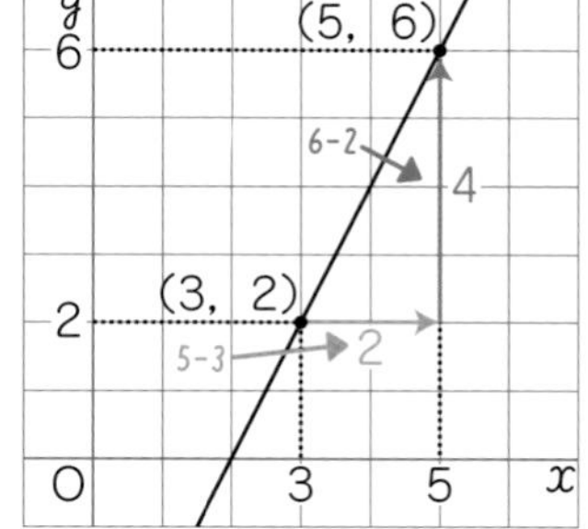

答 ☐

注 点(3，2)を通るから，$2=3a+b$ …①
点(5，6)を通るから，$6=5a+b$ …②
①，②を連立方程式として解いて，a，b の値を求めることもできます。

入試までに
これダケは覚えよう！

□ **1次関数の式の求め方**…$y=ax+b$として，aとbの値を求める。

□ **2点を通る直線の式**…2点の座標から傾きaを求め，その後にbの値を求める。

解答 p.11

1 **次の条件をみたす1次関数の式を求めなさい。**

(1) グラフが点(0，3)を通り，傾き2の直線 〈北海道〉

(2) xの増加量が2のときのyの増加量が−1で，$x=0$のとき$y=1$となる 〈徳島〉

2 **2点(−3，9)，(2，4)を通る直線の式を求めなさい。** 〈三重改〉

合格プラスワン **平行な直線の式の求め方は？**

平行な2直線は傾きが等しくなります。

例 点(3，3)を通り，直線$y=-2x+4$に平行な直線の式を求めなさい。 〈静岡改〉

➡求める直線の式を$y=ax+b$とします。
平行な直線は傾きが等しいから，$a=-2$ ← 直線$y=-2x+4$の傾きは−2です。
点(3，3)を通るので，
$3=-2\times3+b$
$b=9$ ← 上の式に，$a=-2$，$x=3$，$y=3$を代入します。

 $y=-2x+9$

〈左ページ例の答え〉 例1 3，3，−5，$y=3x-5$ 例2 2，2，−4，$y=2x-4$

1次関数と方程式

29 交点の座標を求めよう

2元1次方程式のグラフをかくときは，式を$y=ax+b$の形になおします。➡例1
2直線の交点の座標を求めるときは，それぞれの直線の式を求め，それらを組にした連立方程式を解きます。➡例2

例1 方程式$2x+3y+6=0$のグラフをかきなさい。〈京都〉

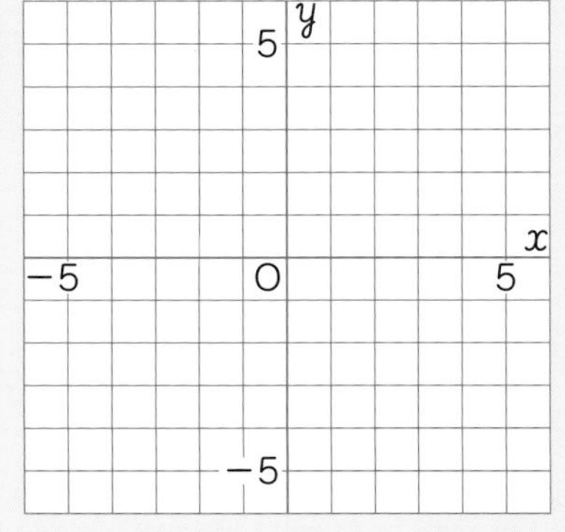

方程式$2x+3y+6=0$をyについて解くと，

$y=$□　← $y=ax+b$の形になるので，yはxの1次関数です。

したがって，グラフは，傾きが□，

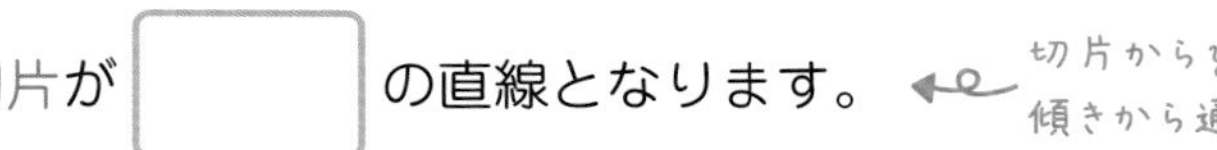
切片が□の直線となります。← 切片からy軸との交点の座標を求め，傾きから通る点を求めます。(→p.76，77)

例2 右の図で，直線ℓは関数$y=\frac{1}{3}x+5$のグラフ，直線mは関数$y=2x$のグラフで，直線ℓと直線mは点Aで交わっています。このとき，点Aの座標を求めなさい。〈千葉〉

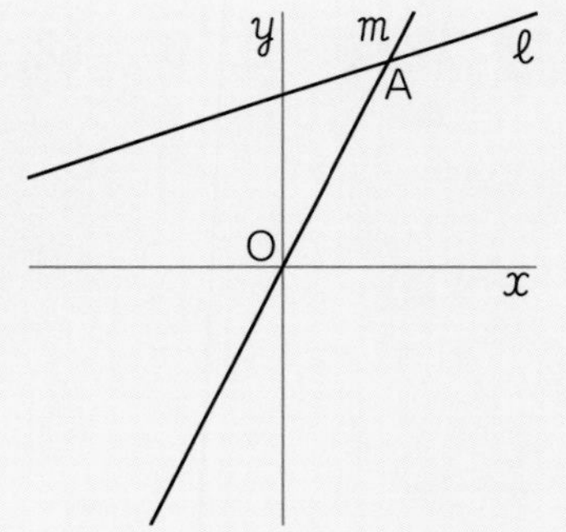

2直線の式を組とする連立方程式を解きます。

$$\begin{cases} y=\frac{1}{3}x+5 & \cdots① \\ y=2x & \cdots② \end{cases}$$

$y=$(xの式)があるので，代入法を使います。

②を①に代入すると，

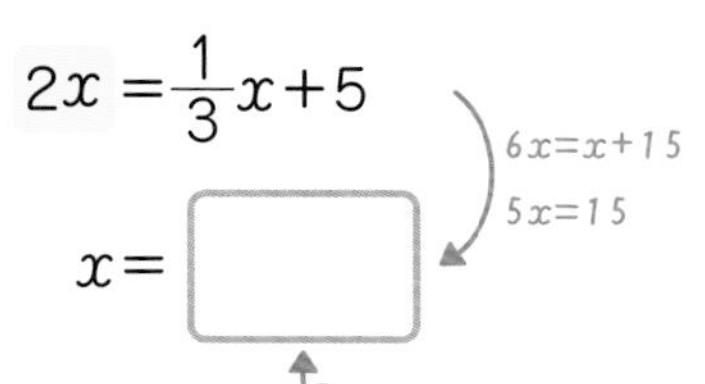
$2x=\frac{1}{3}x+5$

$6x=x+15$
$5x=15$

$x=$□

↑ 点Aのx座標になります。

点Aのy座標になります。

これを②に代入して解くと，$y=$□

これがタイセツ

2直線の交点と連立方程式

2直線の交点の座標
↕
連立方程式の解

答

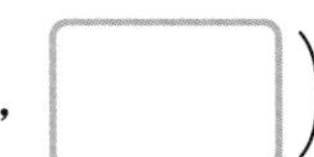
（□，□）

□ **2元1次方程式のグラフ**…1次関数 $y=ax+b$ の形に整理してからかく。

□ **2直線の交点の座標**…2直線の式から連立方程式をつくり，解を求める。

練習問題

解答 p.11

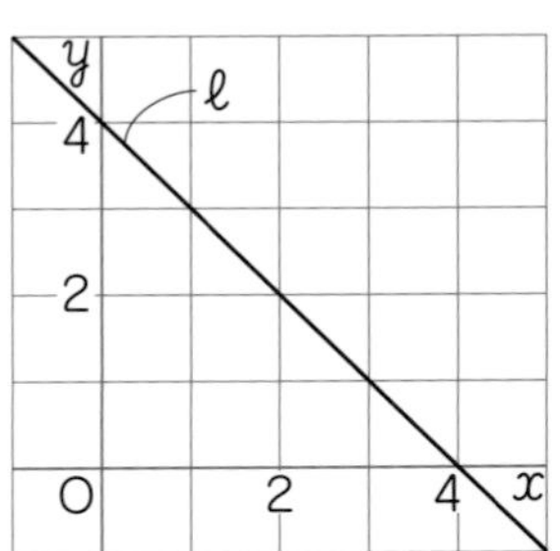

1 **方程式 $2x-3y+1=0$ …㋐と右の図の直線 ℓ について，次の問いに答えなさい。** 〈群馬〉

(1) 方程式㋐を，y について解きなさい。また，方程式㋐のグラフをかきなさい。

(2) 方程式㋐のグラフを直線 m とするとき，直線 ℓ と直線 m の交点の座標を求めなさい。

合格プラスワン　x 軸，y 軸に平行な直線は？

軸に平行な直線の式を求めてみましょう。

例　点(3，2)を通り，x 軸，y 軸に平行な直線の式をそれぞれ求めなさい。

➡点(3，2)を通り，x 軸に平行な直線をひくと，y の値は常に2になるので，$y=2$ です。
また，y 軸に平行な直線をひくと，x の値は常に3になるので，$x=3$ です。

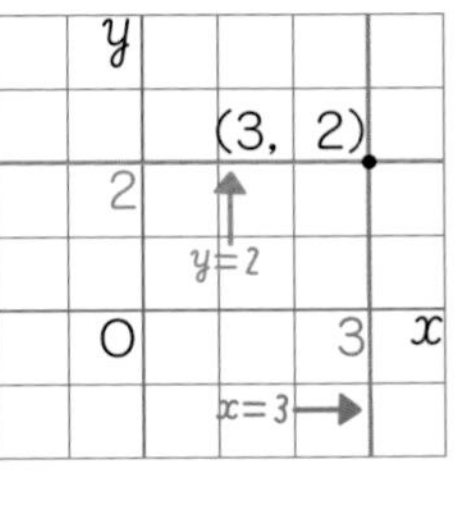

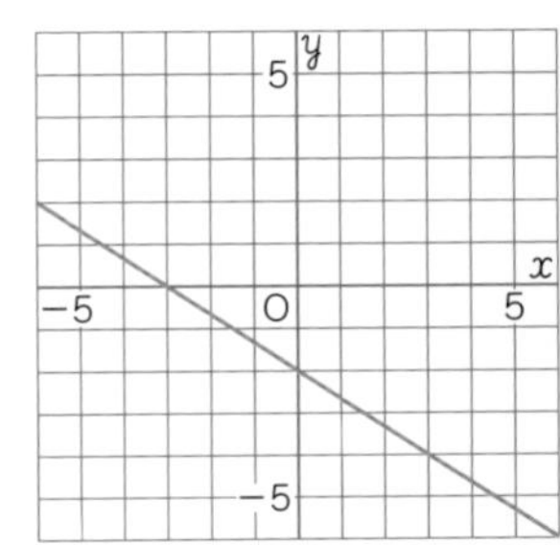

〈左ページ例の答え〉 例1 $-\frac{2}{3}x-2$，$-\frac{2}{3}$，-2　グラフは右の図　例2 3，6，3，6

2乗に比例する関数

30 関数 $y=ax^2$ とは？

$y=ax^2$ と表されるとき，y は x の2乗に比例するといいます。➡例1
$y=ax^2$ のグラフは，放物線（ほうぶつせん）とよばれる原点を通る曲線になります。
また，y 軸について対称になります。➡例2

例1 y は x の2乗に比例し，$x=2$ のとき $y=1$ です。y を x の式で表しなさい。

〈千葉〉

1 求める式を $y=ax^2$ と表します。

↑ y は x^2 に比例します。

2 この式に，$x=2$，$y=1$ を代入します。

3 $1=a\times2^2$

両辺を入れかえると，$4a=1$ となります。

$a=$ □

$y=ax^2$ に a の値を代入します。

4 したがって，$y=$ □

式を求める手順
1 $y=ax^2$ と表す。
2 x，y の値を代入する。
3 a の値を求める。
4 y を x の式で表す。

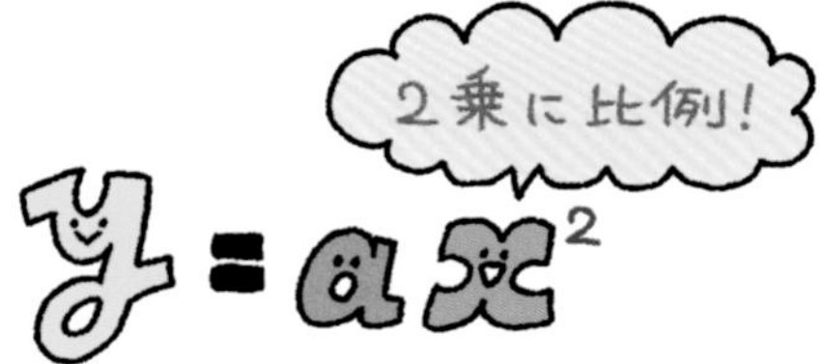

例2 右の図の曲線は $y=ax^2$ のグラフです。グラフから，a の値を求めなさい。

〈埼玉14〉

グラフ上の点の座標から，a の値を求めます。

グラフは点 (3, □) を通るから，

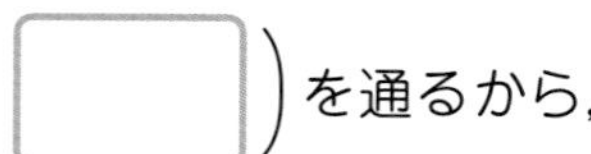

↑ 計算しやすい点を選びます。

$y=ax^2$ に，$x=3$，$y=$ □ を代入すると，

□ $=a\times3^2$

両辺を入れかえると，$9a=3$ となります。

$a=$ □

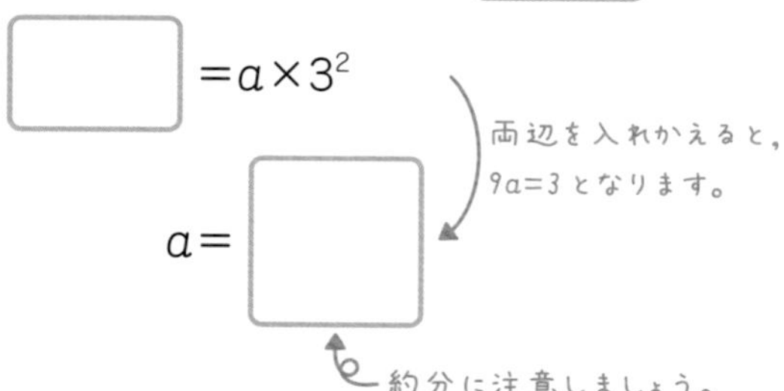

↑ 約分に注意しましょう。

グラフは点(6, 12)や点(−3, 3)を通るから，その座標から求めることもできるよ。

入試までに

これダケは覚えよう！

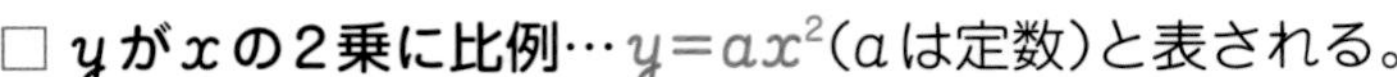

□ y が x の2乗に比例…$y=ax^2$（a は定数）と表される。

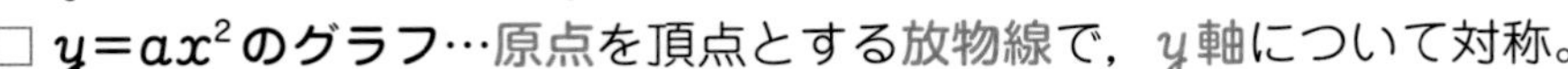

□ $y=ax^2$ のグラフ…原点を頂点とする放物線で，y 軸について対称。

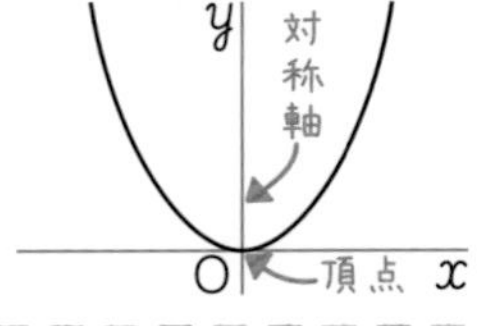

➡ 解答 p.11

1　y は x の2乗に比例し，$x=3$ のとき $y=12$ です。y を x の式で表しなさい。

〈長崎〉

2　y は x の2乗に比例し，$x=1$ のとき $y=2$ です。$x=3$ のときの y の値を求めなさい。

〈沖縄〉

3　右の図のように，関数 $y=x^2$ のグラフ上の点で y 座標が6になる点は2つあります。その点の x 座標をそれぞれ求めなさい。

〈富山〉

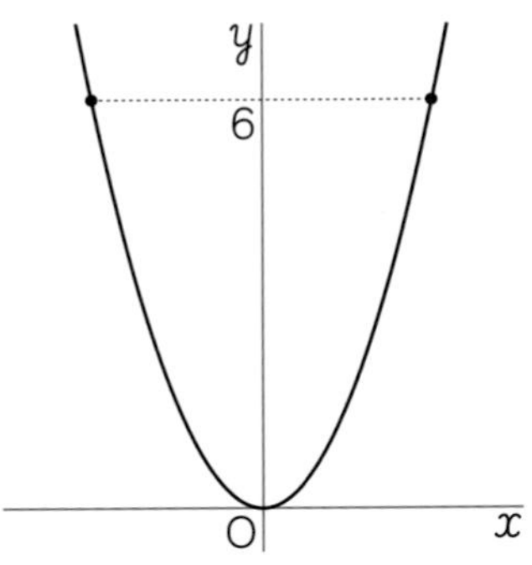

関数 $y=ax^2$ のグラフの特徴（とくちょう）は？

関数 $y=ax^2$ のグラフには下のような特徴があります。

- 原点を頂点とする放物線で y 軸について対称。
- $a>0$ のとき，上に開いた形になる。
- $a<0$ のとき，下に開いた形になる。
- a の値の絶対値が大きいほど，グラフの開き方は小さくなる。

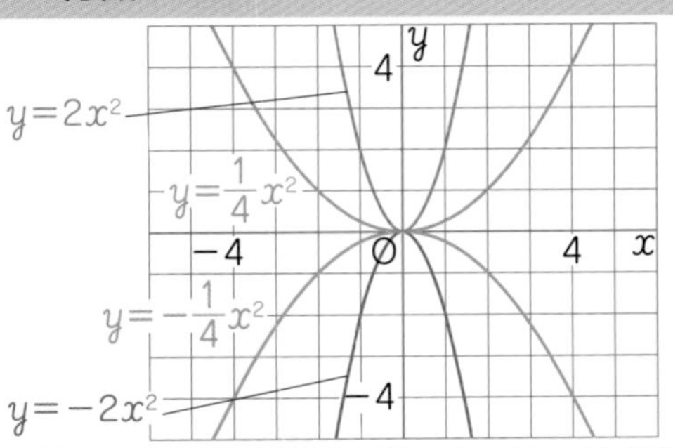

〈左ページ例の答え〉 例1 $\frac{1}{4}$，$\frac{1}{4}x^2$　例2 3，3，3，$\frac{1}{3}$

31 関数 $y=ax^2$ の変域
x と y の範囲を考えよう

関数 $y=ax^2$ で y の変域を求めるときは，グラフをかくようにしましょう。
グラフは，$a>0$ のときは上に開く形，$a<0$ のときは下に開く形になります。
x の変域に0をふくむときは，y の最大値か最小値が0になるので注意が必要です。

例1

関数 $y=x^2$ について，x の変域が $-1 \leqq x \leqq 2$ のとき，y の変域を求めなさい。 〈和歌山〉

関数 $y=x^2$ のグラフは，右のようになります。
グラフより，y は $x=0$ のとき最小値をとり，その値は，

$x=-1$ のときではないので注意しましょう。

$y=0^2=$ □

$x=2$ のとき最大値をとり，その値は，

$y=2^2=$ □

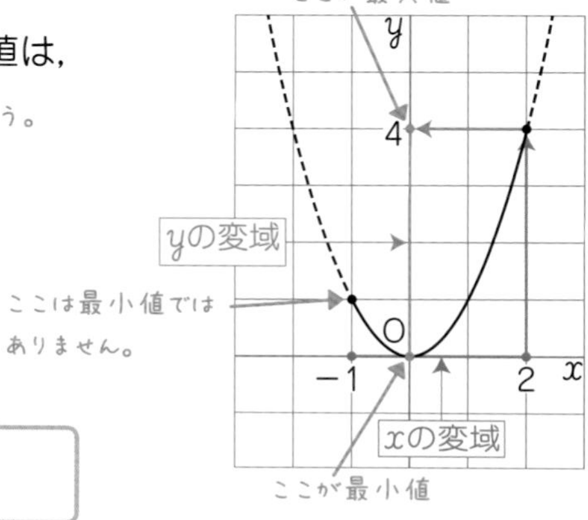

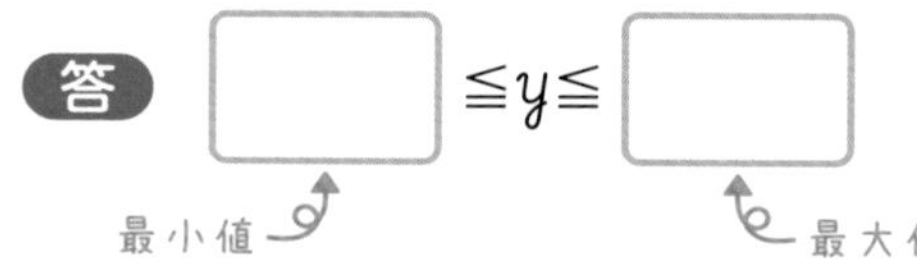

例2

関数 $y=ax^2$ について，x の変域が $-1 \leqq x \leqq 3$ のとき，y の変域は $0 \leqq y \leqq 3$ となります。このとき，a の値を求めなさい。 〈北海道〉

$0 \leqq y \leqq 3$ より，y の変域は0以上だから，
グラフは上に開いた形だとわかります。
右のようにグラフをかくと，y は $x=3$ のときに
最大値3をとることがわかります。

$0 \leqq y \leqq 3$ より，y の最大値は3です。

$y=ax^2$ に $x=3$，$y=$ □ を代入します。

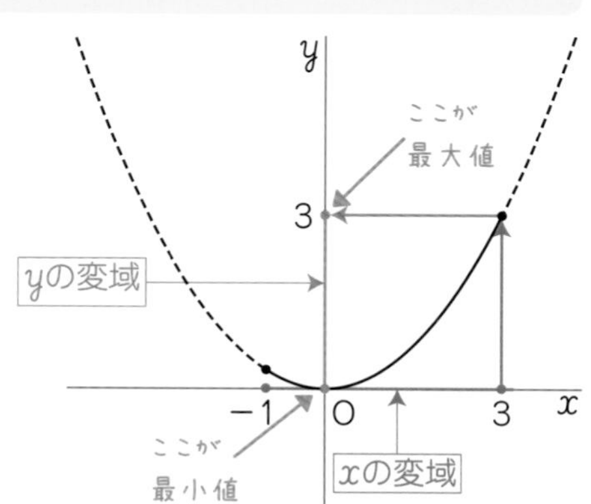

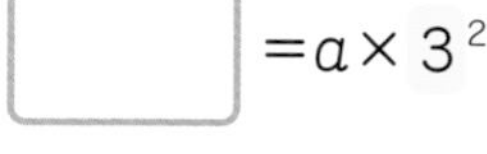

入試までに
これダケは覚えよう！

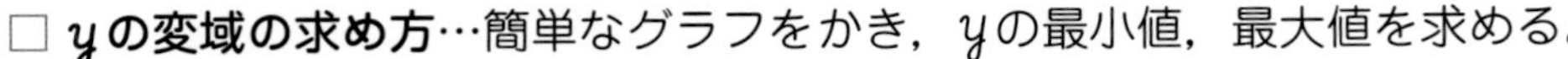
□ **yの変域の求め方**…簡単なグラフをかき，yの最小値，最大値を求める。

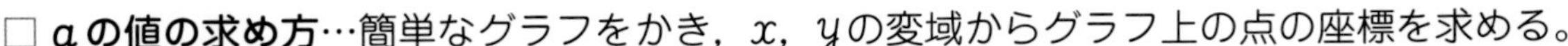
□ **aの値の求め方**…簡単なグラフをかき，x，yの変域からグラフ上の点の座標を求める。

解答 p.11

1 関数$y=-x^2$について，xの変域が次のときのyの変域を求めなさい。

(1) $1 \leqq x \leqq 3$ 〈栃木〉

(2) $-2 \leqq x \leqq 3$ 〈埼玉15〉

2 関数$y=ax^2$について，xの変域が$-2 \leqq x \leqq 3$のとき，yの変域は$0 \leqq y \leqq 18$となります。このとき，aの値を求めなさい。 〈富山〉

合格プラスワン　aを使って変域を表そう

文字aを用いて変域を表す場合もあります。

例　関数$y=ax^2(a>0)$について，xの変域が$-4 \leqq x \leqq 3$のとき，yの変域を，aを用いて表しなさい。 〈静岡〉

➡ $a>0$で，xの変域に0をふくむから，yは$x=0$のとき最小値0をとります。

また，右のグラフより，$x=-4$のときに最大値をとり，その値は，

$y=a \times (-4)^2=16a$　← $x=3$ではありません。

答　$0 \leqq y \leqq 16a$

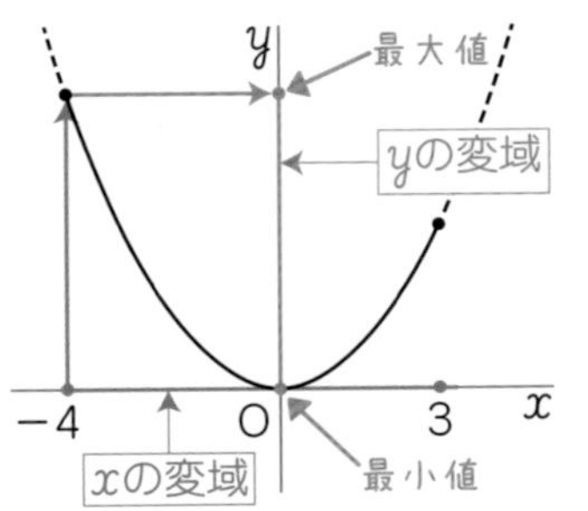

〈左ページ例の答え〉 例1 0，4，0，4　例2 3，3，$\frac{1}{3}$

関数 $y=ax^2$ の変化の割合

32 x と y の増え方を考えよう

1次関数 $y=ax+b$ の変化の割合は一定で a に等しくなりましたが，関数 $y=ax^2$ の変化の割合は一定ではありません。(変化の割合) $=\dfrac{(y\text{の増加量})}{(x\text{の増加量})}$ の式から求めます。

例1 関数 $y=3x^2$ について，x の値が1から3まで増加するときの変化の割合を求めなさい。 〈埼玉16〉

$x=$ 1 のとき，$y=3\times1^2=$ 3

$x=$ 3 のとき，$y=3\times3^2=$ 27

変化の割合を求めるために，x，y の増加量を計算します。

(x の増加量) $=$ 3 $-$ 1 $=$ □　←表で，右の値から左の値をひきます。

(y の増加量) $=$ 27 $-$ 3 $=$ □

(変化の割合) $=\dfrac{(y\text{の増加量})}{(x\text{の増加量})}=$ □ $=$ □

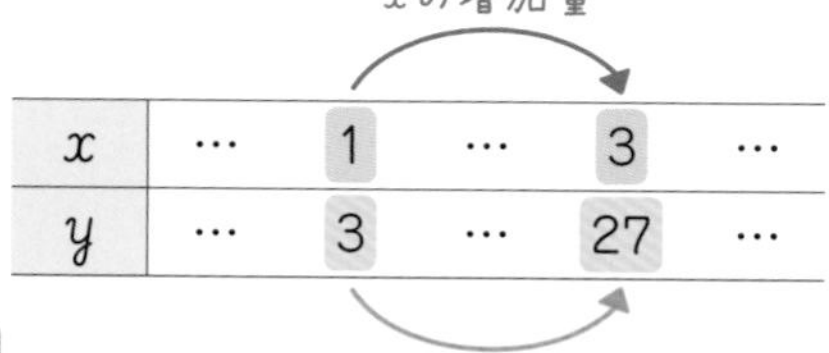

x	…	1	…	3	…
y	…	3	…	27	…

例2 関数 $y=ax^2$ について，x の値が2から4まで増加するときの変化の割合が3です。このとき，a の値を求めなさい。 〈富山〉

$x=$ 2 のとき，$y=a\times2^2=$ $4a$

$x=$ 4 のとき，$y=a\times4^2=$ $16a$

(x の増加量) $=$ 4 $-$ 2 $=2$

(y の増加量) $=$ $16a$ $-$ $4a$ $=$ □　←文字式の計算をします。

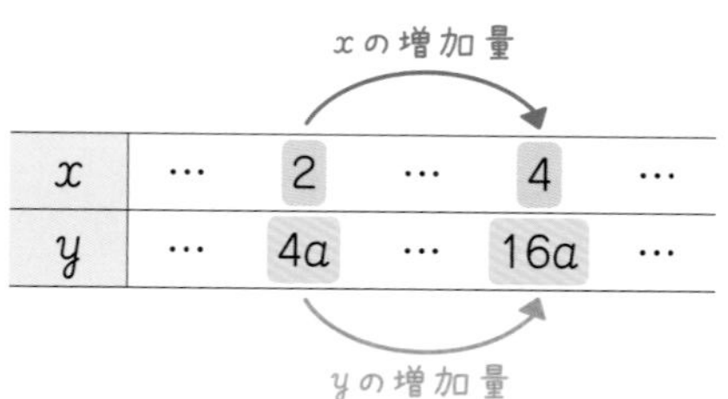

x	…	2	…	4	…
y	…	$4a$	…	$16a$	…

変化の割合が3だから，

$\dfrac{(y\text{の増加量})}{(x\text{の増加量})}=3$

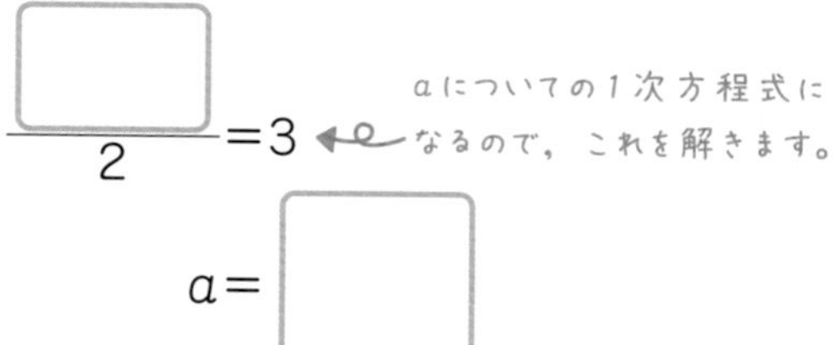

$\dfrac{\square}{2}=3$　←a についての1次方程式になるので，これを解きます。

$a=$ □

□ 関数 $y=ax^2$ の変化の割合…右の式で求める。同じ x の増加量でも区間によって異なり，一定ではない。

$$(変化の割合)=\frac{(y の増加量)}{(x の増加量)}$$

練習問題

解答 p.12

1 関数 $y=x^2$ について，x の値が1から3まで増加するときの変化の割合を求めなさい。〈山口〉

2 関数 $y=-2x^2$ について，x の値が2から4まで増加するときの変化の割合を求めなさい。〈徳島〉

3 関数 $y=ax^2$ について，x の値が1から4まで増加するときの変化の割合は -15 です。このとき，a の値を求めなさい。〈福島〉

合格プラスワン 関数 $y=ax^2$ の変化の割合は一定ではない！

変化の割合は，x の増加量が1のときの y の増加量と等しくなります。このことからも関数 $y=ax^2$ の変化の割合が一定ではないことがわかります。下の表で，1次関数と比較して確認しましょう。

例 1次関数 $y=2x+7$

x	…	1	2	3	4	…
y	…	9	11	13	15	…

（x の増加量 1，1，1 → y の増加量 2，2，2）← 一定！

例 関数 $y=2x^2$

x	…	1	2	3	4	…
y	…	2	8	18	32	…

（x の増加量 1，1，1 → y の増加量 6，10，14）← 一定ではない！

〈左ページ例の答え〉 例1 2，24，$\frac{24}{2}$，12 例2 $12a$，$12a$，$\frac{1}{2}$

まとめのテスト1

➡解答 p.12

勉強した日　　月　　日
得点　　/100点

ここで学習 1, 2➡24　3〜5➡25　6➡26　7➡27, 28

1 変数x, yについて, xとyの関係を表した次の式のうち, yがxに比例する関係を表した式はどれですか。次の㋐〜㋓からすべて選び, その記号を書きなさい。

（10点）〈高知〉

㋐ $y=3x$　　㋑ $y=\frac{x}{3}$　　㋒ $y=x+3$　　㋓ $y=3x^2$

（　　　　）

2 次の問いに答えなさい。　10点×2(20点)

(1) yはxに比例し, そのグラフが点$(2,\ -6)$を通ります。yをxの式で表しなさい。

〈福島〉

（　　　　）

(2) yはxに比例し, $x=2$のとき$y=-8$です。$x=-1$のときのyの値を求めなさい。

〈栃木〉

（　　　　）

3 次の問いに答えなさい。　10点×2(20点)

(1) yはxに反比例し, $x=6$のとき$y=-8$です。yをxの式で表しなさい。〈高知〉

（　　　　）

(2) yはxに反比例し, $x=4$のとき$y=10$です。$x=5$のときのyの値を求めなさい。

〈山口〉

（　　　　）

4 右の表は，yがxに反比例する関係を表しています。yをxの式で表しなさい。

x	…	−1	0	1	2	3	…
y	…	−12	×	12	6	4	…

（10点）〈栃木〉

（　　　　　）

5 yはxに反比例し，$x=3$のとき$y=2$です。yをxの式で表し，そのグラフを右の図にかきなさい。
10点×2(20点)〈愛媛〉

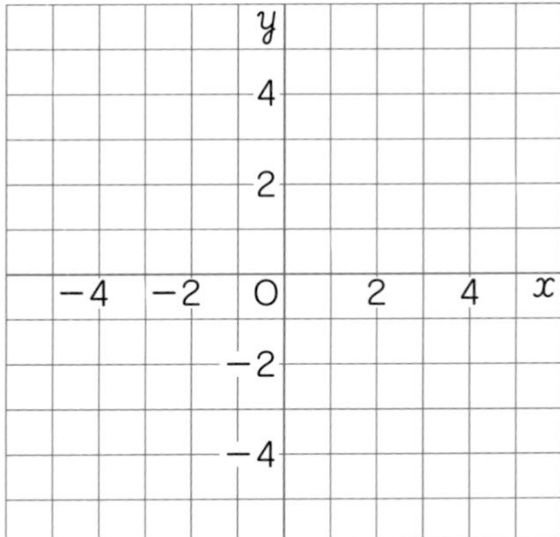

（　　　　　）

6 1次関数$y=\frac{5}{3}x+2$について，xの増加量が6のときのyの増加量を求めなさい。
（10点）〈鹿児島〉

（　　　　　）

7 関数$y=3x$のグラフに平行な直線の式を，次の①〜④の中から1つ選び，番号を書きなさい。
（10点）〈佐賀〉

① $y=\frac{3}{x}$　② $y=\frac{1}{3}x$　③ $y=3x^2$　④ $y=3x+5$

（　　　　　）

座標から面積を求めよう

例　右の図で△OABの面積を求めてみましょう。

➡三角形の面積は，底辺と高さがわかれば求められます。底辺をOAとすると，
底辺は，点Aのx座標から5，
高さは，点Bのy座標から4
したがって△OABの面積は，

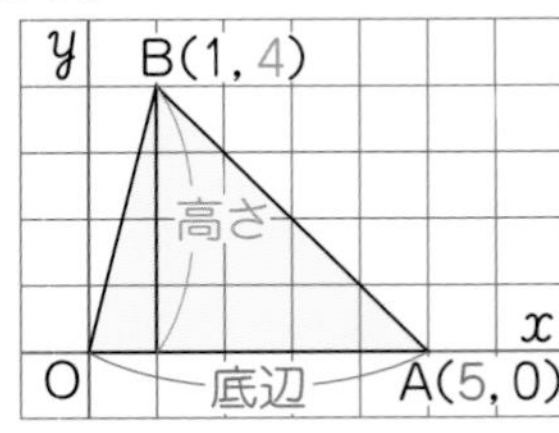

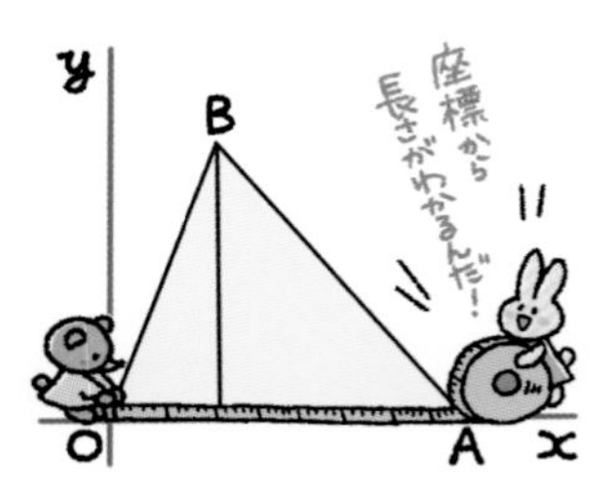

解答p.13

勉強した日　月　日
得点　/100点

ここで学習 1→27 2→28 3, 4→29 5→30 6→31 7, 8→32

1 1次関数$y=\frac{4}{3}x+2$のグラフをかきなさい。

（12点）〈京都〉

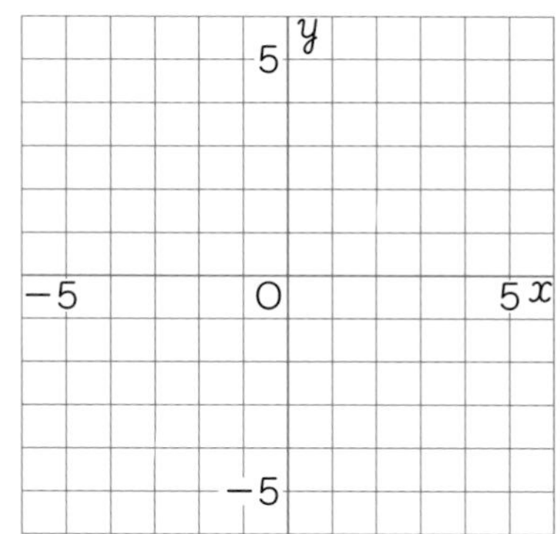

2 2点A(−3, 3), B(6, 12)を通る直線があります。　10点×2(20点)〈長崎改〉

(1)　直線ABの傾きを求めなさい。

(　　　　　)

(2)　直線ABに平行で, 点C(0, 13)を通る直線の式を求めなさい。

(　　　　　)

3 方程式$4x+2y=5$のグラフは直線です。この直線の傾きを求めなさい。

（10点）〈栃木〉

(　　　　　)

4 右の図で, 2つの直線の交点の座標を求めなさい。

（12点）〈山口〉

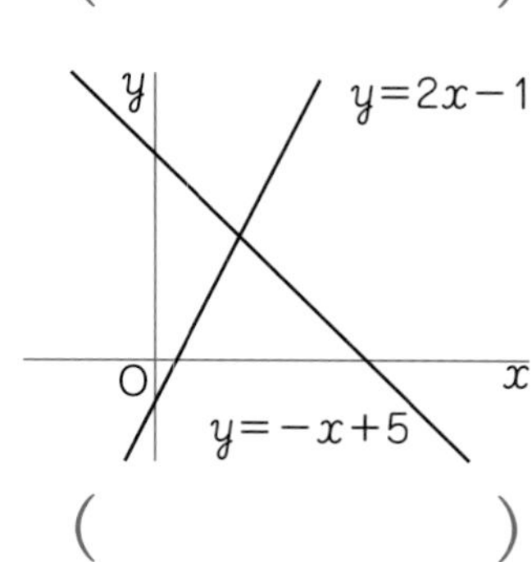

(　　　　　)

5 右の図は，2つの関数$y=ax^2(a>0)$，$y=-x^2$のグラフです。それぞれのグラフ上の，x座標が2である点をA，Bとします。AB=10となるときのaの値を求めなさい。

（12点）〈栃木〉

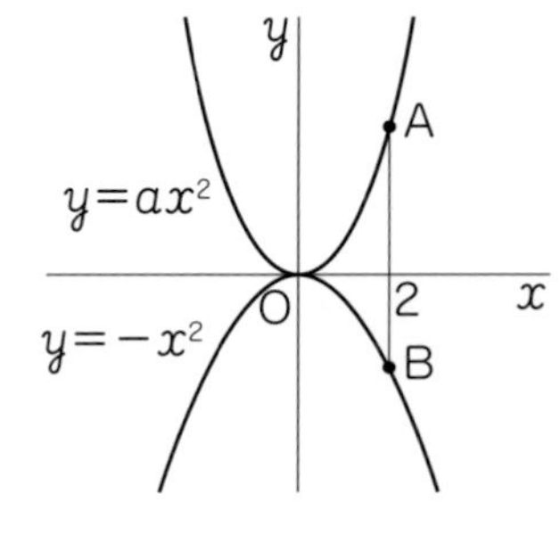

（　　　　　　　　）

6 関数$y=3x^2$について，xの変域が$-4 \leqq x \leqq 2$のとき，yの変域は$a \leqq y \leqq b$です。このとき，a，bの値をそれぞれ求めなさい。

（12点）〈高知〉

（　　　　　　　　）

7 関数$y=-3x^2$について，xの値が1から3まで増加するときの変化の割合を求めなさい。

（10点）〈愛知〉

（　　　　　　　　）

8 関数$y=ax^2$（aは定数）と関数$y=-8x+7$について，xの値が1から3まで増加するときの変化の割合が等しいとき，aの値を求めなさい。

（12点）〈愛知〉

（　　　　　　　　）

1次関数のグラフから面積を求めよう

例　右の図で△OABの面積を求めなさい。

➡各頂点の座標を読み取ると，A(4，0)，B(1，3)です。底辺をOAとすると，
底辺は，点Aのx座標から4，
高さは，点Bのy座標から3
したがって，△OABの面積は，

$\frac{1}{2}\times4\times3=6$ ← $\frac{1}{2}\times$(底辺)$\times$(高さ)

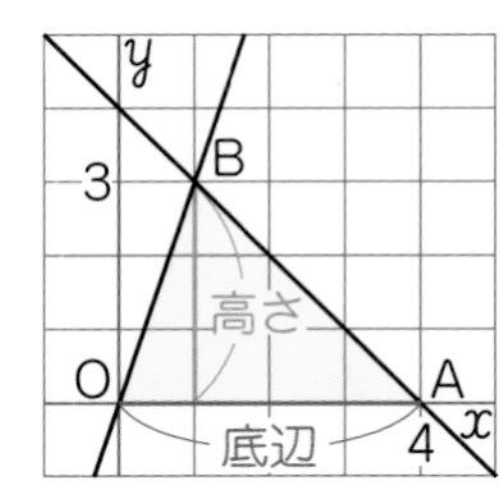

座標を読み取れば面積がわかるんだね。

底辺は4
高さは3

特集　公式を使って変化の割合を求めよう!!

関数 $y=ax^2$ の変化の割合は，
x と y の増加量から計算しました。

32で学習したことですね。

では，関数 $y=8x^2$ で，x の値が24から26まで
増加するときの変化の割合は何になるかな？

う〜ん…

数が大きいから計算がたいへんそう…

実は，8×(24＋26)＝400と
求めることもできるのです。

フッフッフッ…

えっ!?

なんでそんな計算で
求められるんですか？

公式をつくろう!!

関数 $y=ax^2$ で，x の値が b から c まで増加するときの変化の割合を計算してみましょう。
$x=b$ のとき，$y=ab^2$，$x=c$ のとき，$y=ac^2$ となるので，変化の割合は，

a をくくり出します。　因数分解の公式④

$$\frac{(y\text{の増加量})}{(x\text{の増加量})}=\frac{ac^2-ab^2}{c-b}=\frac{a(c^2-b^2)}{c-b}=\frac{a(c+b)(c-b)}{c-b}=a(b+c)$$

$c-b$ で約分します。

となります。この式を利用します。
関数 $y=8x^2$ で，x の値が24から26まで増加するときの変化の割合
（8 ← a，24 ← b，26 ← c）

だから，
$a(b+c)=8\times(24+26)=8\times50=400$

答　400

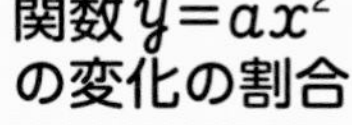

関数 $y=ax^2$ の変化の割合

x の値が b から c まで増加するときの変化の割合は，
$a(b+c)$

※このページで扱う公式は，学習指導要領には示されていない，発展的な学習内容です。

図形

平面図形

垂直二等分線の作図の方法は？

空間図形

底面の直径と高さがともに10cmの円柱の表面積は？

平行と合同

三角形の合同条件は？

相似な図形

相似な２つの三角錐Ｐ，Ｑの相似比が３：５のとき，体積比は？

単元の内容	この本での単元番号	終わったらチェック		
		解ける！	ほぼOK	見直し
平面図形	33～35	◎	○	×
空間図形	36～40	◎	○	×
平行と合同	41～42	◎	○	×
三角形と四角形	43～45	◎	○	×
相似な図形	46～48	◎	○	×
円	49～50	◎	○	×
三平方の定理	51～52	◎	○	×

ポイント整理 4 図形

各単元の学習ポイントをまとめています。
公式を忘れてしまったときや確認したいときにこのページを使いましょう。

平面図形・空間図形

作図

点Pを通る垂線　　垂直二等分線

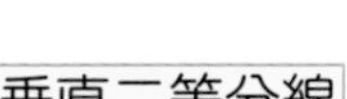

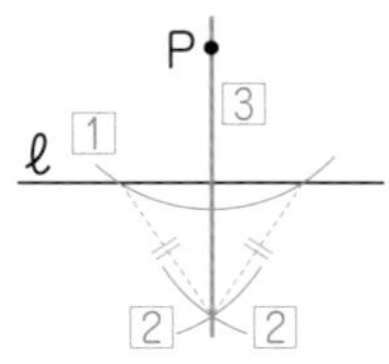

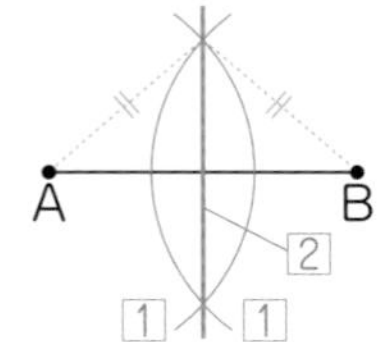

角の二等分線

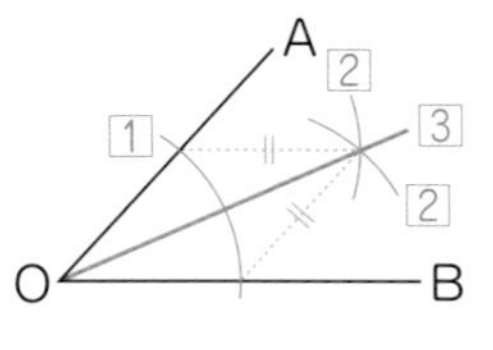

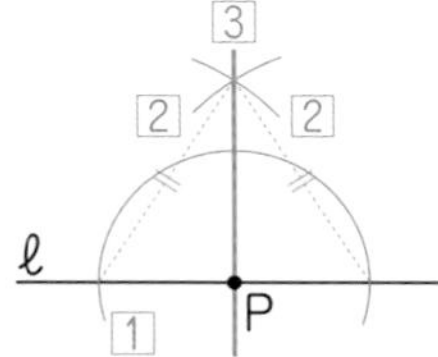

おうぎ形の面積Sと弧の長さℓ

$S=\pi r^2\times\frac{a}{360}$

$\ell=2\pi r\times\frac{a}{360}$

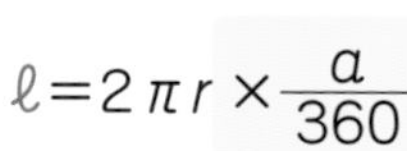

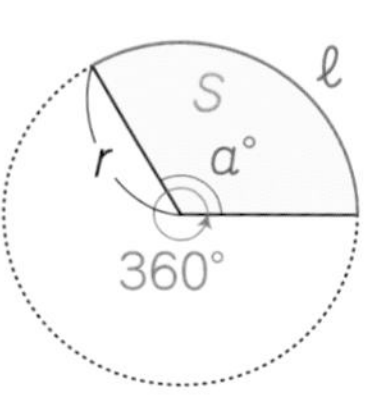

平面や直線の位置関係

平行 ➡ 交わらない関係。

（※直線と直線の平行は，同一平面上にあり，交わらない。）

垂直 ➡ 直角になる関係。

ねじれの位置 ➡ 平行でなく，交わらない2直線の関係。

立体の体積V

角柱　$V=Sh$

円柱　$V=\pi r^2h$

角錐　$V=\frac{1}{3}Sh$

円錐　$V=\frac{1}{3}\pi r^2h$

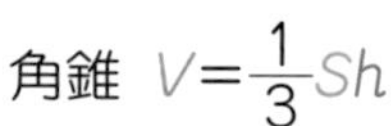

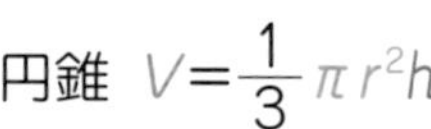

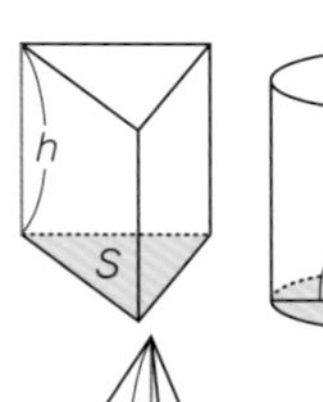

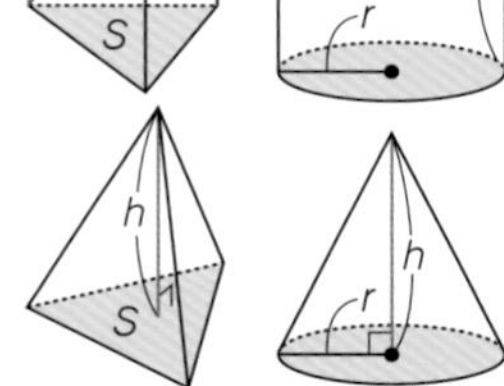

回転体

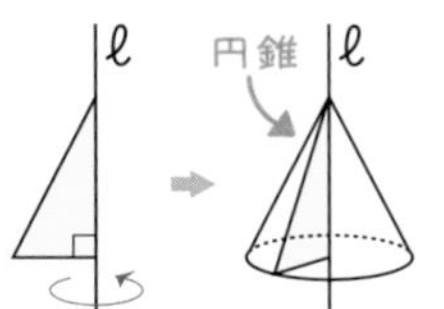

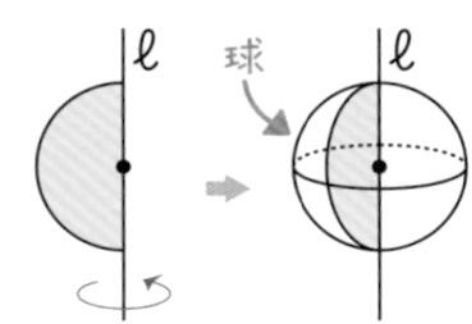

球の表面積　$S=4\pi r^2$

球の体積　$V=\frac{4}{3}\pi r^3$

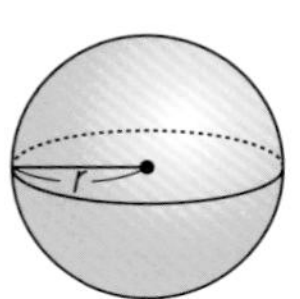

平行と合同

平行線と角

・対頂角は等しい。

・2直線が平行 ⟺ 同位角，錯角は等しい。

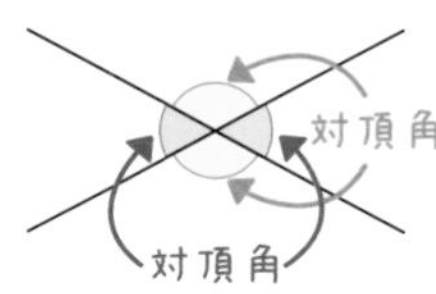

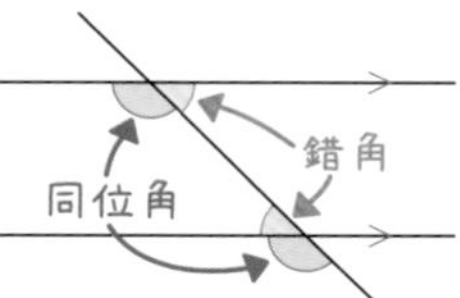

多角形の内角と外角

n角形の内角の和は，$180°\times(n-2)$

n角形の外角の和は，$360°$

三角形の合同条件

①3組の辺がそれぞれ等しい。

②2組の辺とその間の角がそれぞれ等しい。

③1組の辺とその両端（りょうたん）の角がそれぞれ等しい。

直角三角形の合同条件

①斜辺と1つの鋭角がそれぞれ等しい。

②斜辺と他の1辺がそれぞれ等しい。

三角形と四角形

平行四辺形になる条件

①2組の対辺がそれぞれ平行。（定義）

②2組の対辺がそれぞれ等しい。（性質）

③2組の対角がそれぞれ等しい。（性質）

④対角線がそれぞれの中点で交わる。（性質）

⑤1組の対辺が平行でその長さが等しい。

① 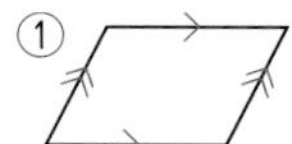 ② 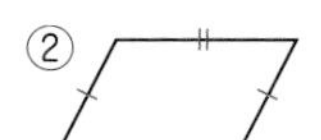 ③ 

④ 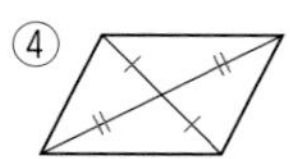 ⑤ 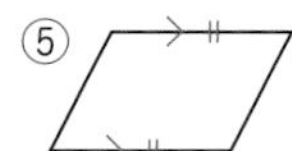

特別な四角形の定義

長方形 ➡ 4つの角がすべて等しい四角形

ひし形 ➡ 4つの辺がすべて等しい四角形

正方形 ➡ 4つの角がすべて等しく，4つの辺がすべて等しい四角形

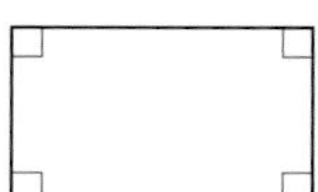 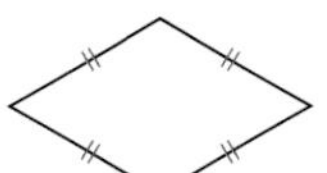 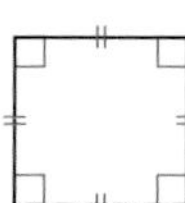

相似な図形

三角形の相似条件

①3組の辺の比がすべて等しい。

②2組の辺の比とその間の角がそれぞれ等しい。

③2組の角がそれぞれ等しい。

三角形と線分の比

右の図で，

DE // BC ⟺

(1)　AD : AB = AE : AC = DE : BC

(2)　AD : DB = AE : EC

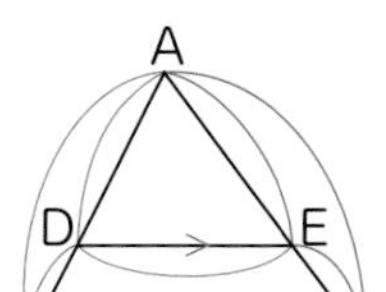

中点連結定理

右の図で，

AM＝MB，AN＝NC

ならば，

MN // BC，$MN=\frac{1}{2}BC$

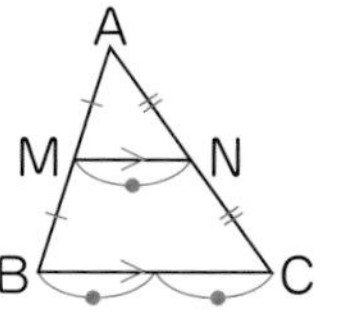

相似な図形の面積比と体積比

相似比が $m:n$ ならば，

周の長さの比 ➡ $m:n$

面積比・表面積比 ➡ $m^2:n^2$

体積比 ➡ $m^3:n^3$

円

円周角の定理

1つの弧に対する円周角の大きさは一定で，中心角の半分である。

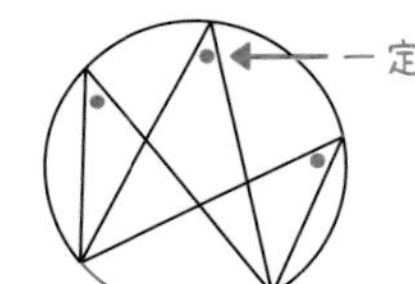

三平方の定理

三平方の定理

直角三角形の斜辺を c，残りの2辺を a，b とすると，$a^2+b^2=c^2$

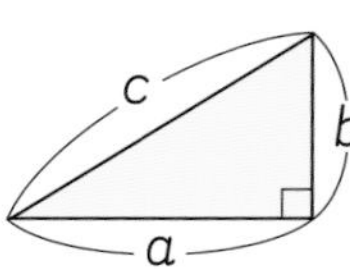

三角定規の3辺の比

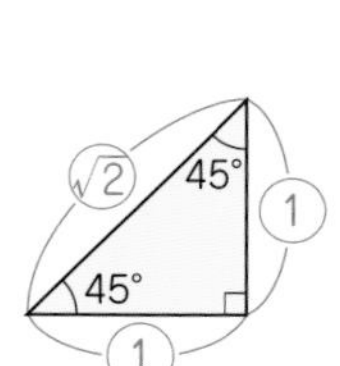

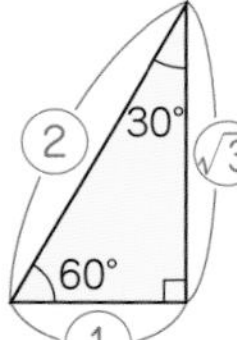

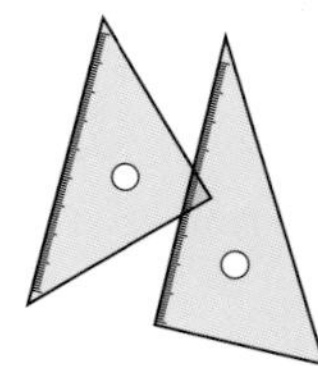

作図(1)

垂線と垂直二等分線を作図しよう

作図は，定規とコンパスだけを使ってかきます。
図形の高さや垂直な線などをひくときは，垂線を作図します。⇒例1
2点から等しい点や折り目の線をひくときは，垂直二等分線を作図します。⇒例2

例1 △ABCがあります。辺BCを底辺としたときの高さにあたるAHを作図し，Hの記号をつけなさい。
〈富山〉

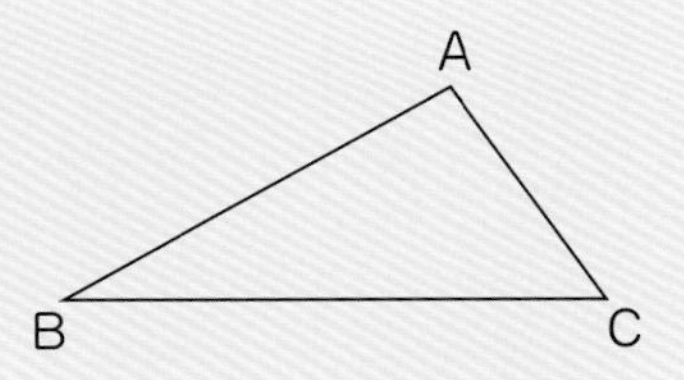

高さは底辺に対して垂直だから，点Aを通る辺BCの［　　　］を作図します。

1　点［　　　］を中心とする円をかき，その円と辺BCとの交点をD，Eとします。
2　点D，Eを中心とする半径の等しい円をかき，その交点をFとします。
3　半直線AFをひき，辺BCとの交点をHとします。

円をかくときは，コンパスを使います。

直線は，定規を使ってひきます。

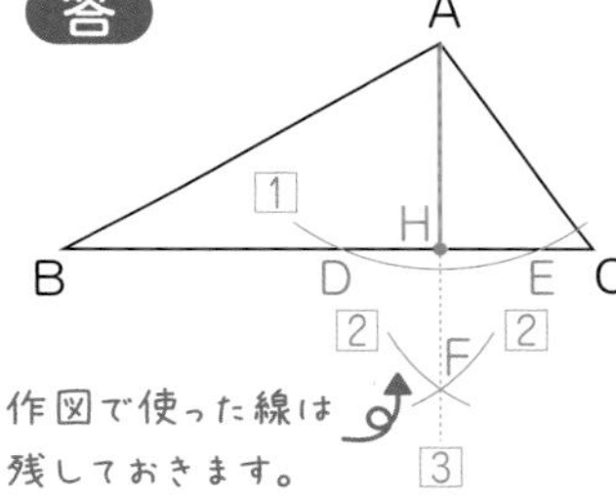

例2 右の図で，直線ℓ上にあって，2点A，Bから等しい距離(きょり)にある点Pを作図して求め，その位置を点・で示しなさい。
〈長崎〉

A.
ℓ
•B

2点A，Bから等しい距離にある点は，線分ABの［　　　］上にあります。

1　点A，［　　　］を中心とする半径の等しい円をかき，その円の交点をC，Dとします。
2　直線CDをひき，直線ℓとの交点をPとします。

コンパスを使ってかきます。

定規を使ってひきます。

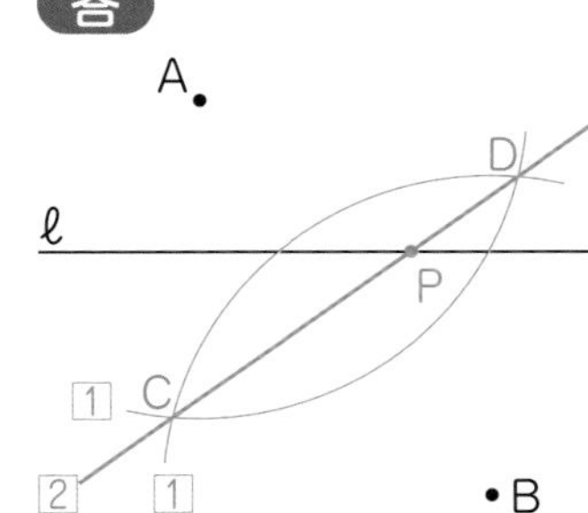

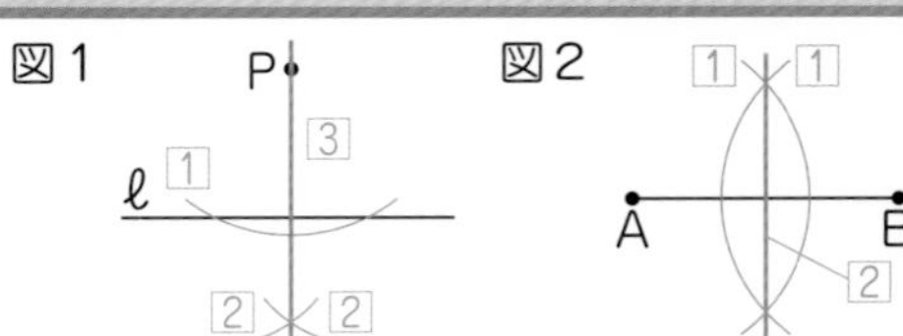

□ **垂線**…図1のように作図する。

□ **垂直二等分線**…図2のように作図する。

解答p.13

1 右の図のように，直線ℓと，直線ℓ上にない2点A，Bがあります。Aを通り，ℓに垂直な直線上にあって，2点A，Bから等しい距離にある点Pを作図しなさい。 〈熊本〉

A.

•B

ℓ

2 右の図の△ABCにおいて，頂点Bが辺AC上の点Pに重なるように折るとき，折り目の線を作図しなさい。 〈鳥取〉

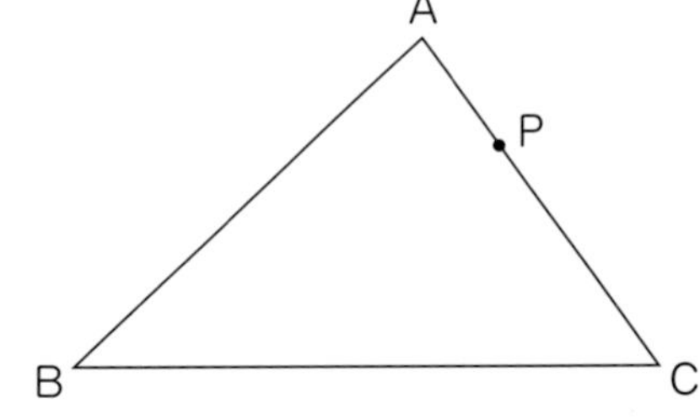

合格プラスワン 底辺を延長させよう

三角形の高さを作図するとき，頂点からおろした垂線が底辺と交わらない場合は，底辺を延長させましょう。

例 右の図のような△ABCがあります。辺BCを底辺としたときの高さを表す線分APを作図しなさい。 〈栃木〉

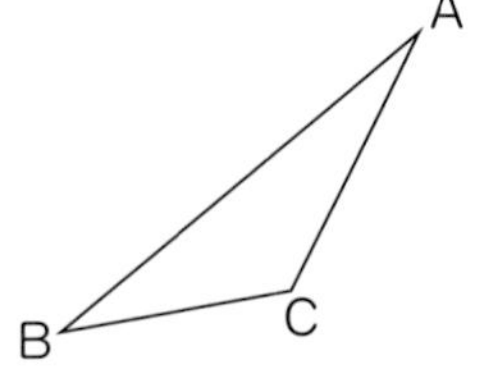

➡線分BCを頂点Cの方向へ延長させてから，例1と同じように作図します。

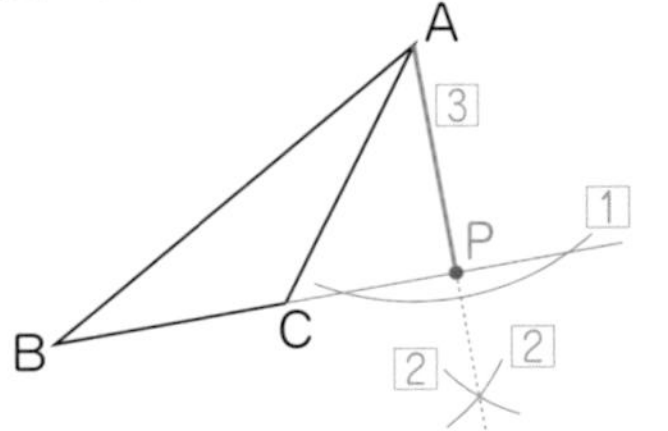

〈左ページ例の答え〉 例1 垂線，A 例2 垂直二等分線，(点)B

作図(2)

34 角の二等分線を作図しよう

2辺からの距離が等しい点をかくときは，角の二等分線を作図します。➡例1
90°の角を作図するときは，一直線の角が180°であることを利用して，
その角の二等分線をひきます。➡例2

例1

右の図のような△ABCがあります。辺BC上の点で，2辺AB，ACから等しい距離にある点Pを作図によって求め，Pの記号をつけなさい。〈富山〉

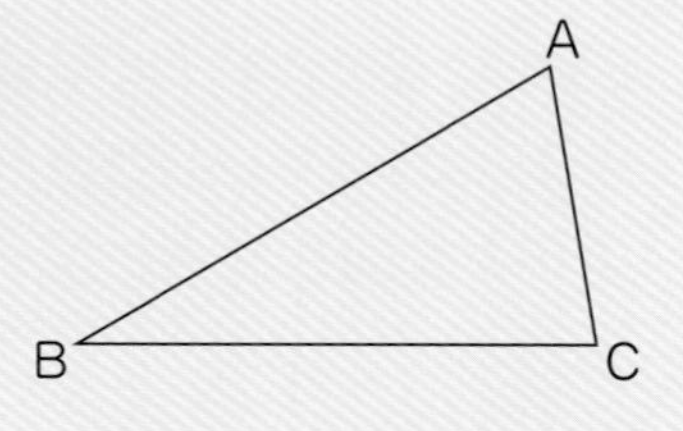

2辺AB，ACから等しい距離にある点は，∠BACの［　　］上にあります。

1 点［　　］を中心とする円をかき，辺AB，ACとの交点をD，Eとします。
2 点D，Eを中心とする半径の等しい円をかき，その交点をFとします。
3 半直線AFをひき，線分BCとの交点をPとします。

答

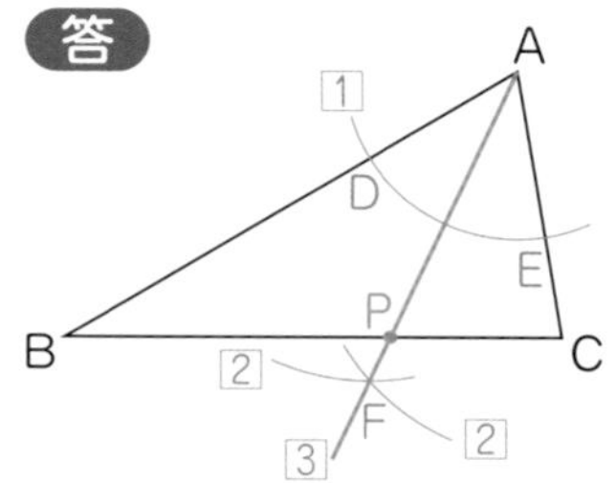

例2

右の図のように，2点O，Aがあります。点Oを中心として点Aを時計回りに90°回転させた点Bを作図によって求めなさい。〈栃木〉

A.

O.

90°回転させるので，一直線の角(180°)の［　　］を作図します。

1 直線OAをひきます。点［　　］を中心とする円をかき，直線OAとの交点をC，Dとします。
2 点C，Dを中心とする半径の等しい円をかき，交点をEとします。
3 半直線OEをひきます。
4 点Oを中心とし，線分OAを半径とする円をかき，半直線OEとの交点をBとします。

答

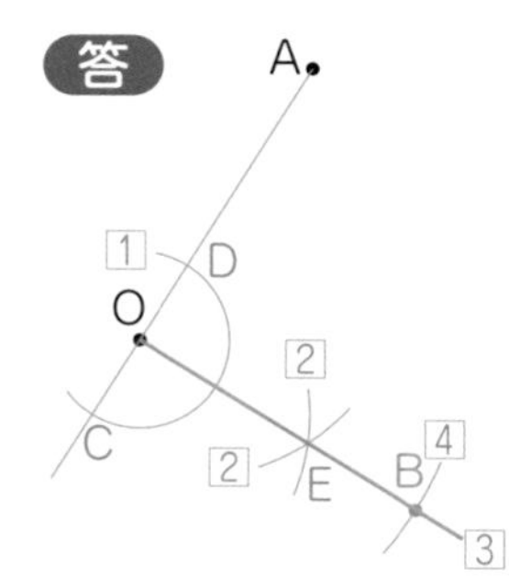

入試までに
これダケは覚えよう！

□ **角の二等分線**…図1のように作図する。
一直線の角(180°)の場合は，図2のようにする。

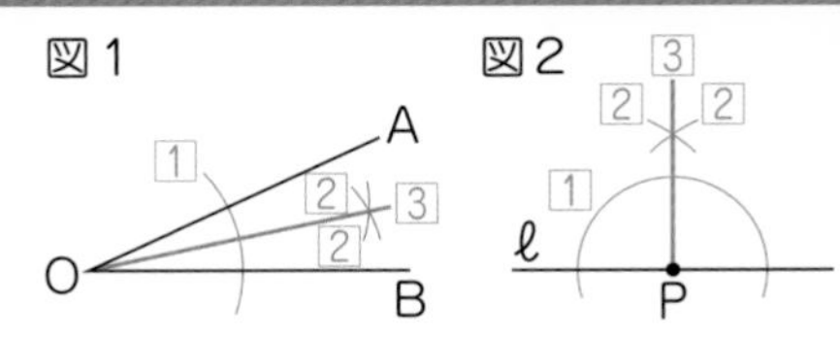

解答 p.13

1 右の図のように，線分ABと半直線ACがあります。ABの垂直二等分線上にあって，AB，ACまでの距離が等しい点Pを，作図によって求め，Pの位置を示す文字Pを書きなさい。
〈福島〉

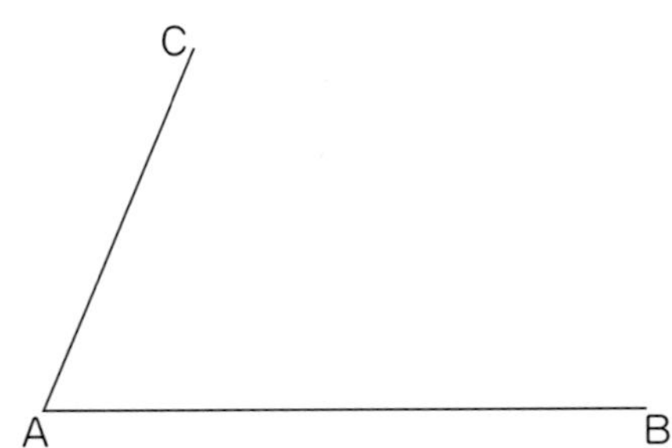

2 右の図のように，2直線ℓ，mがあり，直線ℓ上に点Aがあります。中心が直線m上にあって，点Aで直線ℓに接する円を作図しなさい。
〈愛媛〉

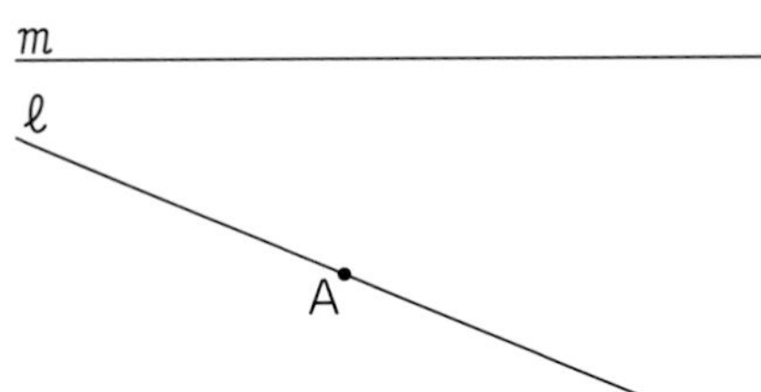

いろいろな角度を作図しよう

正三角形の1つの角は60°だから，60°の角を作図するときは正三角形をかきます。
角の二等分線や正三角形の作図を利用すると，他にも30°や45°の角を作図することができます。

例 60°の作図

3つの辺の長さが等しくなるように作図します。

60°

例 30°の作図

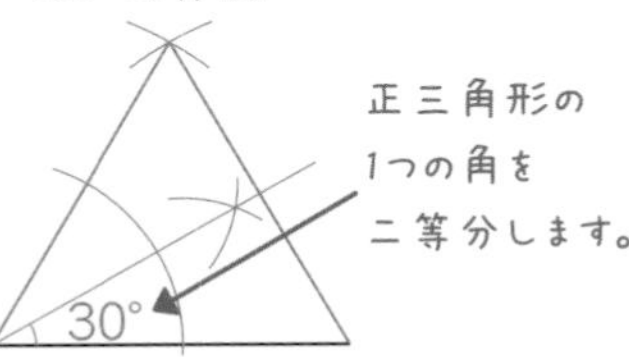

例 45°の作図

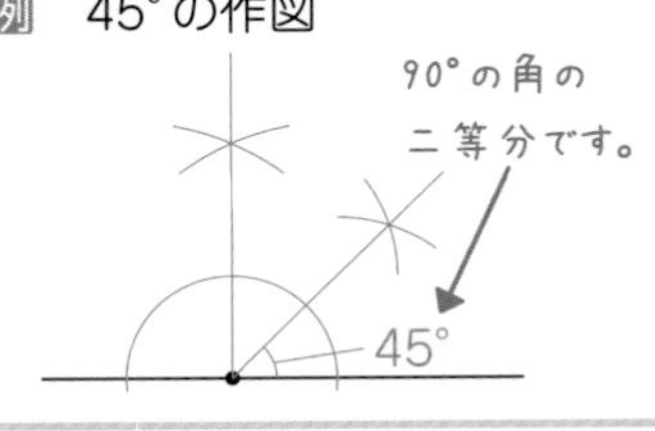

〈左ページ例の答え〉 例1 二等分線，A　例2 二等分線，O

おうぎ形

35 おうぎ形の面積と弧の長さを求めよう

中心角がa°のおうぎ形の面積や弧の長さは，同じ半径の円の面積，円周の$\frac{a}{360}$倍になります。このことを利用して，おうぎ形の面積や弧の長さを求めます。

例1 右の図のように，半径3cm，中心角120°のおうぎ形OABがあります。このおうぎ形の面積を求めなさい。〈北海道〉

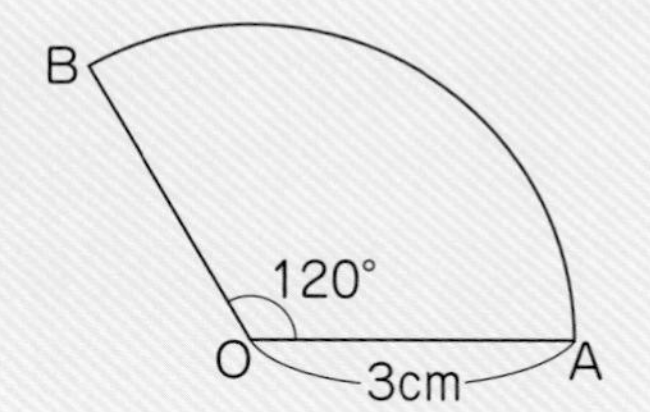

中心角がa°のおうぎ形の面積は，同じ半径の円の面積の$\frac{a}{360}$倍です。したがって，求める面積は，

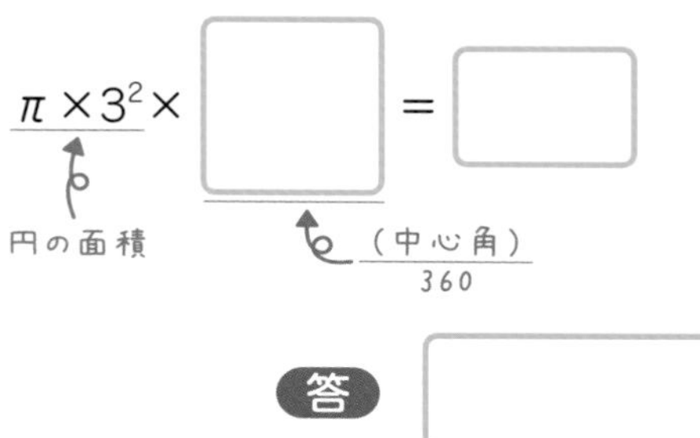

おうぎ形の面積Sと弧の長さℓ

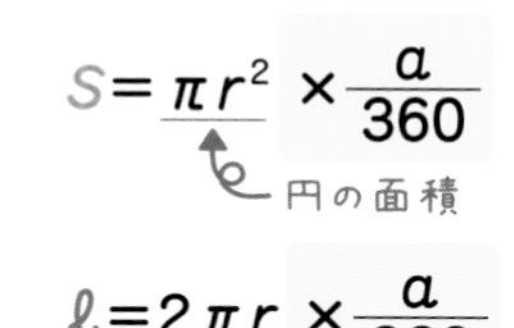

$S=\pi r^2\times\frac{a}{360}$（$\pi r^2$：円の面積）

$\ell=2\pi r\times\frac{a}{360}$（$2\pi r$：円周）

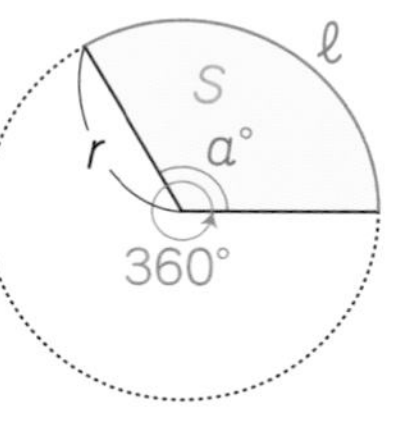

例2 右の図は，円錐（えんすい）の展開図です。おうぎ形の中心角の大きさを求めなさい。〈富山〉

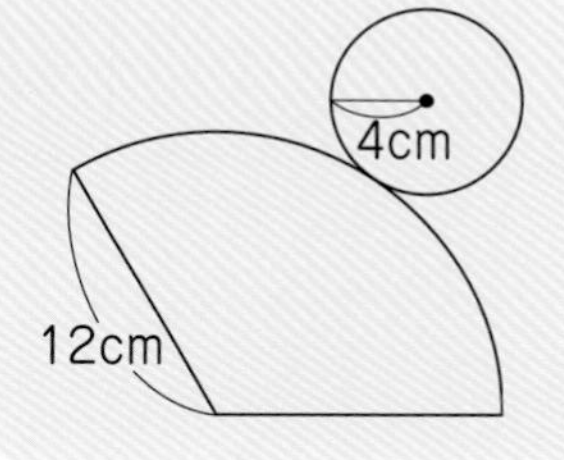

中心角がa°のおうぎ形の弧の長さは，同じ半径の円の円周の$\frac{a}{360}$倍です。また，円錐の側面のおうぎ形の弧の長さは底面の円周と等しいから，おうぎ形の中心角をa°とすると，

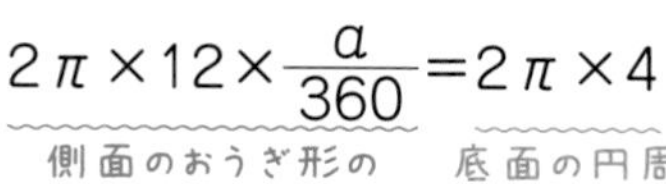

$2\pi\times12\times\frac{a}{360}=2\pi\times4$

（側面のおうぎ形の弧の長さ）（底面の円周）

この方程式を解くと，

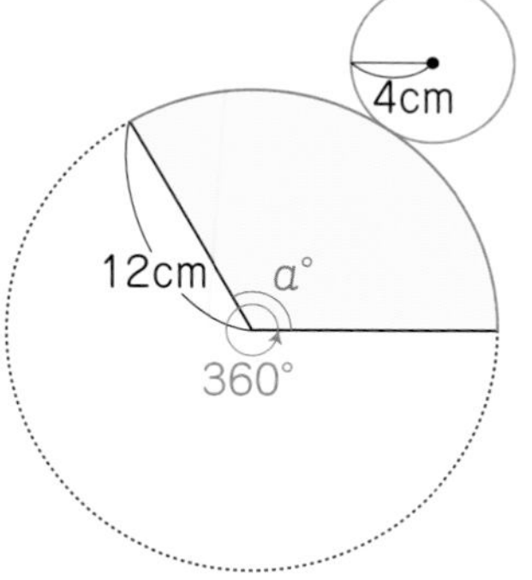

たしカメよう

円錐の展開図
側面のおうぎ形の弧の長さと底面の円周が等しい。

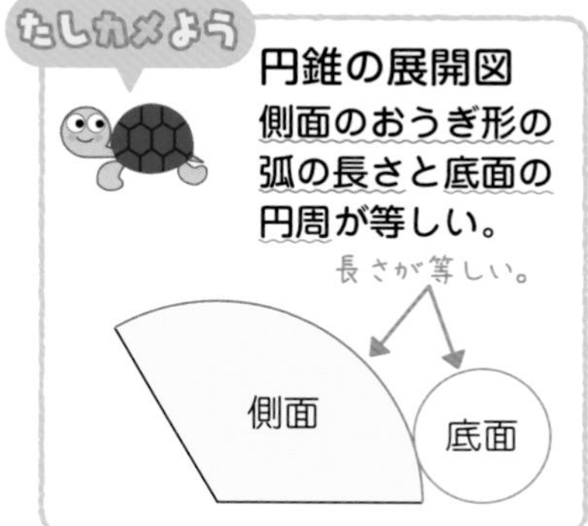

入試までに これダケは覚えよう！

※円周率をπとします。

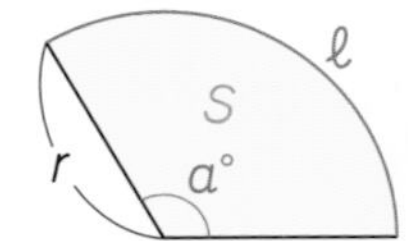

□ おうぎ形の面積Sと弧の長さℓ…$S=\pi r^2\times\frac{a}{360}$　$\ell=2\pi r\times\frac{a}{360}$

解答 p.14

1 半径10cm，中心角36°のおうぎ形の弧の長さを求めなさい。〈徳島〉

2 半径6cm，弧の長さが9πcmのおうぎ形の中心角を求めなさい。〈福島〉

3 右の図は円錐の展開図です。おうぎ形の中心角の大きさを求めなさい。〈愛媛〉

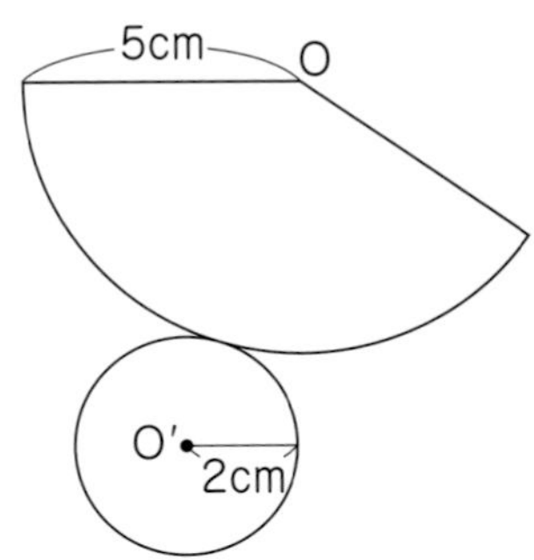

合格プラスワン 母線と半径の関係から中心角を求めよう

円錐の母線と底面の円の半径の関係を使って，側面のおうぎ形の中心角を求めることもできます。
母線を$b$cm，底面の円の半径を$r$cm，側面のおうぎ形の中心角をa°とすると，

$2\pi b\times\frac{a}{360}=2\pi r$ ⇒ $a=360\times\frac{r}{b}$

(中心角)=360×$\frac{(半径)}{(母線)}$

となります。例2で確かめると，
$r=4$cm，$b=12$cmだから，

$a=360\times\frac{4}{12}=120$

答 120°

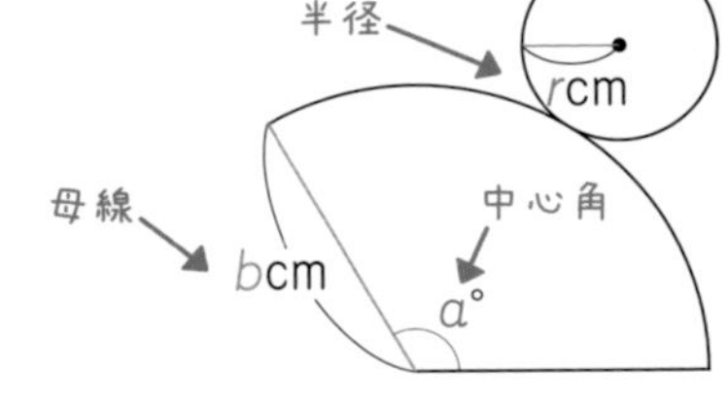

〈左ページ例の答え〉 例1 $\frac{120}{360}$，3π，3πcm^2　例2 120，120°

36 平面や直線の位置関係
平面や直線の関係を考えよう

空間内での平面と直線の位置関係は，「平面上にある」か，「交わる」か，「平行」のどれかになります。⇒例1
空間内で，平行でなく，交わらない2直線は，ねじれの位置にあります。⇒例2

例1 右の図の直方体で，面ABFEに平行な辺をすべて書きなさい。〈滋賀〉

同じ平面上になく，交わらない直線が［　　］になります。

答［　　　　　　］

右の図で，■をつけた辺になります。

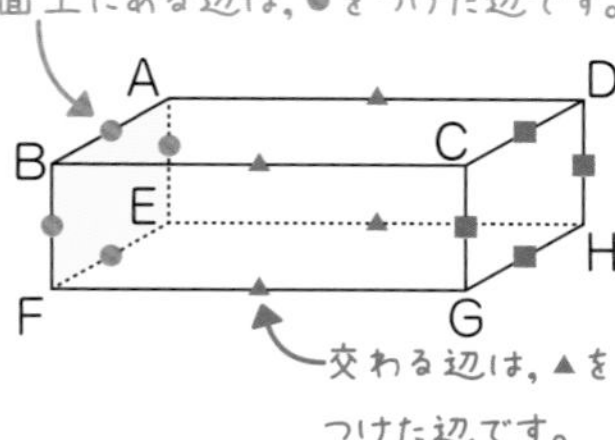

平面と直線の位置関係

①平面上にある　②交わる　③平行（P // ℓ）

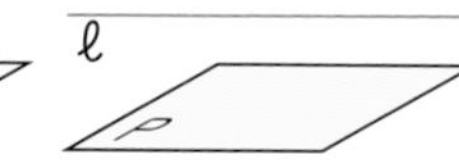

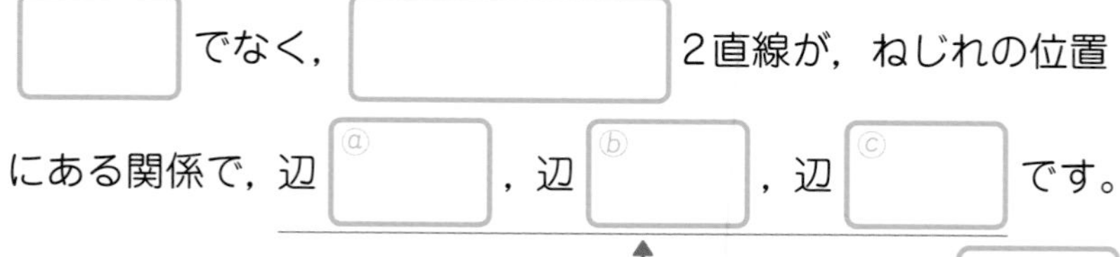

例2 右の図の三角柱ABCDEFにおいて，辺ABとねじれの位置にある辺は全部で何本ありますか。〈長崎〉

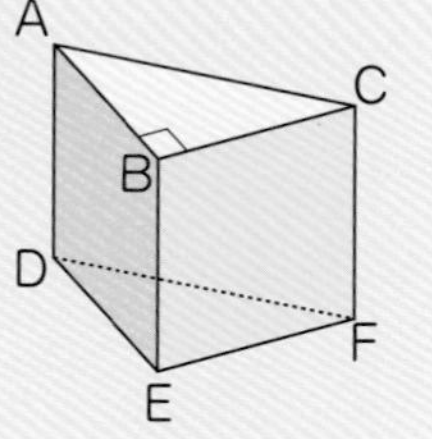

［　　］でなく，［　　　　］2直線が，ねじれの位置にある関係で，辺［ⓐ　　］，辺［ⓑ　　］，辺［ⓒ　　］です。

右の図で，■をつけた辺になります。

答［　　］

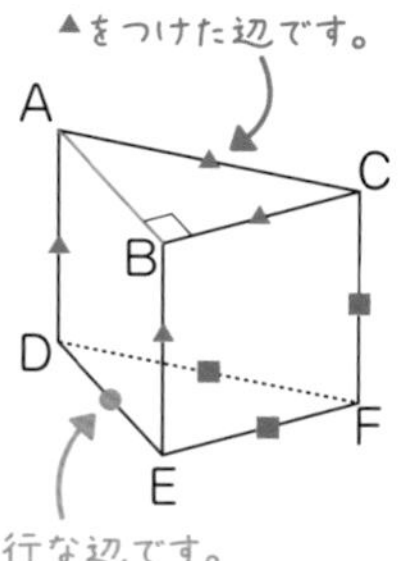

これがタイセツ

2直線の位置関係

①交わる　②平行（ℓ // m）　③ねじれの位置

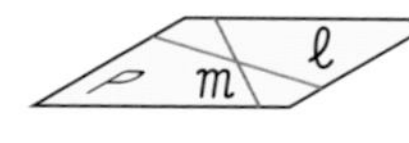
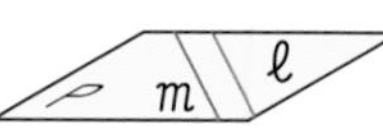
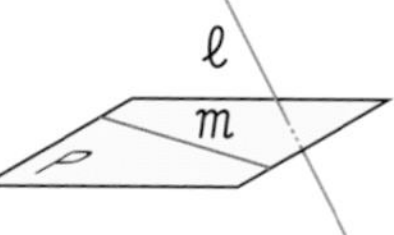

入試までに これダケは覚えよう！

□ **平面と直線の平行**…平面上になく，交わらない場合は，平行になる。

□ **ねじれの位置**…平行でなく，交わらない２直線の関係。

➡ 解答 p.14

1 右の図において立体ABC－DEFは三角柱です。次の㋐～㋓のうち，辺BCと平行な辺を１つ選び，記号で答えなさい。〈大阪〉

㋐ 辺AC　　㋑ 辺AD　　㋒ 辺DE　　㋓ 辺EF

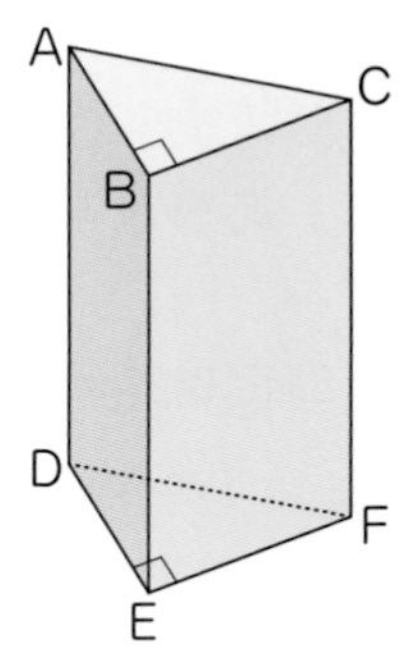

2 右の図の立体は直方体です。辺ABとねじれの位置にあり，面ABCDと平行である辺はどれですか。すべて答えなさい。〈静岡〉

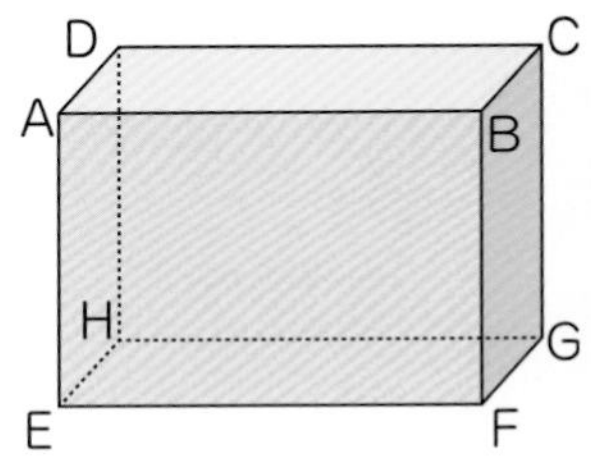

平面や直線のその他の関係は？

平面や直線の関係は，これがタイセツで紹介した以外にもあります。ここでまとめておきましょう。

2平面の位置関係

①交わる　　②平行（P∥Q）

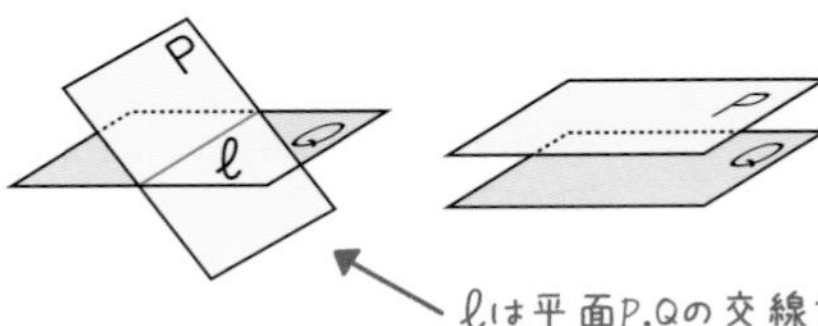

平面や直線の垂直

①平面と平面の垂直（P⊥Q）　②平面と直線の垂直（P⊥ℓ）

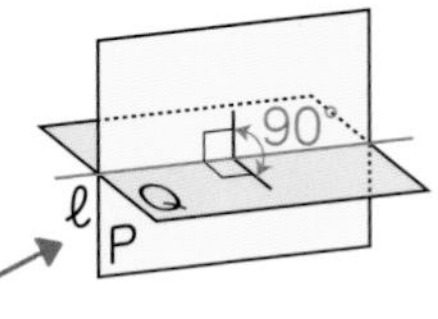

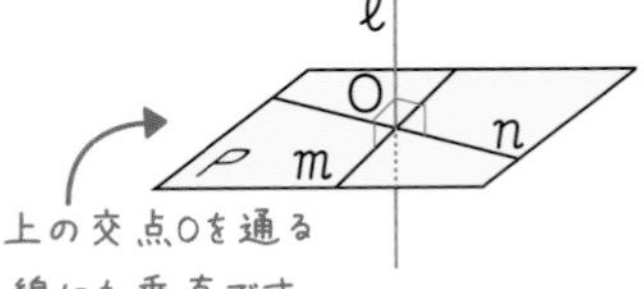

ℓは平面P,Qの交線です。

ℓは，P上の交点Oを通るどの直線にも垂直です。

〈左ページ例の答え〉 例1 平行，辺CDと辺GHと辺CGと辺DH
例2 平行，交わらない，ⓐ～ⓒ DF，EF，CF，3本

37 立体の表面積

立体の表面積を求めよう

立体の表面積を求めるときは，まず，底面積と側面積を求めましょう。
角柱の側面は長方形になります。また，底面は2つあることに注意します。➡例1
円柱の側面となる長方形の横の長さは，底面の円周と等しくなります。➡例2

例1

図のようにAB＝3cm，AD＝4cm，AE＝6cmの直方体があります。この直方体の表面積は何cm^2ですか。〈長崎〉

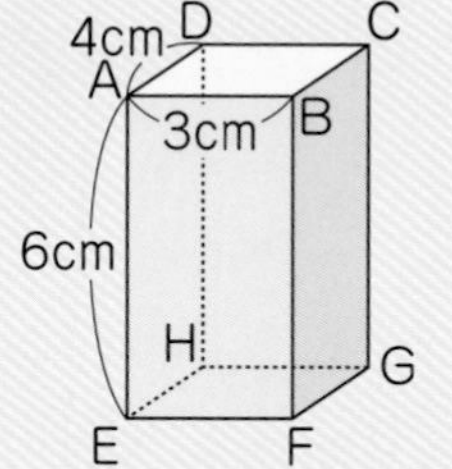

側面は縦が6cm，横が□cmの長方形になるから，
（3＋4＋3＋4）

側面積 ➡ 6×□＝□（cm^2）

底面積 ➡ 4×3＝□（cm^2）

したがって，表面積は，

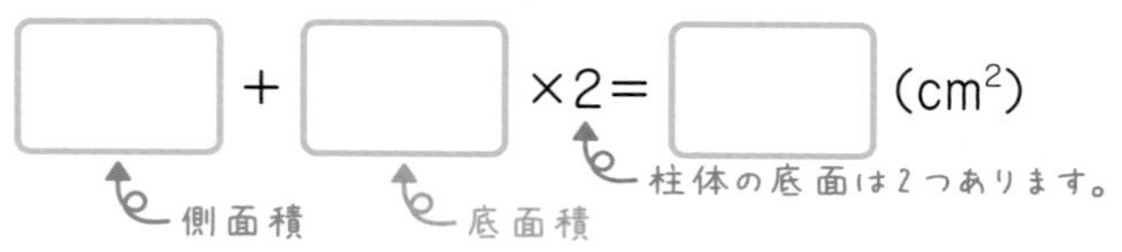

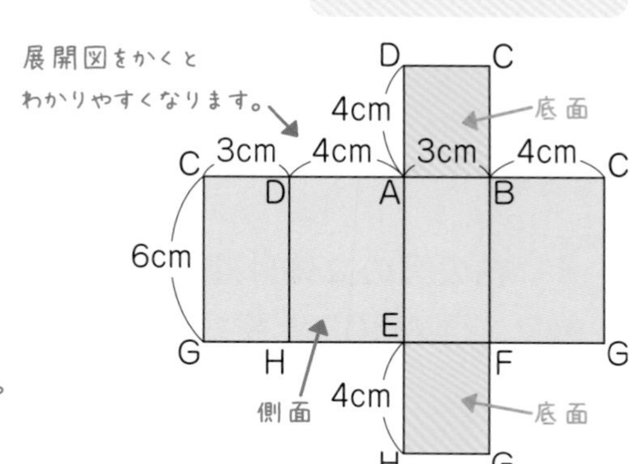

例2

底面の直径と高さがともに10cmの円柱の表面積を求めなさい。〈高知〉

円柱の側面となる長方形の横の長さは，底面の円周と等しいので，

$2\pi\times5$＝□（cm）
（半径5cmの円周です。）

側面積 ➡ 10×□＝□（cm^2）

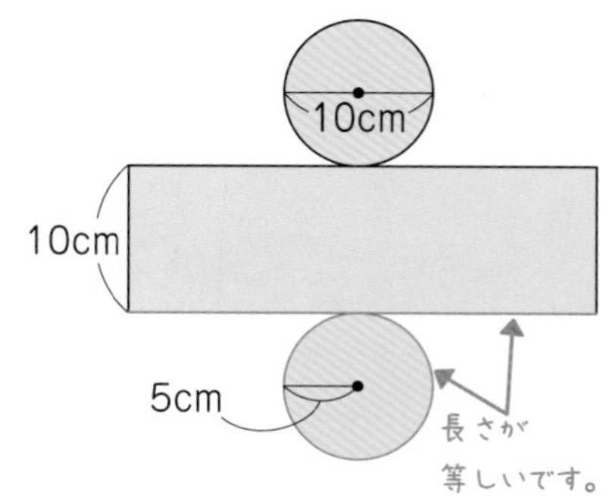

底面積 ➡ $\pi\times5^2$＝□（cm^2）
（半径5cmの円の面積です。）

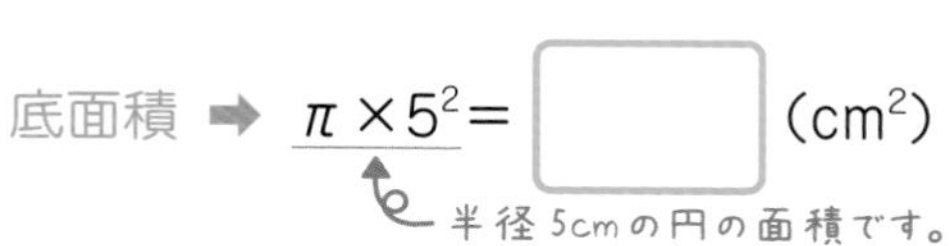

したがって，表面積は，

ふりカエル

半径rの円の面積と円周
円の面積　$S=\pi r^2$
円周　$\ell=2\pi r$

□ 角柱や円柱の表面積…（側面積）＋（底面積）×2

□ 円柱の側面積…側面の長方形の横の長さが底面の円周と等しいことを利用して求める。

練習問題

解答 p.14

1 右の図は，底面の半径が3cm，高さが5cmの円柱です。この円柱の表面積を求めなさい。 〈山口〉

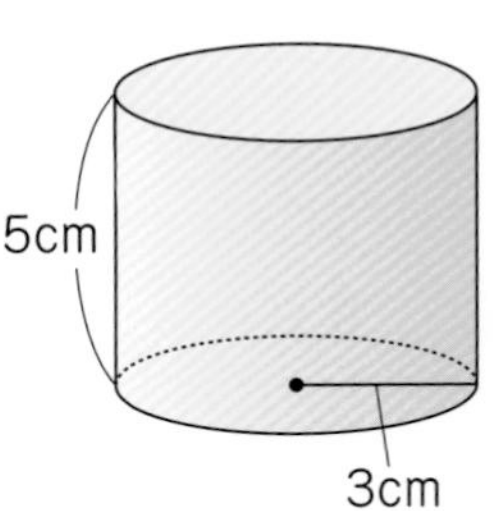

2 底面の半径が3cm，側面積が54π cm^{2}の円柱があります。この円柱の高さを求めなさい。 〈福島〉

円錐の表面積は？

円錐は，底面が円，側面がおうぎ形になります。円錐の側面積を求めるときは，側面のおうぎ形の弧の長さが，底面の円周と等しいことを利用します。

例 右の円錐の表面積を求めなさい。 〈富山〉

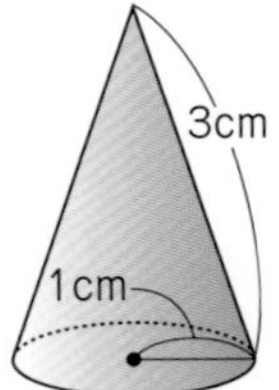

⇒側面のおうぎ形の中心角は，

$360\times\frac{1}{3}=120$ より $120°$

p.101 プラスワン 参照

側面積 ➡ $\pi\times3^2\times\frac{120}{360}=3\pi$ (cm^2)

底面積 ➡ $\pi\times1^2=\pi$ (cm^2)

表面積 ➡ $3\pi+\pi=4\pi$ (cm^2)

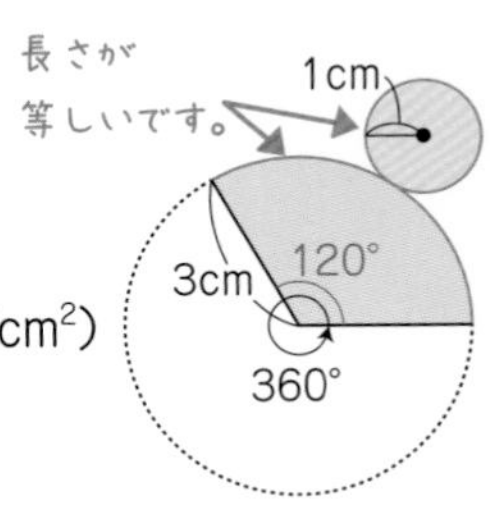

〈左ページ例の答え〉 例1 14，14，84，12，84，12，108

例2 10π，10π，100π，25π，100π，25π，150π

38 立体の体積

立体の体積を求めよう

柱体の体積は，「(底面積 S)×(高さ h)」で求めます。➡例1

錐体の体積は，「$\frac{1}{3}$×(底面積 S)×(高さ h)」で求めます。➡例2

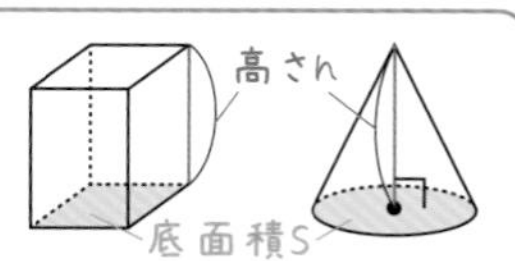

例1

右の図で，立体ABC－DEFは三角柱で，AB＝3cm，BC＝4cm，AD＝8cm，∠ABC＝90°です。この立体の体積を求めなさい。〈大阪〉

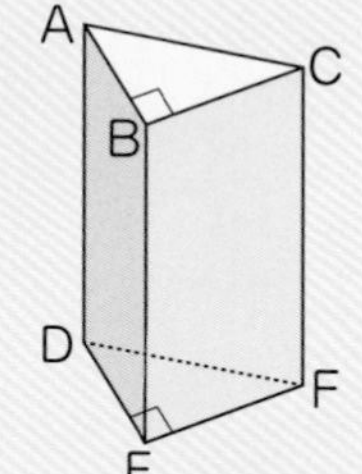

底面は直角三角形で，AB＝3cm，BC＝4cmだから，

底面積 ➡ $S=\frac{1}{2}\times3\times4$ ←(三角形の面積)＝$\frac{1}{2}$×(底辺)×(高さ)

＝□(cm²)

体積 ➡ $V=Sh$

＝□×8 ←ADが三角柱の高さです。

＝□(cm³)

これがタイセツ

角柱や円柱の体積 V

(体積)＝(底面積)×(高さ)

$V=Sh$

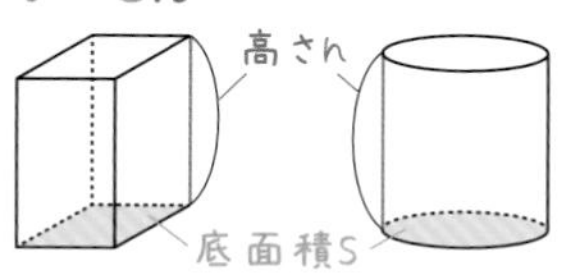

例2

右の図のような正四角錐OABCDがあります。この正四角錐の体積を求めなさい。〈北海道〉

底面は，1辺が5cmの正方形だから，

底面積 ➡ $S=5\times5$ ←(正方形の面積)＝(1辺)×(1辺)

＝□(cm²)

体積 ➡ $V=\frac{1}{3}Sh$

＝$\frac{1}{3}$×□×4

＝□(cm³)

これがタイセツ

角錐や円錐の体積 V

(体積)＝$\frac{1}{3}$×(底面積)×(高さ)

$V=\frac{1}{3}Sh$

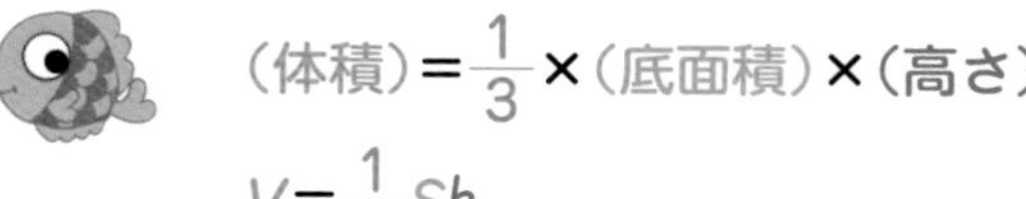

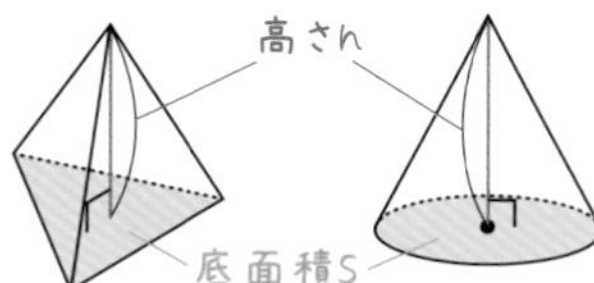

□ **立体の体積**…底面積がS，高さがhの柱体の体積はSh，錐体の体積は$\frac{1}{3}Sh$となる。

練習問題

解答 p.14

1 次の立体の体積を求めなさい。

(1) 〈長崎〉

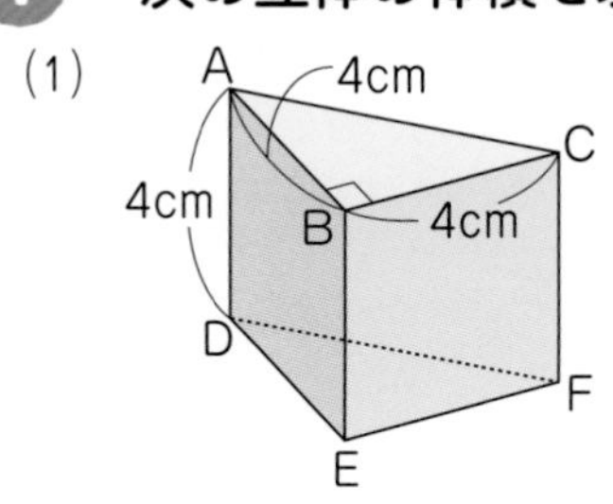

(2) 〈熊本〉

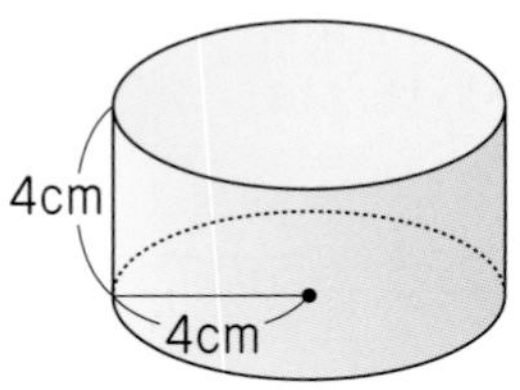

(3) 〈栃木〉

5cm
6cm
8cm

（直方体の一部を切り取ってできた三角錐）

(4) 〈徳島〉

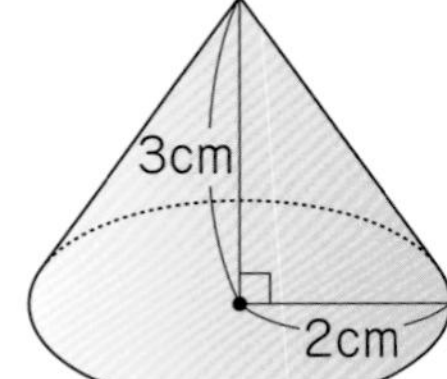

合格プラスワン　見方を変えて考えよう

正方形をひし形と考えることで，体積を求める場合があります。

例　右の正四角錐の体積を求めなさい。〈岐阜〉

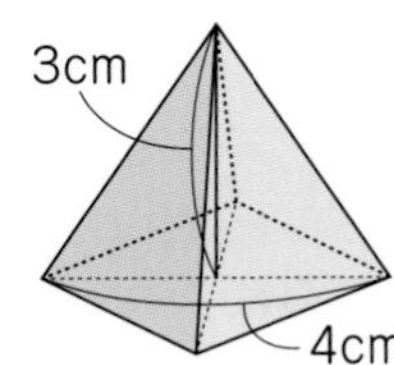

➡底面は正方形ですが，1辺の長さがわかりません。そこで，正方形をひし形と考えます。

底面積 ➡ $S=4\times4\div2$ （対角線）×（対角線）÷2

$=8(\text{cm}^2)$

体積 ➡ $V=\frac{1}{3}\times8\times3=8(\text{cm}^3)$

〈左ページ例の答え〉 例1 6，6，48　例2 25，25，$\frac{100}{3}$

回転体

39 回転させてできる立体を考えよう

図形を回転させるとき，回転させてできる立体を間違えないように注意しましょう。
長方形を回転させると円柱，直角三角形を回転させると円錐ができます。⇒例1
また，半円を回転させると球ができます。⇒例2

例1

右の直角三角形を，直線ℓを軸として1回転させてできる立体の体積を求めなさい。〈富山〉

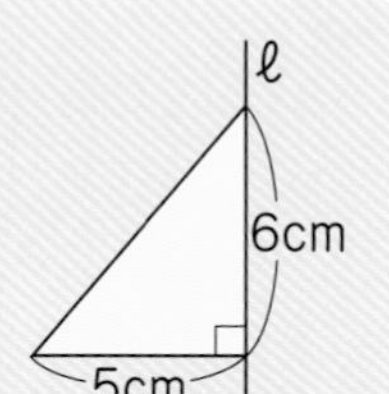

直角三角形を回転させるので，下のような□ができます。

底面積 ⇒ $S=\pi\times5^2=$□(cm^2) ← 円の面積の公式はπr^2です。

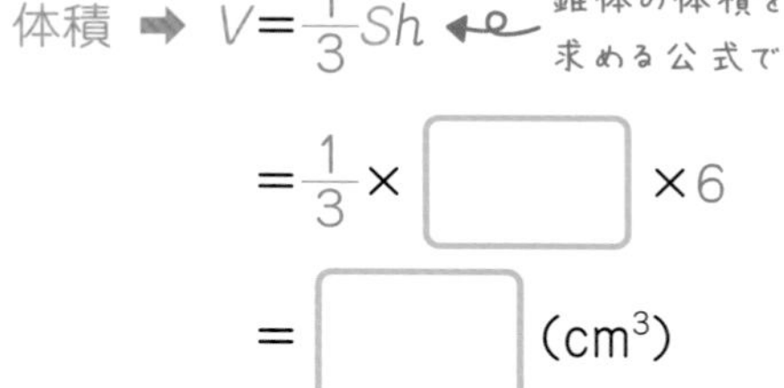

体積 ⇒ $V=\frac{1}{3}Sh$ ← 錐体の体積を求める公式です。

$=\frac{1}{3}\times$□$\times6$

$=$□(cm^3)

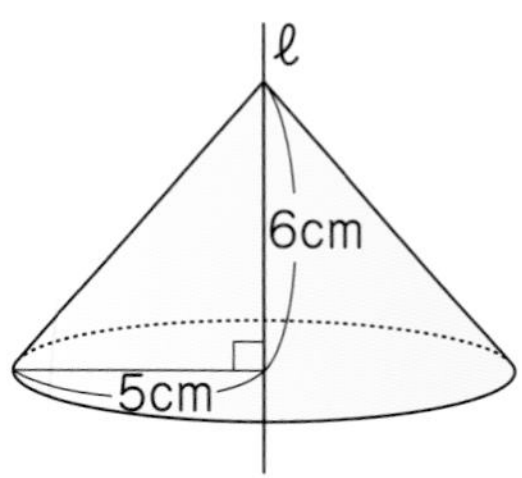

例2

右の半円を，直線ABを軸として1回転させてできる立体の表面積と体積を求めなさい。〈徳島改〉

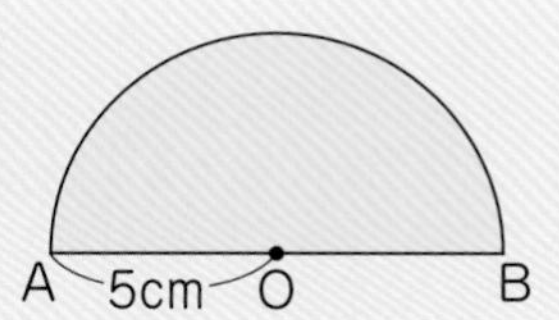

回転させてできる立体は，□になります。

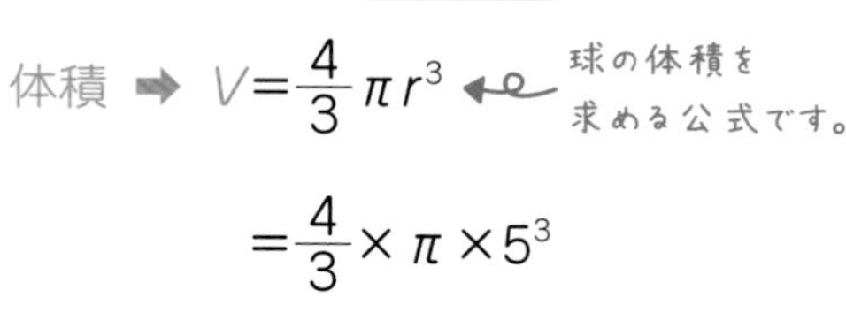

表面積 ⇒ $S=4\pi r^2$ ← 球の表面積を求める公式です。

$=4\times\pi\times5^2$

$=$□(cm^2)

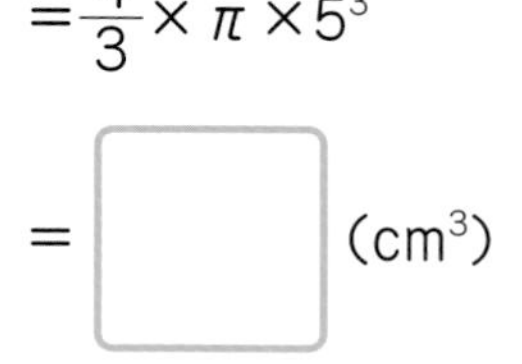

体積 ⇒ $V=\frac{4}{3}\pi r^3$ ← 球の体積を求める公式です。

$=\frac{4}{3}\times\pi\times5^3$

$=$□(cm^3)

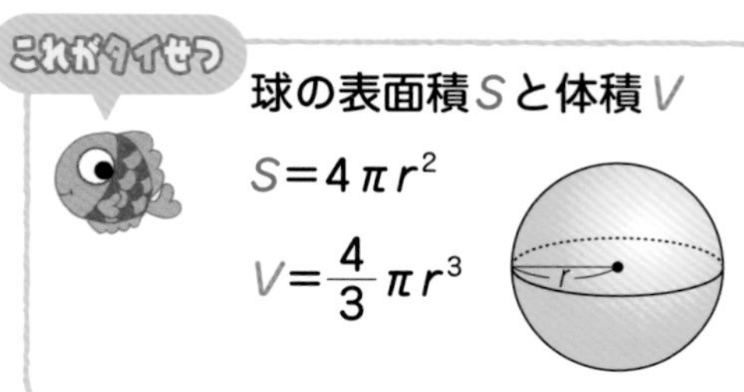

球の半径がわかれば，公式にあてはめて，表面積や体積を求めることができるんだね。

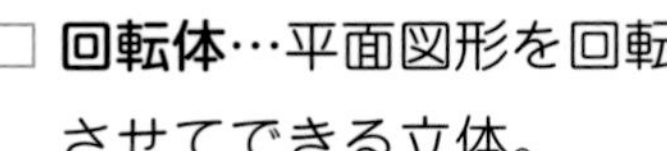
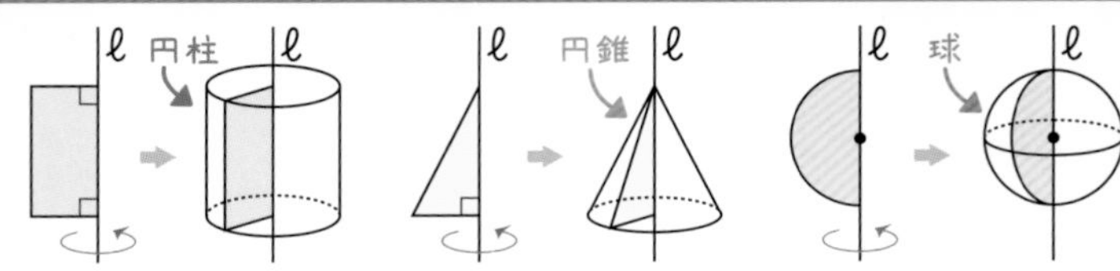

□ **回転体**…平面図形を回転させてできる立体。

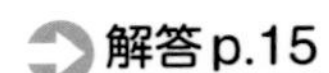

1 右の図のような，AB＝5cm，AD＝3cmの長方形ABCDを，辺CDを回転の軸として1回転させてできる立体の体積を求めなさい。
〈佐賀〉

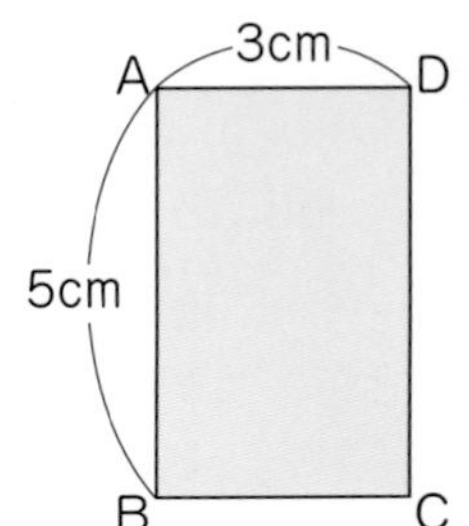

2 右の図のおうぎ形OABは，半径3cm，中心角90°です。このおうぎ形を，AOを通る直線ℓを軸として1回転させてできる立体の体積と表面積を求めなさい。
〈和歌山〉

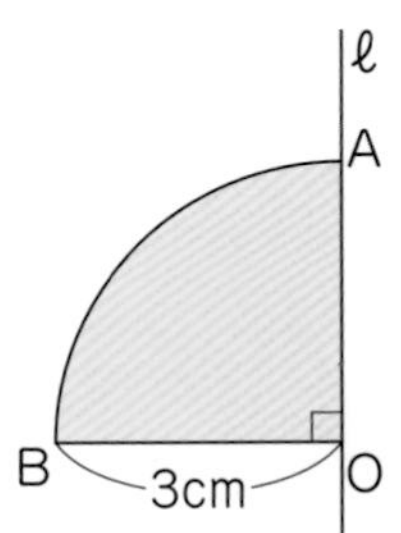

合格プラスワン　立体を分けて考えよう

例　右の図の台形ABCDを，辺ADを軸として1回転させてできる立体の体積を求めなさい。
〈岐阜〉

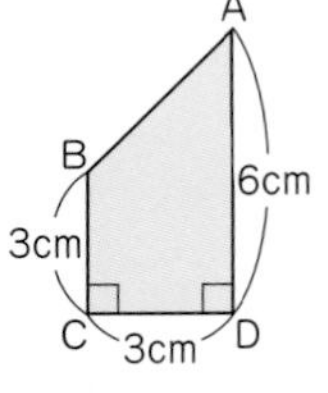

➡できあがる立体を上下で分けると，上は円錐，下は円柱になります。

上の円錐の体積 V

$V=\frac{1}{3}\times\pi\times3^2\times(6-3)=9\pi\ (\text{cm}^3)$

下の円柱の体積 V'

$V'=\pi\times3^2\times3=27\pi\ (\text{cm}^3)$

$V+V'=9\pi+27\pi=36\pi\ (\text{cm}^3)$

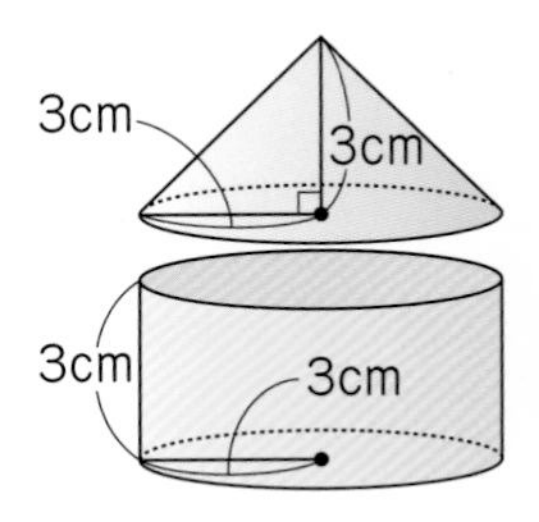

〈左ページ例の答え〉 例1 円錐，25π，25π，50π　例2 球，100π，$\frac{500}{3}\pi$

40 投影図
立体を平面に表そう

立体をある方向から見て平面に表した図を投影図(とうえいず)といいます。投影図は，立体を真正面から見た立面図(りつめんず)と，立体を真上から見た平面図(へいめんず)を使って表します。

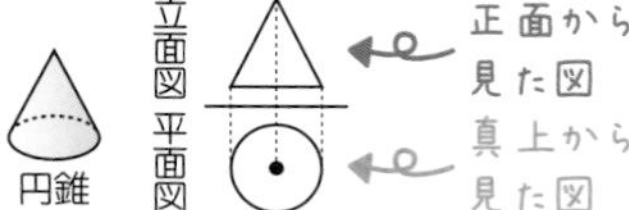

例1 下の図は，正四角錐の見取図です。この正四角錐の投影図が，下の㋐～㋔の中にあります。正しいものを1つ選び，記号で答えなさい。〈鳥取〉

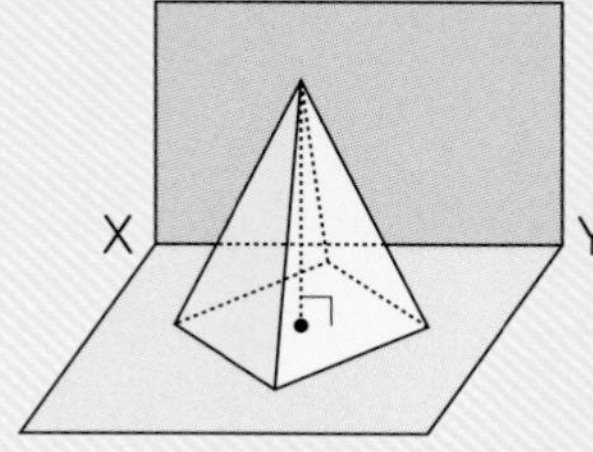

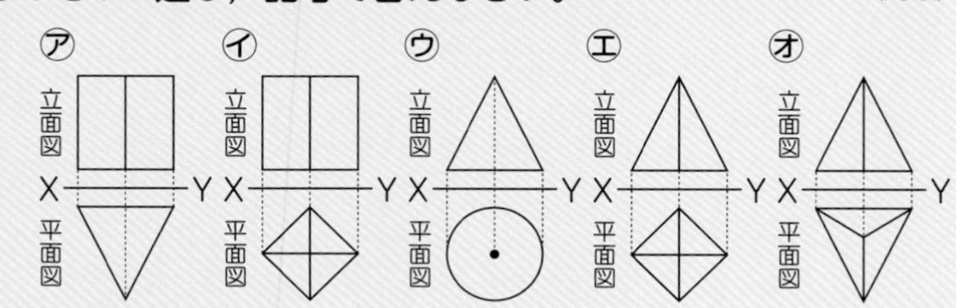

立面図は真正面から見た図だから，立面図が長方形の場合は柱体，三角形の場合は錐体になります。
平面図は真上から見た図だから，底面の形を表します。

正四角錐の投影図は，立面図が ，平面図が  になります。

答 

例2 右の図は，円柱の投影図です。立面図は縦4cm，横6cmの長方形で，平面図は円です。この円柱の体積を求めなさい。〈佐賀〉

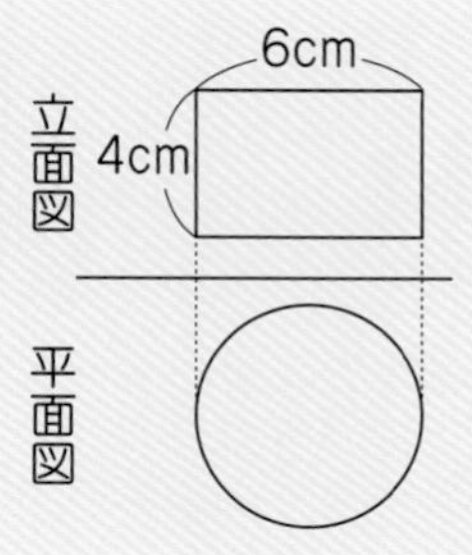

投影図から，底面の半径は □ cm，高さは □ cm だとわかります。

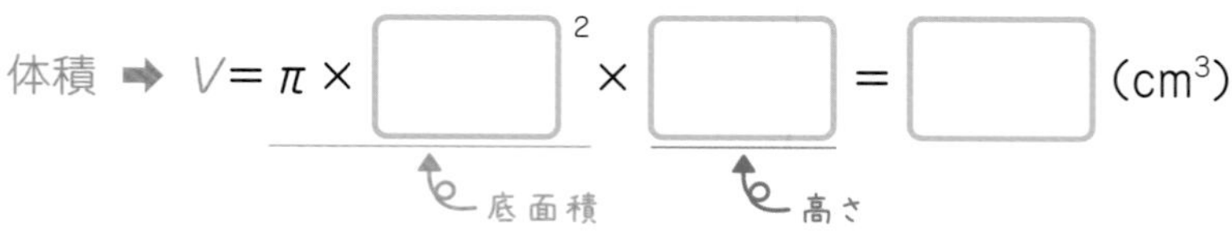

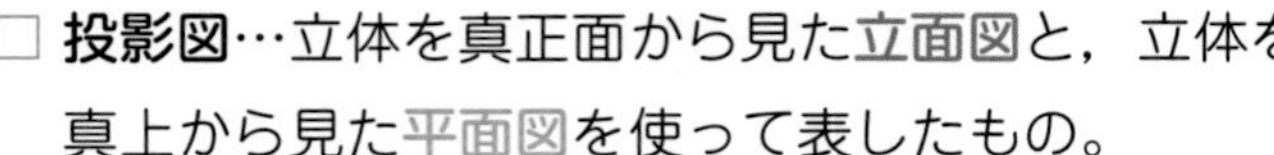

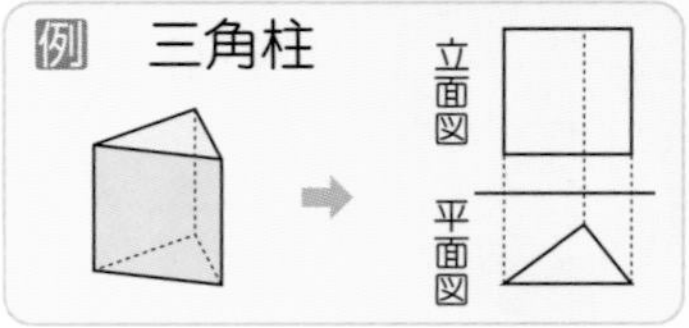

□ **投影図**…立体を真正面から見た**立面図**と，立体を真上から見た**平面図**を使って表したもの。

解答 p.15

1 　右の図は，ある立体の投影図です。この投影図が表す立体の名前として，正しいものを，㋐～㋓から１つ選びなさい。また，この立体の体積を求めなさい。〈北海道〉

㋐　三角柱　　㋑　円柱　　㋒　三角錐　　㋓　円錐

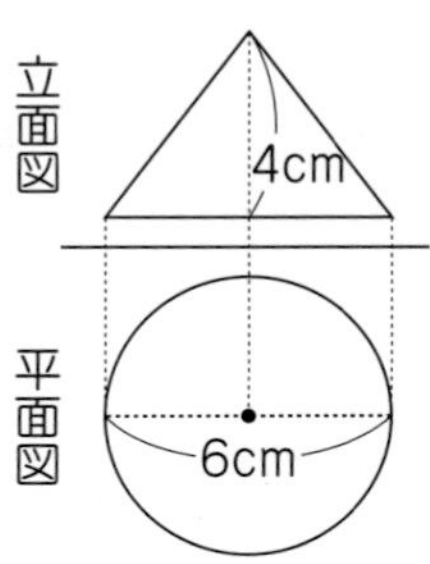

2 　右の図は円柱の投影図です。
この立体の体積を求めなさい。〈長崎〉

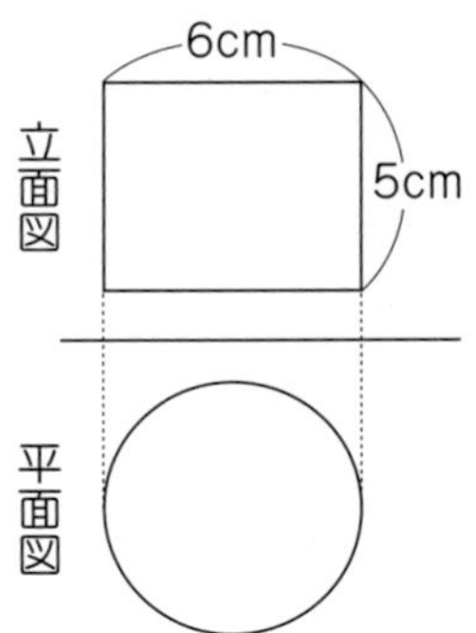

実線と破線に注意しよう

投影図をかくときは，対応する頂点をそろえてかきます。また，実際に見える線は実線 ——，見えない線は破線 ……… でかきます。

見取図　　投影図

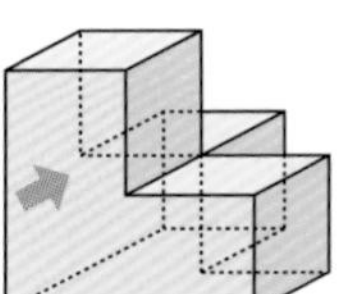

〈左ページ例の答え〉 例1 (二等辺)三角形，正方形，㋓　例2 3，4，3，4，36π

平行線と角

41 角の大きさを求めよう

角の大きさを求めるときは，同位角や錯角，多角形の内角や外角に注目します。
2直線が平行なとき，同位角や錯角は等しくなります。⇒例1
n角形の内角の和は，$180° \times (n-2)$，外角の和は360°になります。⇒例2

例1 右の図で，$\ell /\!/ m$のとき，$\angle x$の大きさを求めなさい。

〈栃木〉

右下のように点をとると，平行線の錯角は等しいから，

$\angle$ABC＝□°　←色のついた角に注目します。

また，△ABCで，三角形の外角はそれととなり合わない2つの内角の和に等しいから，

$\angle x+45°=81°$

$\angle x=$□°　（$\angle x=81°-45°$）

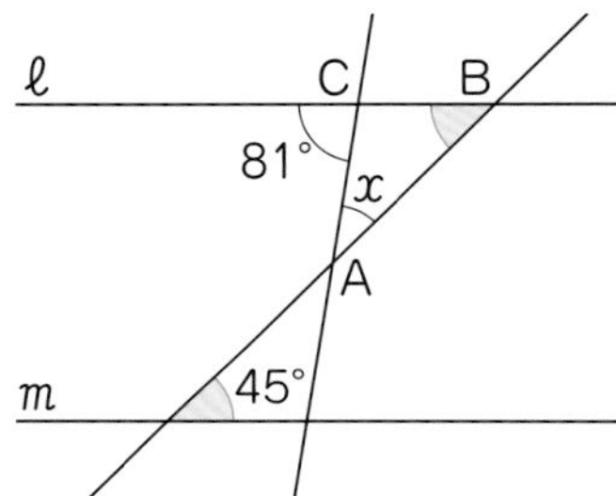

これがタイセツ

平行線と同位角，錯角の関係

2直線が平行　⇔　同位角，錯角は等しい。

これがタイセツ

三角形の内角と外角の関係

$\angle a+\angle b+\angle c=180°$

$\angle a+\angle b=\angle d$

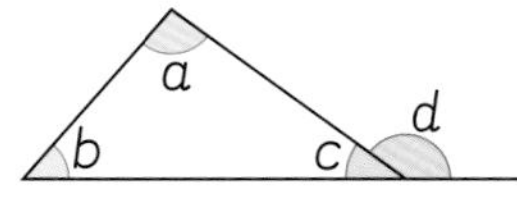

例2 右の図で，$\angle x$の大きさを求めなさい。

〈福島〉

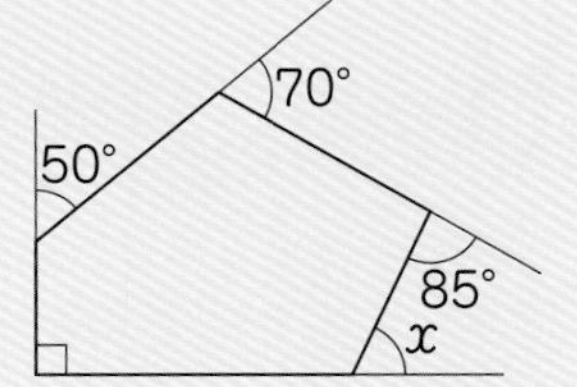

多角形の外角の和は，すべて360°です。したがって，

$\angle x=$□°$-(50°+70°+85°+90°)$

（五角形の外角の和）－（$\angle x$以外の外角の和）

＝□°

これがタイセツ

n角形の内角と外角

n角形の内角の和は，
$180° \times (n-2)$
n角形の外角の和は，360°

入試までに

これダケは覚えよう！

□ **平行線の性質**…2直線が平行 ⟺ 同位角，錯角は等しい。

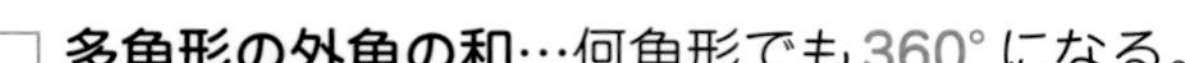
□ **多角形の外角の和**…何角形でも360°になる。

➡ 解答 p.15

1　次の図で，$\ell /\!/ m$ のとき，$\angle x$ の大きさを求めなさい。

(1)　〈福島〉

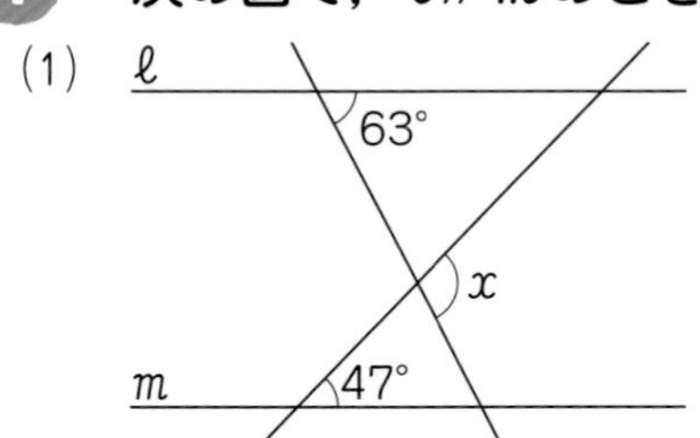

(2)　〈鳥取〉

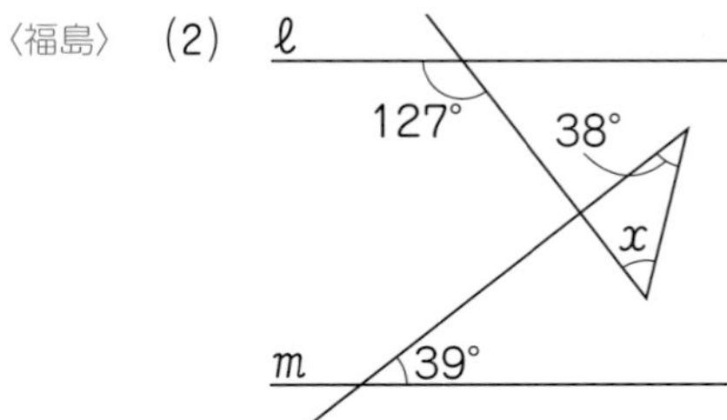

2　次の図で，$\angle x$ の大きさを求めなさい。

(1)　〈栃木〉

73°　66°　x

(2)　〈和歌山〉

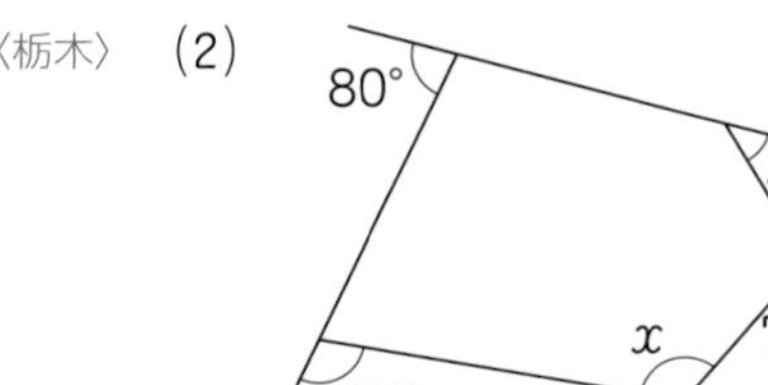

合格プラスワン　対頂角の性質も利用しよう

2直線が交わったとき，向かい合った角を対頂角といいます。対頂角は等しいです。

$\angle a = \angle c$
$\angle b = \angle d$

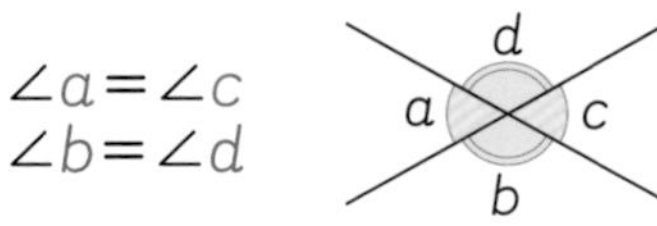

例　右の図で，$\angle x$ の大きさを求めなさい。

➡対頂角は等しいから，

$\angle BAC = 61°$ ← 向かい合う角が対頂角です。

△ABCの内角の和は180°だから，

$\angle x = 180° - (61° + 37°)$
$= 82°$

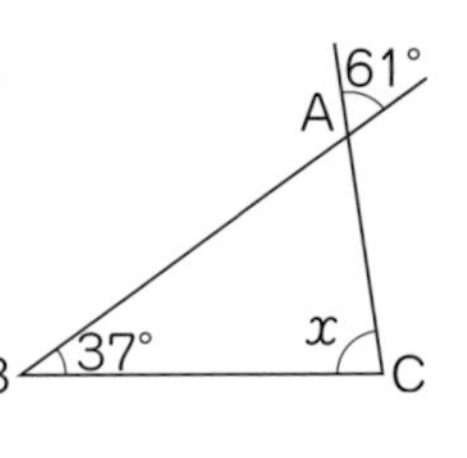

〈左ページ例の答え〉　例1　45，36　例2　360，65

42 三角形の合同と証明
三角形の合同を証明しよう

ぴったり重なりあう図形を合同といいます。２つの三角形が合同であることを証明するには，三角形の合同条件を使います。証明するときは，仮定や図形の性質などを使って結論を導きます。

●●●（仮定）ならば，■■■（結論）

例1 右の図のように，長方形ABCDを，頂点Bが頂点Dに重なるように折ったとき，折り目の線分をEF，頂点Aが移った点をGとします。このとき，△CDF≡△GDEを証明しなさい。〈愛媛〉

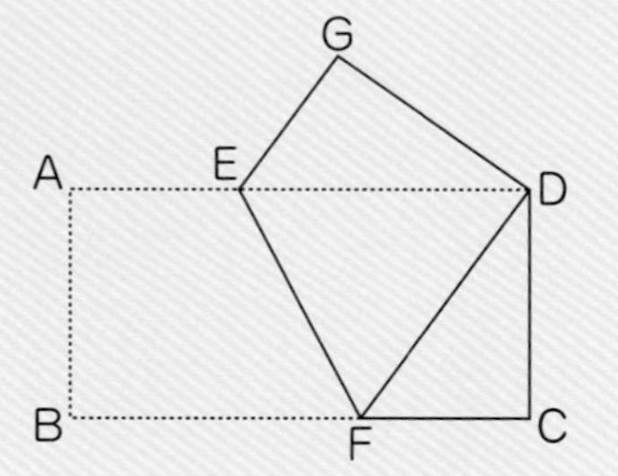

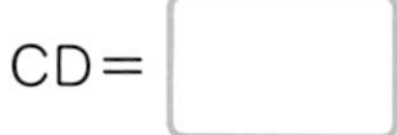

証明　△CDFと△GDEにおいて，

最初に合同を証明する三角形を示します。

四角形ABCDは長方形で，折っているから，

根拠を必ず示します。

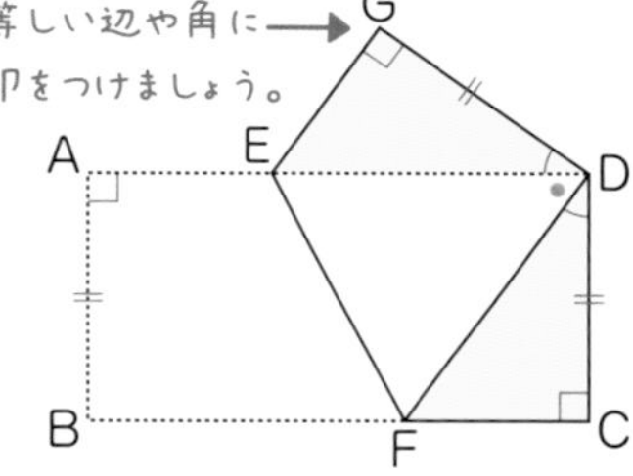

CD＝［　　］…①　←長方形の対辺は等しいです。

∠DCF＝［　　］…②　←長方形の４つの角は等しい(90°)です。

等しい辺や角は，対応する順に書きましょう。

また，

∠CDF＝90°－∠EDF　←∠CDF＝∠ADC－∠EDFです。

∠GDE＝90°－∠EDF　←∠GDE＝∠GDF－∠EDFです。

したがって，

∠CDF＝∠GDE　…③

見通しを立ててから証明しよう！

①，②，③より，［　　　　　　　　］

がそれぞれ等しいから，

三角形の合同条件を示します。

△CDF≡△GDE　←最後に結論を示します。

これがタイセツ

三角形の合同条件…次のどれかが成り立つ２つの三角形は合同です。

①３組の辺がそれぞれ等しい。

②２組の辺とその間の角がそれぞれ等しい。

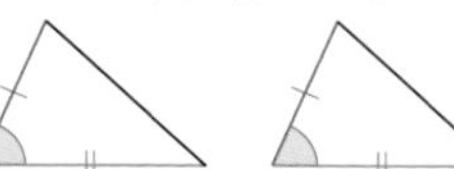

③１組の辺とその両端（りょうたん）の角がそれぞれ等しい。

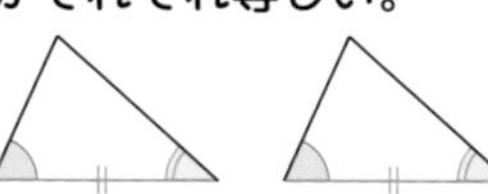

入試までに
これダケは覚えよう！

□ **証明**…仮定や図形の性質（定義や定理）などを使って，結論が成り立つことを示す。

解答 p.15

1 右の図のように，長方形ABCDを，対角線ACを折り目として折り返したとき，点Bが移動した点をE，辺ADと線分CEの交点をFとします。このとき，△AEF ≡ △CDFを証明しなさい。〈長崎〉

（証明）

証明するときに使う根拠は？

証明をするときには，根拠を必ず示します。根拠として使われるものをいくつか紹介します。

・共通な辺や角は等しい。　・対頂角は等しい。　・折り返したときの辺や角は等しい。

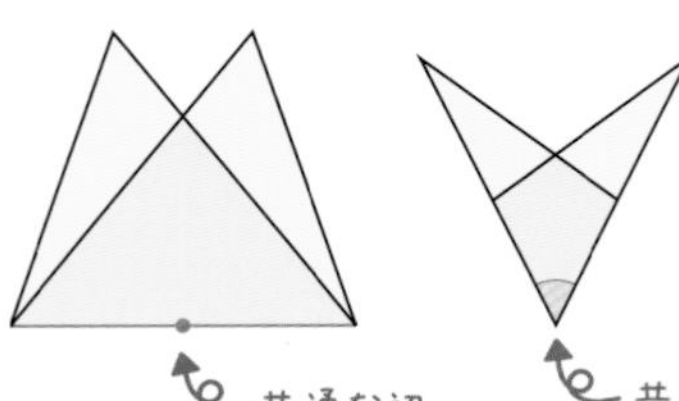

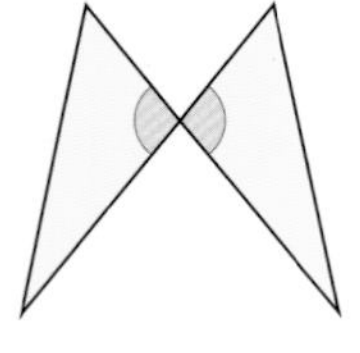

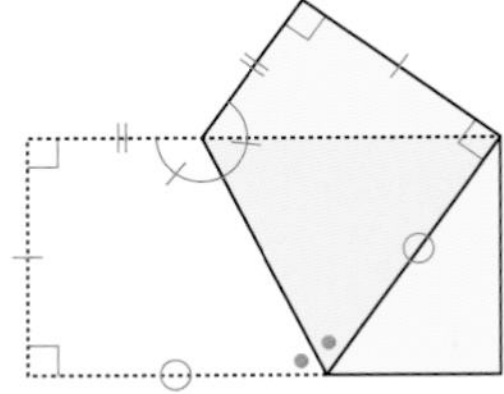

〈左ページ例の答え〉 例1 GD，∠DGE，1組の辺とその両端の角

二等辺三角形

43 二等辺三角形の性質をまとめよう

2つの辺が等しい三角形を二等辺三角形といいます。（定義）
二等辺三角形は，底角が等しくなります。（定理）⇒例1
また，2つの角が等しい三角形は二等辺三角形になります。（定理）⇒例2

例1 右の図で，AB＝ADのとき，∠xの大きさを求めなさい。 〈山口〉

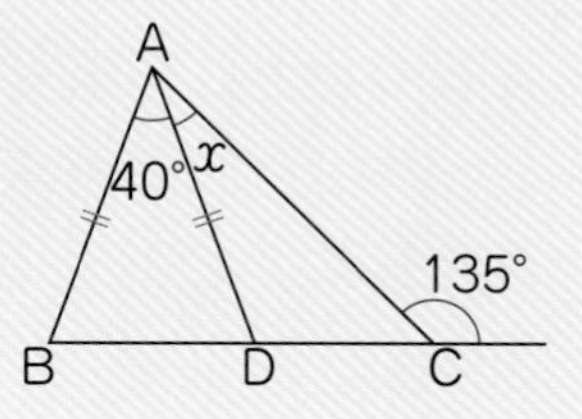

△ABDは二等辺三角形だから，

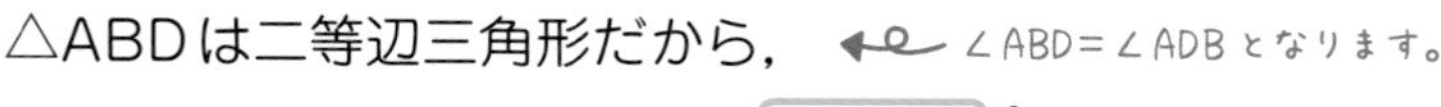

∠ADB＝(180°－40°)÷2＝□°

頂点Cで，一直線の角は180°だから，
∠ACD＝180°－135°＝45°
△ADCで，内角と外角の関係から，

45°＋∠x＝□°　　∠x＝□°

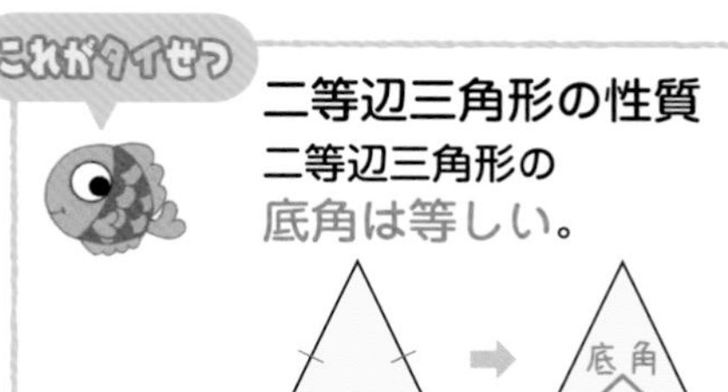

例2 右の図の長方形ABCDで，線分ACを折り目として折ったとき，点Bの移った点をEとします。また，線分AEと辺DCとの交点をFとします。このとき，△ACFが二等辺三角形であることを証明しなさい。 〈埼玉15〉

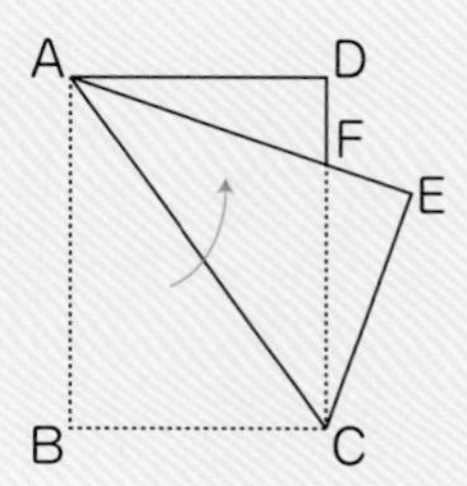

（証明） △ACFにおいて，
線分ACは折り目の線だから，
∠FAC＝□…①
AB∥DCより，錯角が等しいから，

∠FCA＝□…②
①，②より，∠FAC＝∠FCA
2つの角が等しいから，△ACFは，
二等辺三角形である。 ← 二等辺三角形になる条件です。

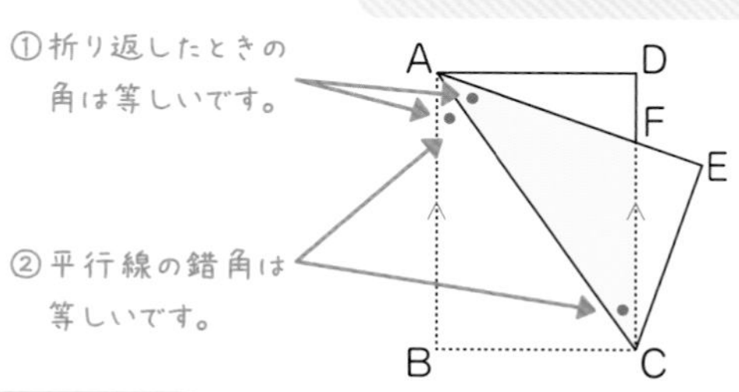

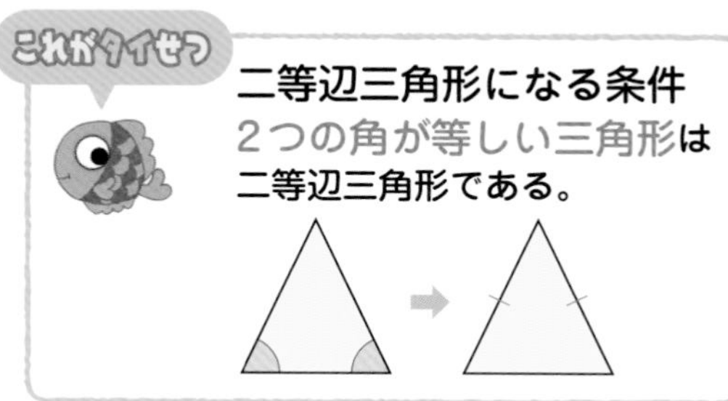

□ 二等辺三角形の性質…底角は等しい。

□ 三角形が二等辺三角形になる条件…2つの角が等しい三角形は二等辺三角形である。

練習問題

解答 p.16

1 右の図のように，∠BAC＝42°，AB＝ACの二等辺三角形ABCがあり，辺AC上にAD＝BDとなる点Dをとります。このとき，∠xの大きさを求めなさい。 〈山口〉

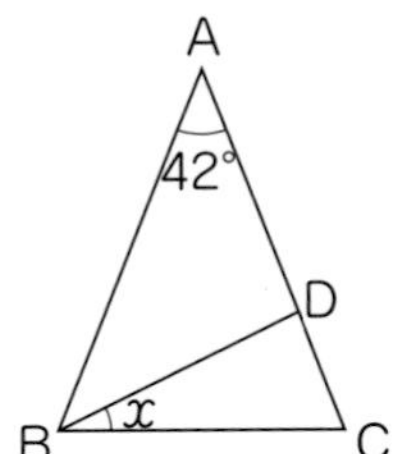

2 右の図のように，△ABCの辺BC上に点Dがあります。∠ABDの二等分線と線分AD，辺ACとの交点をそれぞれE，Fとします。∠BAE＝∠BCFのとき，AE＝AFを証明しなさい。 〈北海道〉

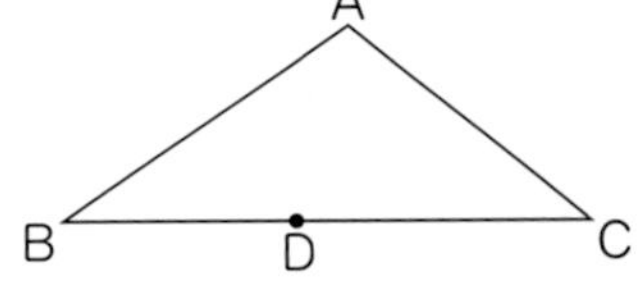

（証明）

正三角形の定義と性質は？

3つの辺が等しい三角形を正三角形といいます。（定義） ⟷ 2つの辺が等しい三角形を二等辺三角形という。
正三角形は，3つの角が等しくなります。 ⟷ 二等辺三角形の底角（2つの角）は等しい。
また，3つの角が等しい三角形は正三角形になります。 ⟷ 2つの角が等しい三角形は二等辺三角形になる。

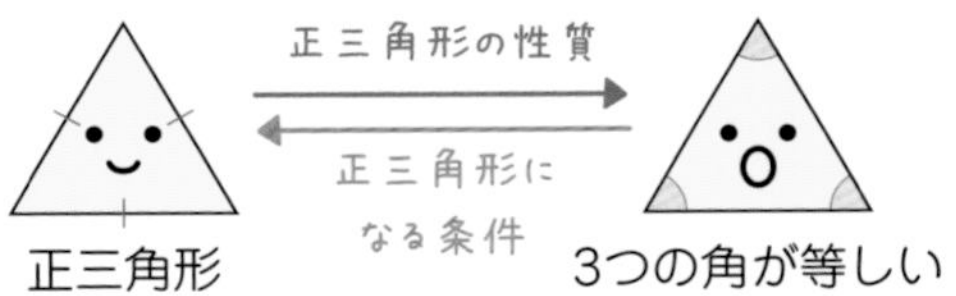

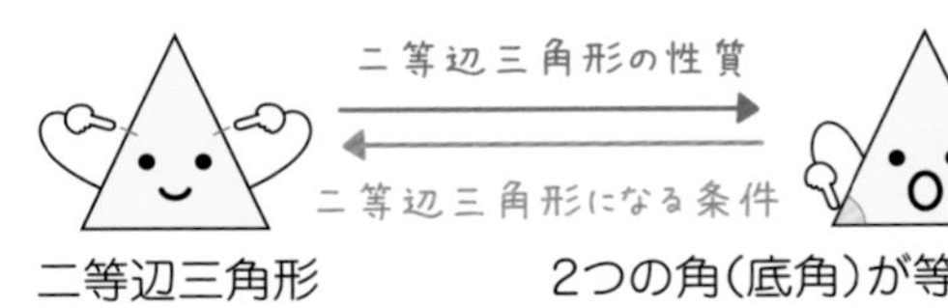

〈左ページ例の答え〉 例1 70，70，25　例2 ∠BAC（∠CAB），∠BAC（∠CAB）

直角三角形の合同と証明

44 直角三角形の合同を証明しよう

三角形の合同を証明するとき，その三角形が直角三角形のときは，直角三角形の合同条件を考えます。合同条件に出てくる斜辺（しゃへん）は，直角に対する辺のことです。

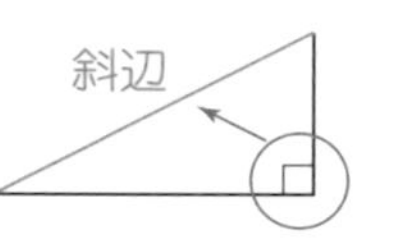

例1 右の図のような，∠Aが鋭角で，AB＝ACの二等辺三角形ABCがあります。辺AB，AC上に，∠ADC＝∠AEB＝90°となるようにそれぞれ点D，Eをとります。このとき，AD＝AEであることを証明しなさい。〈栃木〉

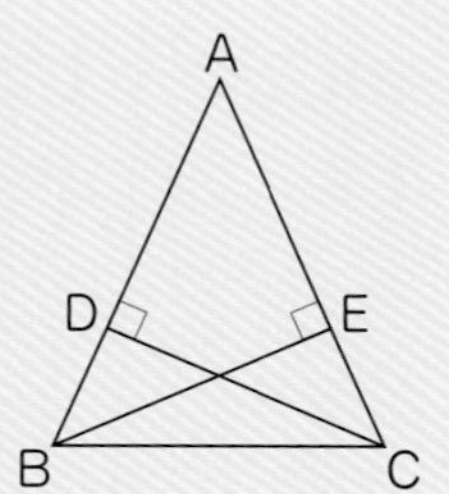

（証明）△ADCと△AEBにおいて，
AD，AEを辺にもつ三角形の合同を示します。

仮定から，

AC＝□ …① ← 斜辺が等しいことを示します。

∠ADC＝□＝90° …②
直角三角形の合同条件を使うときは，直角であることを示します。

共通な角だから，

∠DAC＝□ …③ ← 1つの鋭角（直角以外の角）が等しいことを示します。

①，②，③より，直角三角形の

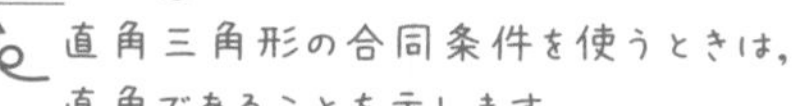

□がそれぞれ等しいから，

△ADC≡□
直角三角形の合同条件を示します。

合同な三角形の対応する辺は等しいから，

AD＝□

直角三角形の合同条件…次のどちらかが成り立つ2つの直角三角形は合同です。
①斜辺と1つの鋭角がそれぞれ等しい。　②斜辺と他の1辺がそれぞれ等しい。

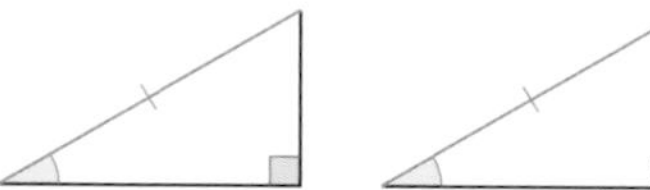
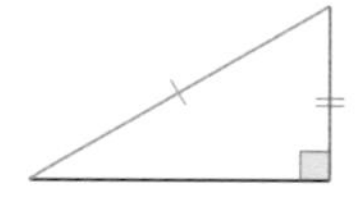
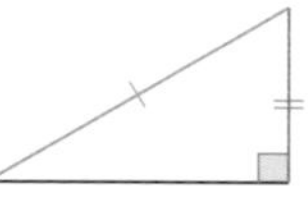

□ 直角三角形の合同…斜辺と1つの鋭角か他の1辺が等しいことを示す。

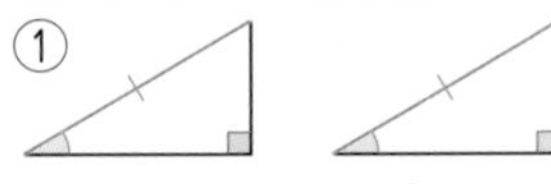

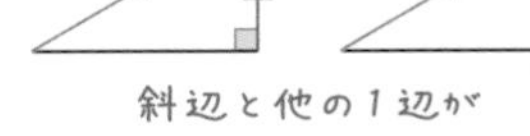

➡ 解答 p.16

1 右の図のように，正方形ABCDがあり，辺AB上に点E，辺BC上に点Fをとり，△DEFが正三角形になるようにします。〈佐賀〉

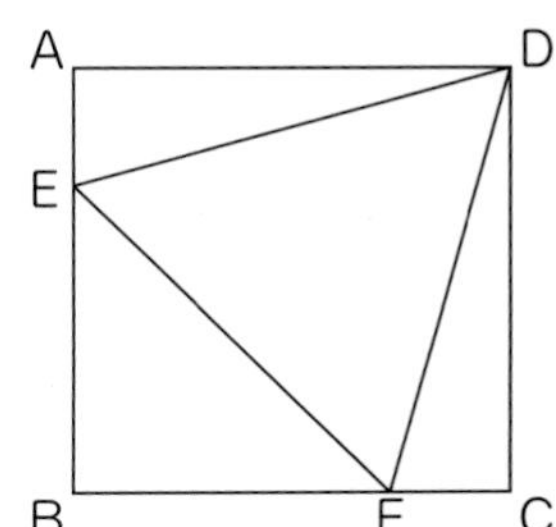

(1) △AED≡△CFDであることを証明しなさい。

（証明）

(2) ∠ADEの大きさを求めなさい。

合格プラスワン 角の名前を確認しよう

直角三角形の合同条件で，直角や鋭角が出てきたので，ここで確認しておきましょう。角の大きさは，次の3つに分けられます。

鋭角…0°より大きく，90°より小さい角

直角…90°の角

鈍角（どんかく）…90°より大きく，180°より小さい角

鋭角　直角　鈍角

〈左ページ例の答え〉 例1 AB，∠AEB，∠EAB，斜辺と1つの鋭角，△AEB，AE

平行四辺形

45 平行四辺形の性質を使おう

2組の対辺がそれぞれ平行な四角形を平行四辺形といいます。（定義）
平行四辺形には３つの性質があり，証明の根拠として利用できます。
どの性質を使えばよいか考えてから証明しましょう。

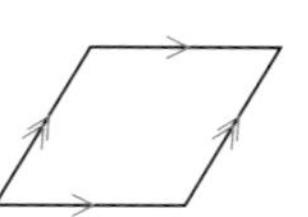

例1 右の図は，∠ABCが鋭角の平行四辺形ABCDで，2辺AD，BCの中点をそれぞれE，Fとし，∠AFBは鋭角です。点Bを通り辺BCに垂直な直線と直線AFとの交点をGとし，点Eを通り辺ADに垂直な直線と直線AFとの交点をHとします。このとき，GF＝HAであることを証明しなさい。

〈岩手〉

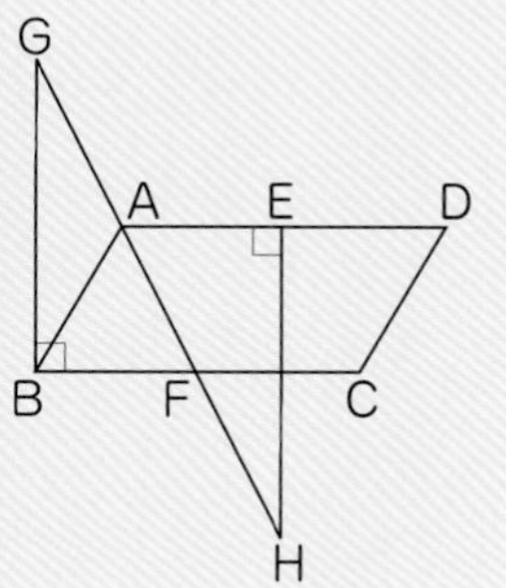

証明 △BFGと△EAHにおいて，
仮定から，

∠GBF＝[　　　　] …①

平行四辺形の対辺は等しく，2点E，Fは

（平行四辺形の性質①より，AD=BCです。）

それぞれ辺AD，BCの中点だから，

BF＝[　　　] …②　（AE=ED=BF=FCとなっています。）

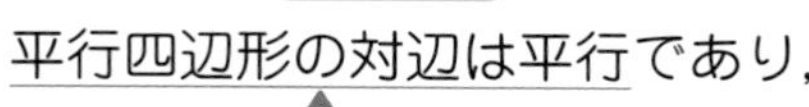

平行四辺形の対辺は平行であり，

（AD // BCです。）

平行線の[　　　]は等しいから，

∠BFG＝∠EAH …③

①，②，③より，

がそれぞれ等しいから，（三角形の合同条件を示します。）

△BFG≡△EAH

合同な図形の対応する辺は等しいから，

GF＝HA

これがタイセツ

平行四辺形の性質

①2組の対辺はそれぞれ等しい。
②2組の対角はそれぞれ等しい。
③対角線はそれぞれの中点で交わる。

①

②
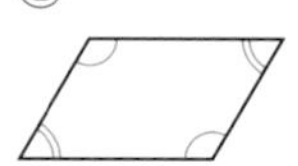

③
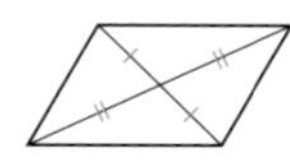

△BFGと△EAHは直角三角形だけれど，斜辺が等しいことを示せないから，直角三角形の合同条件は使えないよ。

入試までに
これダケは覚えよう！

□ 平行四辺形の性質…右の3つがある。

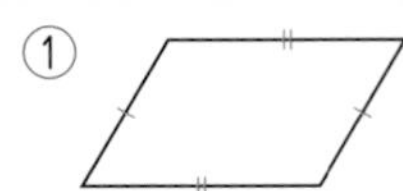

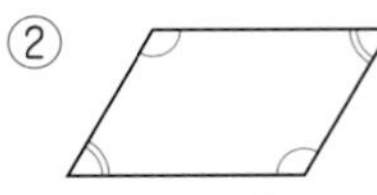

③ 対角線はそれぞれの中点で交わる。

練習問題

解答 p.16

1 次の四角形ABCDは平行四辺形です。∠xの大きさを求めなさい。

(1) 〈岐阜〉

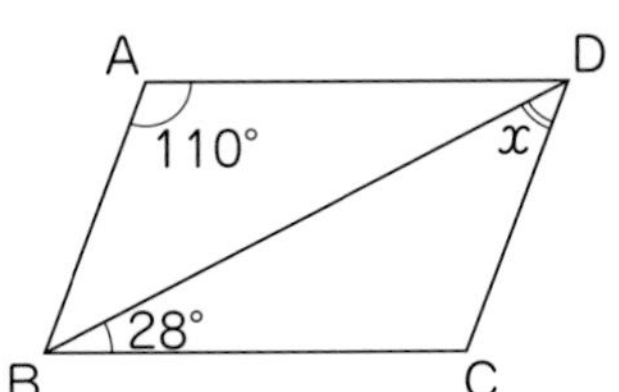

(2) DO＝DC 〈鳥取〉

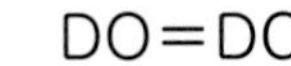

2 図のような平行四辺形ABCDがあります。この平行四辺形に，条件∠A＝∠Bを加えると，長方形になります。では，平行四辺形ABCDがひし形になるには，どのような条件をつければよいですか。次の㋐～㋓までの中から正しいものを選びなさい。 〈愛知〉

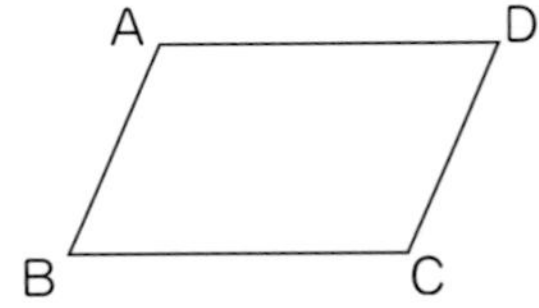

㋐ ∠A＝∠D　　㋑ AB＝AD

㋒ AB＝AC　　㋓ AC＝BD

長方形，ひし形，正方形の関係は？

特別な平行四辺形として，長方形，ひし形，正方形があります。定義と関係は下のようになります。

4つの角がすべて等しい四角形を長方形という。
角が等しいのが長方形です。

4つの辺がすべて等しい四角形をひし形という。
辺が等しいのがひし形です。

4つの角がすべて等しく，4つの辺がすべて等しい四角形を正方形という。
角も辺も等しいのが正方形です。

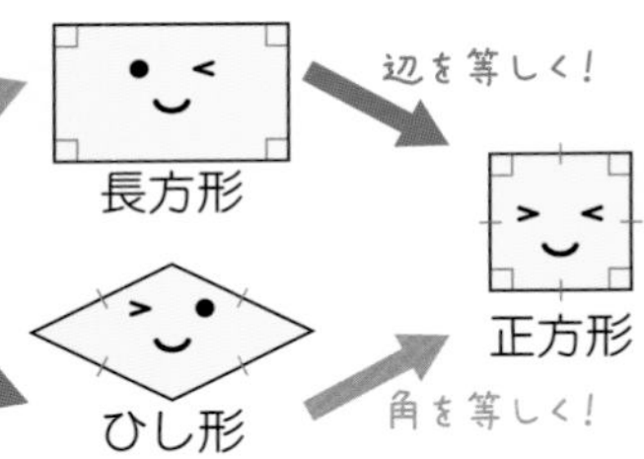

〈左ページ例の答え〉 例1 ∠HEA，EA，錯角，1組の辺とその両端の角

三角形の相似と証明

46 三角形の相似を証明しよう

形は同じで大きさが違う図形を相似（そうじ）な図形といいます。
三角形の相似を証明するときは，三角形の相似条件を使います。
三角形の合同の証明と同じように，辺や角に注目して証明しましょう。

例1 右の図のように，△ABCの辺AB上に点Dをとり，DBとBCを2辺とする平行四辺形DBCEをつくります。DEとACとの交点をFとするとき，△ADF∽△CEFであることを証明しなさい。〈佐賀〉

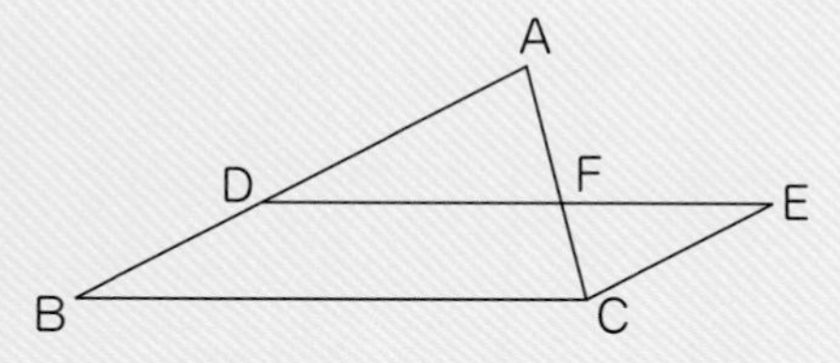

（証明） △ADFと△CEFにおいて，
対頂角は等しいから，
　交わる2直線の向かい合う角が対頂角です。

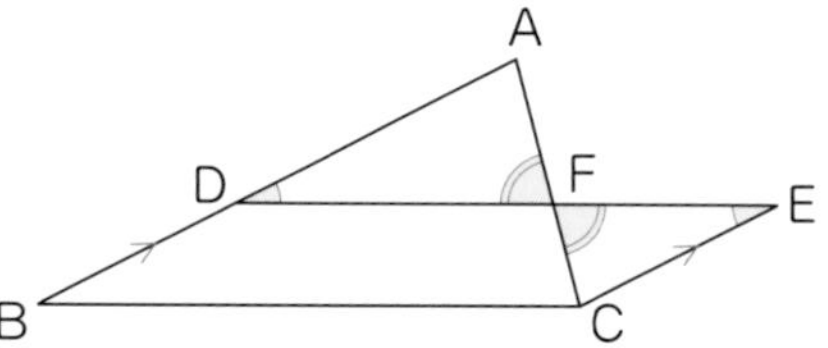

∠AFD＝［　　　］…①
　対応する順に書きましょう。

AB∥ECより，平行線の［　　　］は等しいから，
　平行四辺形DBCEの対辺は平行（DB∥EC）です。

∠ADF＝［　　　］…②

①，②より，［　　　］がそれぞれ等しいから，
　三角形の相似条件を示します。

△ADF∽△CEF
　記号∽を使って相似を表します。

証明の流れは，三角形の合同条件を使うときと似ているね。

これがタイセツ

三角形の相似条件…次のどれかが成り立つ2つの三角形は相似です。

①3組の辺の比がすべて等しい。

②2組の辺の比とその間の角がそれぞれ等しい。

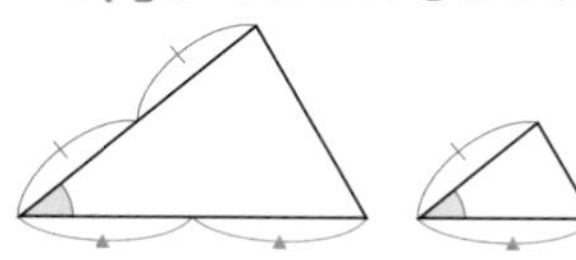

③2組の角がそれぞれ等しい。

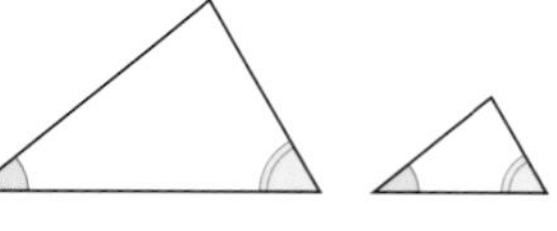

入試までに
これダケは覚えよう！

□ 三角形の相似条件…右の3つがある。

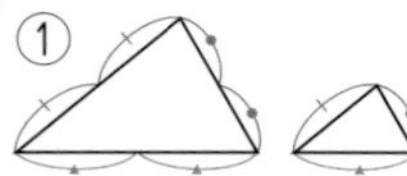

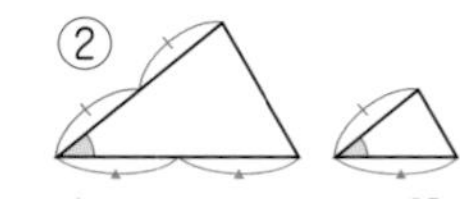

解答 p.16

1 右の図のように，△ABCがあります。頂点B，Cからそれぞれ辺AC，ABに垂線をひき，辺AC，ABとの交点をそれぞれD，Eとし，線分BDと線分CEとの交点をFとします。このとき，△BFE∽△CFDであることを証明しなさい。〈茨城〉

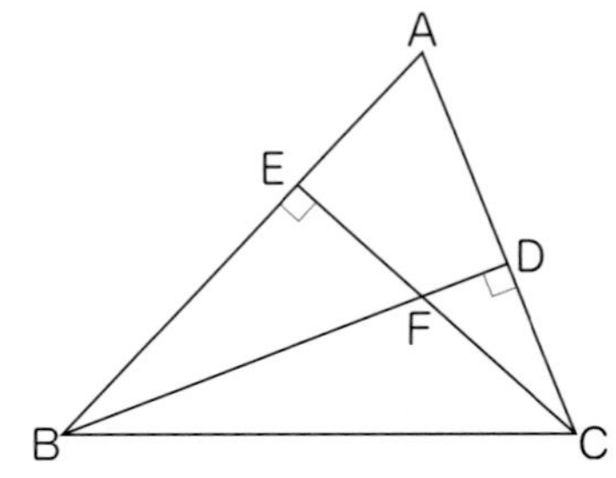

（証明）

2 右の図のように，AB＝6，BC＝3，CA＝4の△ABCがあります。∠ABC＝∠ACDとなるように線分CDをひいたとき，線分CDの長さを求めなさい。〈徳島〉

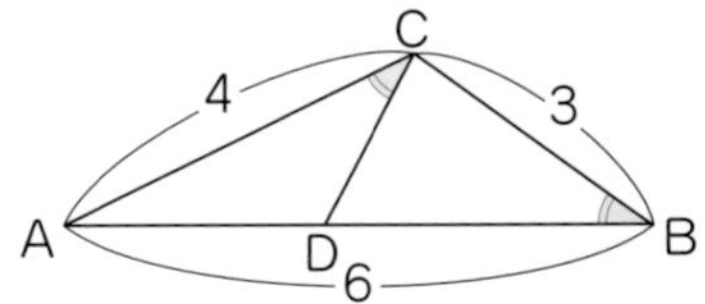

辺の比にも注目しよう

例 図のように，△ABCの辺AB上に点D，辺AC上に点Eをとるとき，△AED∽△ABCであることを証明しなさい。〈鹿児島〉

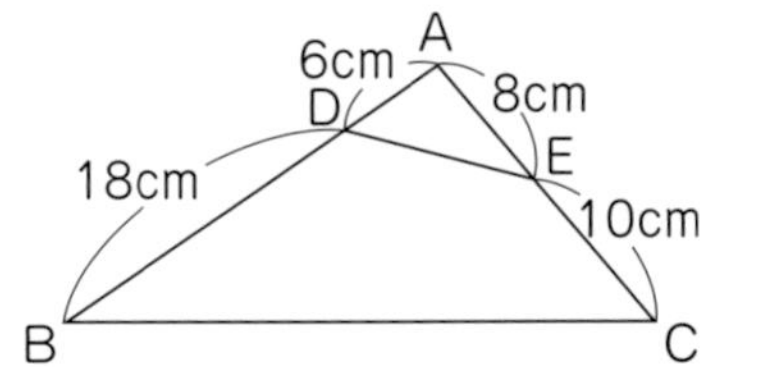

➡（証明） △AEDと△ABCにおいて，
仮定から，AD：AC＝6：18＝1：3 …①
AE：AB＝8：24＝1：3 …②
辺の比が等しいことを示します。
共通な角だから，∠EAD＝∠BAC …③
①，②，③より，2組の辺の比とその間の角がそれぞれ等しいから，
△AED∽△ABC
三角形の相似条件②です。

〈左ページ例の答え〉 例1 ∠CFE，錯角，∠CEF，2組の角

47 比を使って長さを求めよう

平行線と比

右の図で，DE∥BCのとき，同位角は等しいから，∠ADE＝∠ABC，∠AED＝∠ACBとなります。したがって，△ADE∽△ABCとなります。ここから，三角形と線分の比の性質が成り立ちます。

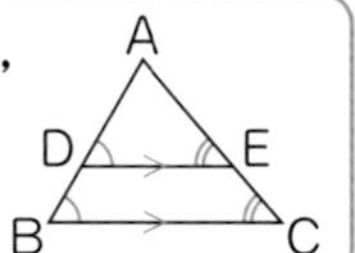

例1 次の図で，xの値(あたい)を求めなさい。

(1) DE∥BC 〈岩手〉

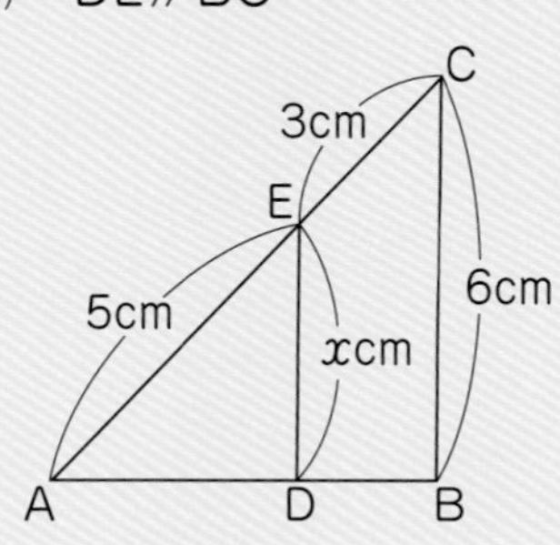

(2) ℓ∥m 〈栃木〉

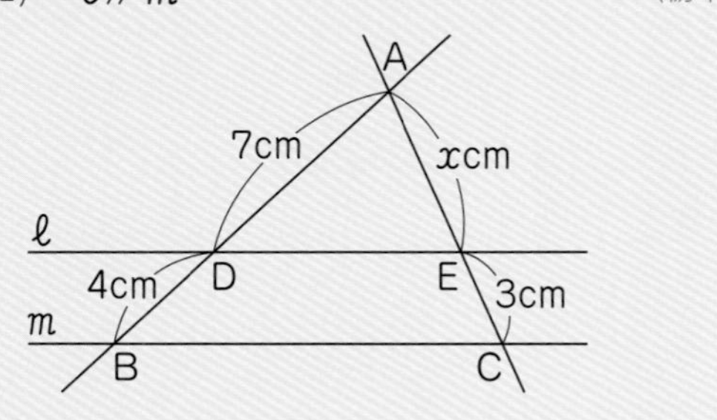

(1) DE∥BCより，

三角形と線分の比(1)を使います。

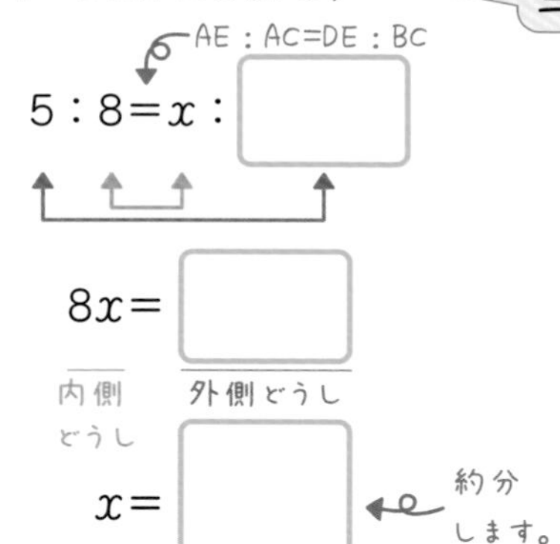

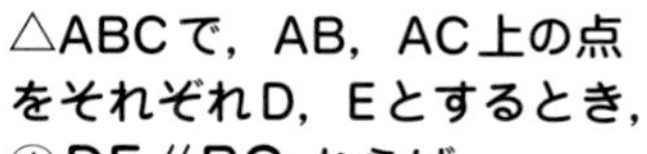

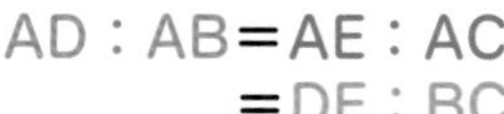

これがタイセツ

三角形と線分の比(1)

△ABCで，AB，AC上の点をそれぞれD，Eとするとき，

①DE∥BC ならば，

AD：AB＝AE：AC
＝DE：BC

②AD：AB＝AE：AC ならば，DE∥BC

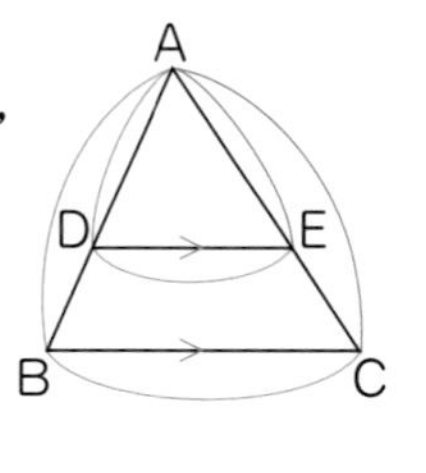

(2) ℓ∥mより，

三角形と線分の比(2)を使います。

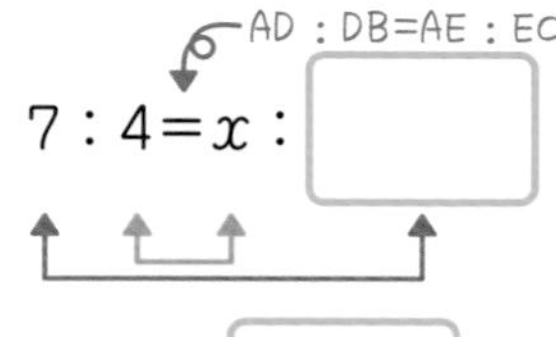

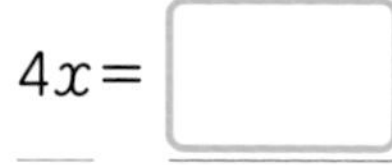

x＝

これがタイセツ

三角形と線分の比(2)

△ABCで，AB，AC上の点をそれぞれD，Eとするとき，

①DE∥BC ならば，

AD：DB＝AE：EC

②AD：DB＝AE：EC ならば，DE∥BC

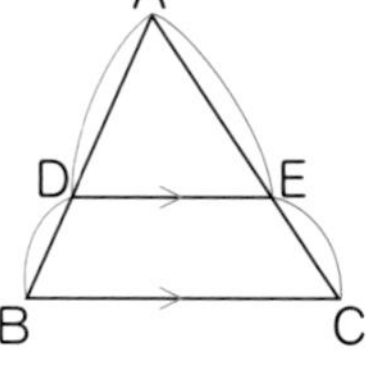

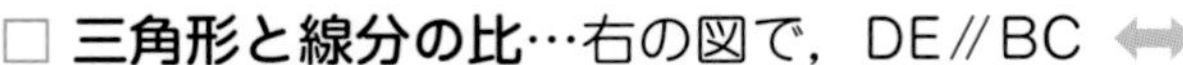

□ **三角形と線分の比**…右の図で，DE//BC ⟷

(1) AD：AB＝AE：AC＝DE：BC　(2) AD：DB＝AE：EC

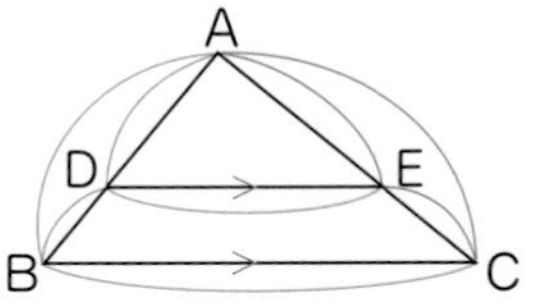

解答 p.17

1 右の図で，四角形DBCEは平行四辺形です。線分AFの長さを求めなさい。〈佐賀〉

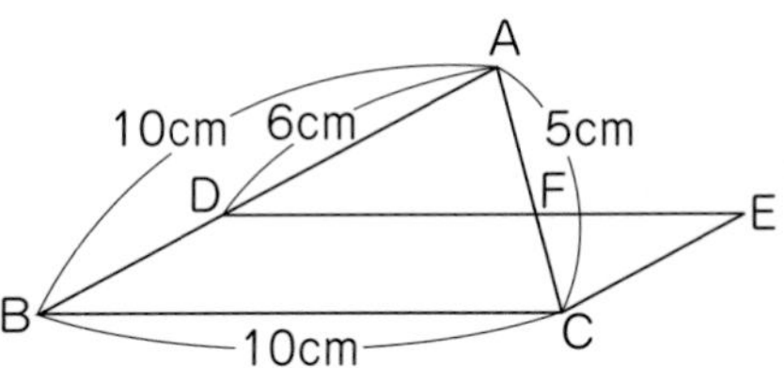

2 右の図のように，2つの直線ℓ，mが，3つの平行な直線p，q，rと交わるとき，xの値を求めなさい。〈和歌山〉

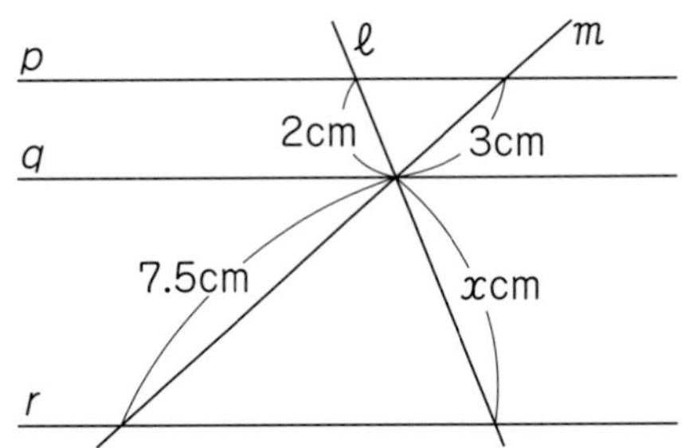

合格プラスワン　平行線と線分の比

平行な3つの直線ℓ，m，nに2つの直線が交わるとき，次の関係が成り立ちます。

AB：BC＝A′B′：B′C′

例　下の図のように，平行な3つの直線ℓ，m，nに2直線が交わっています。xの値を求めなさい。〈栃木〉

➡直線ℓ，m，nは平行だから，

$x：5＝3：8$

$8x＝15$

$x=\frac{15}{8}$

平行線と線分の比を使います。

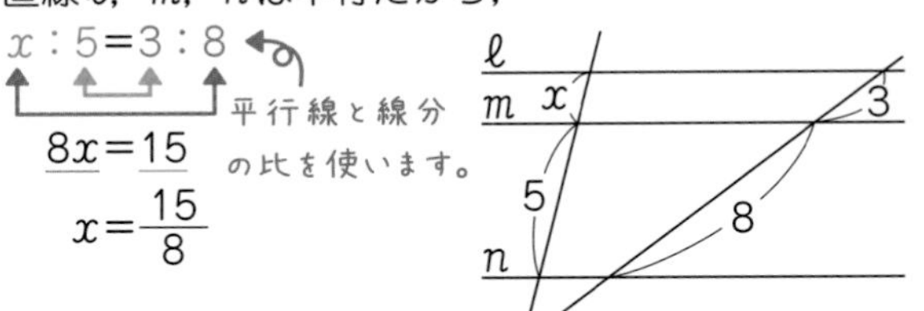

〈左ページ例の答え〉 例1 (1) 6，30，$\frac{15}{4}$　(2) 3，21，$\frac{21}{4}$

中点連結定理，面積比と体積比

48 中点に注目しよう

右の図で，M，NをそれぞれAB，ACの中点とすると，

MN∥BC，MN＝$\frac{1}{2}$BCが成り立ちます（中点連結定理（ちゅうてんれんけつていり））。

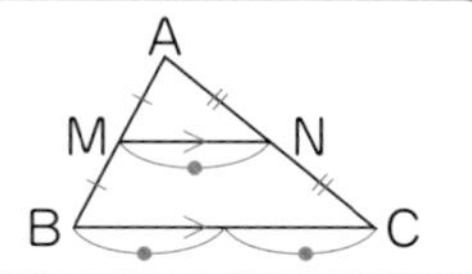

例1 右の図の△ABCで，2点D，Eは辺BCを3等分した点で，Bに近い方から順にD，Eとします。また，点Fは辺ABの中点で，点Gは2つの線分AEとCFの交点です。このとき，AGの長さを求めなさい。〈岩手〉

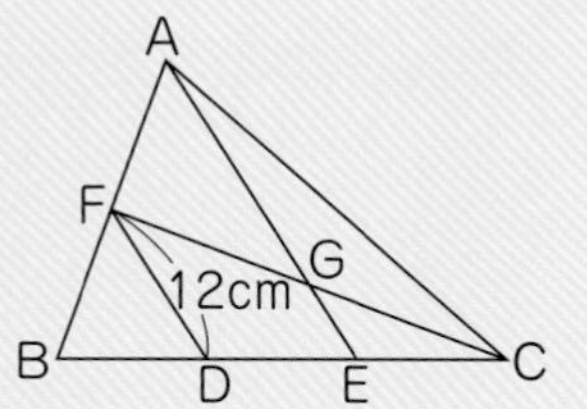

△BEAで，点D，Fはそれぞれ辺BE，BAの中点だから，中点連結定理より，

AE＝2FD＝2×□＝□（cm）

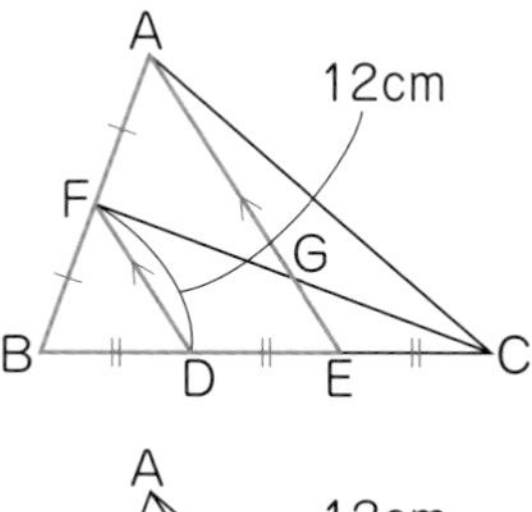

△CFDで，点Eは辺CDの中点です。また，FD∥GEより，

△BEAで，中点連結定理より，DF∥EAです。

点Gも辺CFの中点になるから，中点連結定理より，

GE＝$\frac{1}{2}$FD＝$\frac{1}{2}$×□＝□（cm）

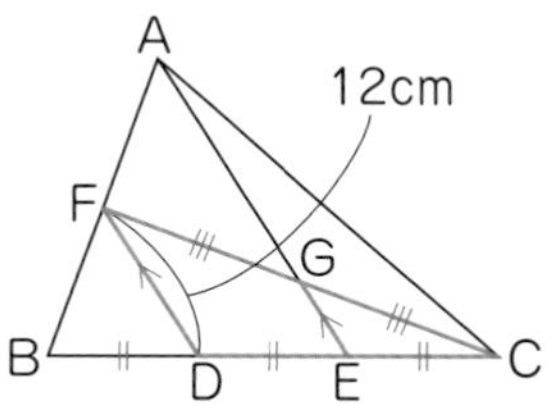

AG＝AE−GE＝□−□＝□（cm）

例2 次の問いに答えなさい。

(1) 1辺の長さが3cmの正三角形の面積をS，1辺の長さが2cmの正三角形の面積をTとします。2つの正三角形の面積の比$S:T$を求めなさい。〈栃木〉

(2) 相似な2つの三角錐P，Qがあり，その相似比は3：5です。PとQの体積比を求めなさい。〈富山〉

(1) SとTの相似比は3：2だから，面積比は，

3^2：$\square^2$＝□：□

(2) PとQの相似比は3：5だから，体積比は，

3^3：$\square^3$＝□：□

面積比と体積比

相似比が$m:n$のとき，

面積比 ➡ $m^2:n^2$

表面積の比 ➡ $m^2:n^2$

体積比 ➡ $m^3:n^3$

□ **中点連結定理**…三角形の２辺の中点を結んだ線分は，残りの辺に平行で，長さは半分になる。

□ **面積比と体積比**…相似比が$m：n$のとき，面積比（表面積比）は$m^2：n^2$，体積比は$m^3：n^3$

練習問題

解答 p.17

1 図の△ABCにおいて，AB＝4cmとします。辺AB，BC，CAの中点をそれぞれD，E，Fとし，△DEFにおいて，辺DE，EF，FDの中点をそれぞれP，Q，Rとします。このとき，PRの長さを求めなさい。 〈沖縄〉

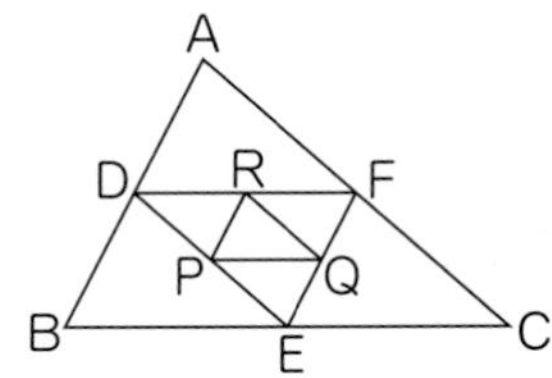

2 相似比が5：2の相似な２つの図形F，Gがあります。Fの面積が400cm^{2}のとき，Gの面積は何cm^{2}か，求めなさい。 〈愛知〉

合格プラスワン　プリン型の立体の体積は？

例　右の図のように，底面の半径が6cm，高さが8cmの円錐Pから，底面の半径が3cm，高さが4cmで，Pと相似な円錐Qをのぞいた立体Rの体積を求めなさい。

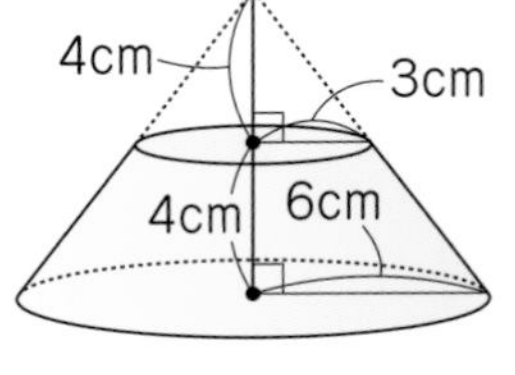

➡PとQの相似比は，6：3＝2：1 ← 底面の半径の比を調べます。

PとQの体積比は，$2^3：1^3$＝8：1

ここから，QとRの体積比は，

1：(8－1)＝1：7 ← Q：R=Q：(P－Q)

Rの体積は，Qの体積の7倍だから，

$\frac{1}{3}\times\pi\times3^2\times4\times7=84\pi$（cm^3） ← Qの体積です。

〈左ページ例の答え〉 例1 12，24，12，6，24，6，18　例2 (1) 2，9，4　(2) 5，27，125

円周角の定理

49 円周角の定理とは？

円の $\overset{\frown}{AB}$ をのぞく円周上の点をPとするとき，∠APBを，$\overset{\frown}{AB}$ に対する円周角(えんしゅうかく)といいます。1つの弧に対する円周角の大きさは一定で，同じ弧に対する中心角の大きさの半分になります。

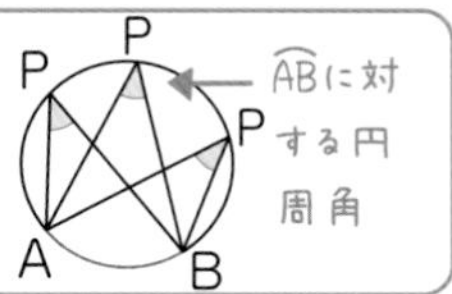

例1 次の図で，∠xの大きさを求めなさい。

(1)〈山口〉

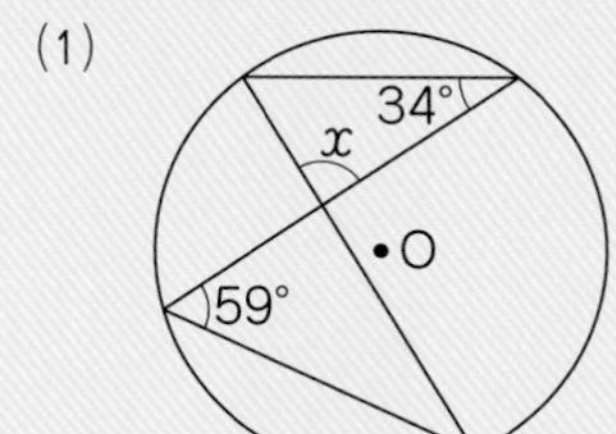

(2)〈兵庫〉

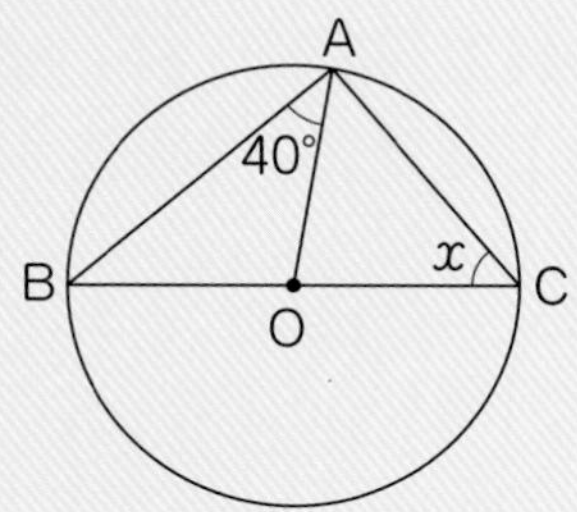

(1)　右の図のように点をとると，$\overset{\frown}{CD}$ に対する円周角より，

∠CAD＝∠CBD＝□°　←1つの弧に対する円周角の大きさは一定です。

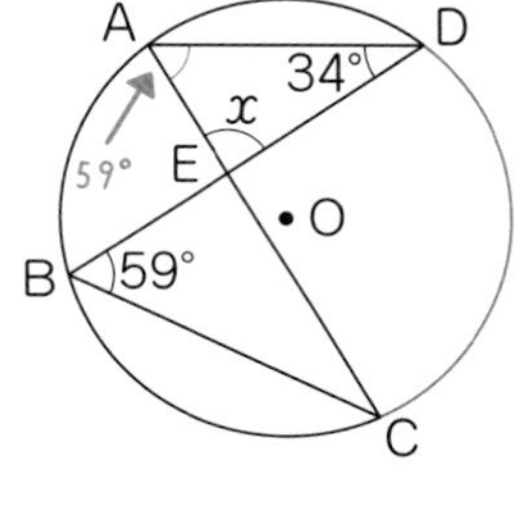

△AEDの内角の和は180°だから，

∠x＝180°－(□°＋34°)

＝□°

三角形の内角の性質

三角形の内角の和は180°

∠a＋∠b＋∠c＝180°

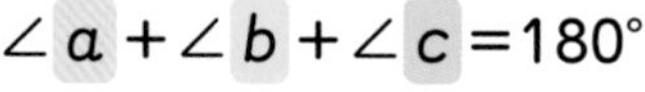

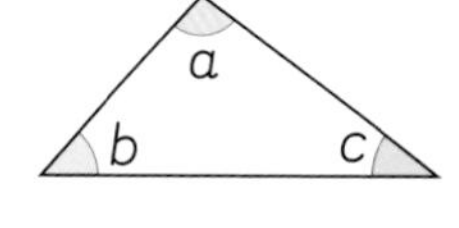

(2)　$\overset{\frown}{BC}$ に対する円周角より，

∠BAC＝180°÷2＝□°　←直径に対する円周角は90°です。

↑中心角は∠BOCで，180°です。

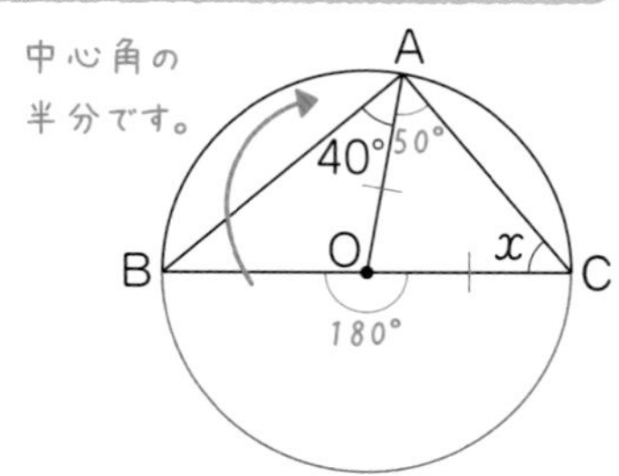

∠OAC＝□°－40°＝□°

↑∠BAC－∠BAOです。

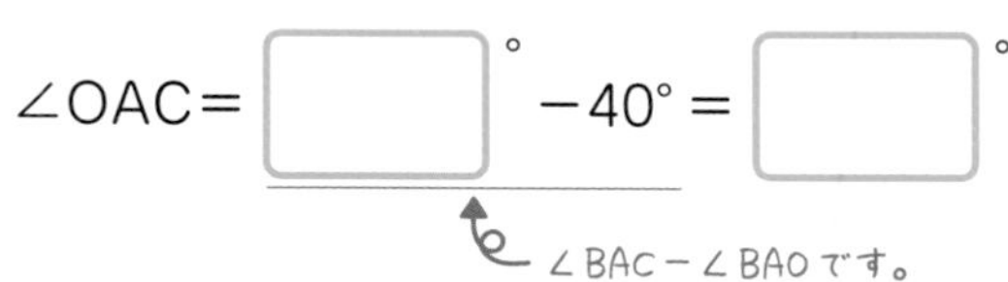

△OACは，OA＝OCの二等辺三角形だから，

∠x＝∠OAC＝□°　←OA，OCは円Oの半径だから，長さが等しいです。

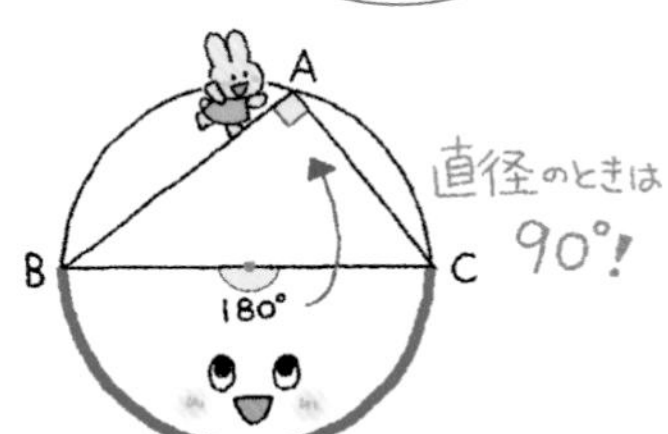

□ **円周角の定理**…1つの弧に対する円周角の大きさは一定で，中心角の半分である。

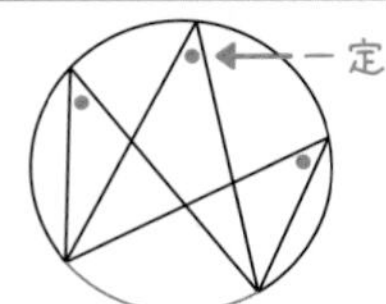

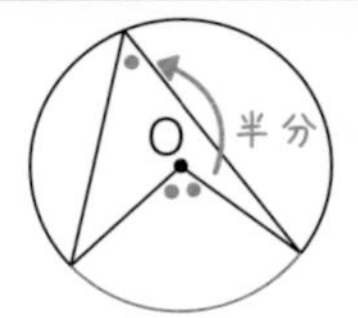

練習問題

解答 p.17

1 次の図で，$\angle x$の大きさを求めなさい。

(1) 〈北海道〉

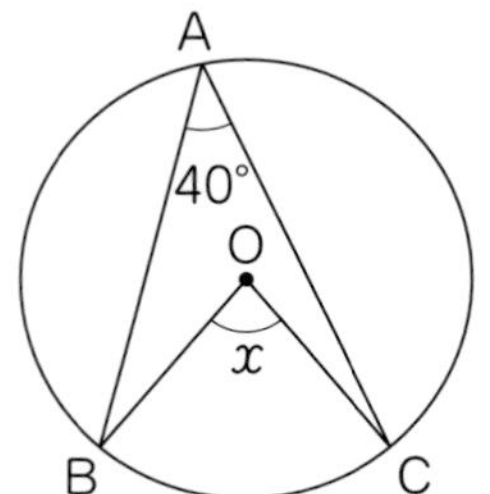

(2) 〈茨城〉

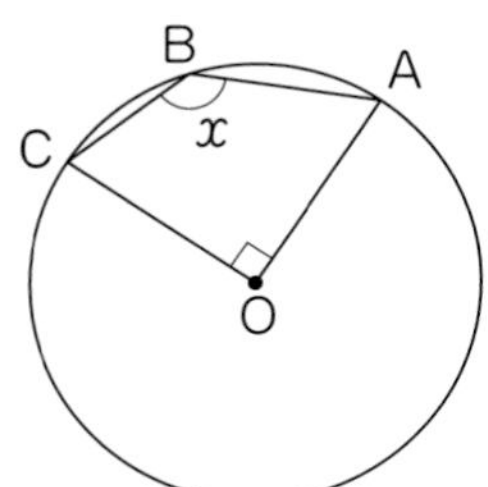

(3) 〈和歌山〉

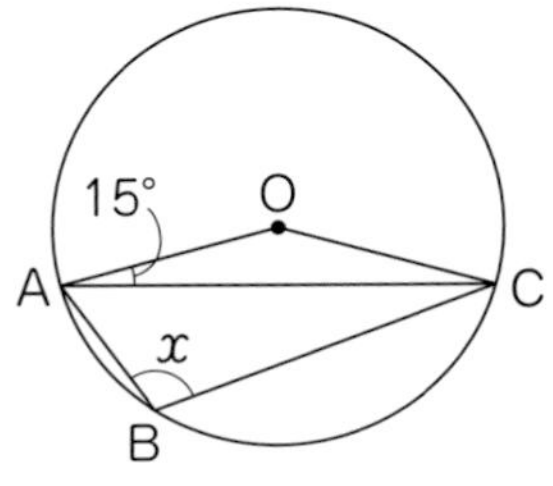

(4) 〈岩手〉

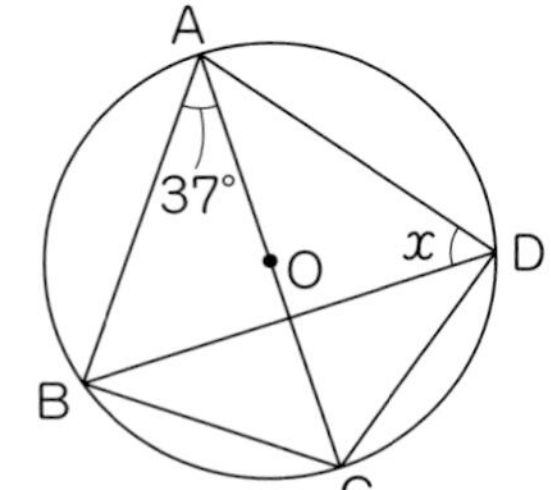

合格プラスワン 弧に注目しよう

円周角と中心角の関係がわかっても，図形が複雑になると，どこが円周角で，どこが対応する中心角なのかわからなくなることがあります。
そんなときは，あせらずに対応する弧に印をつけて考えましょう。
円周角の定理を使う問題を解くカギは，弧にあります。

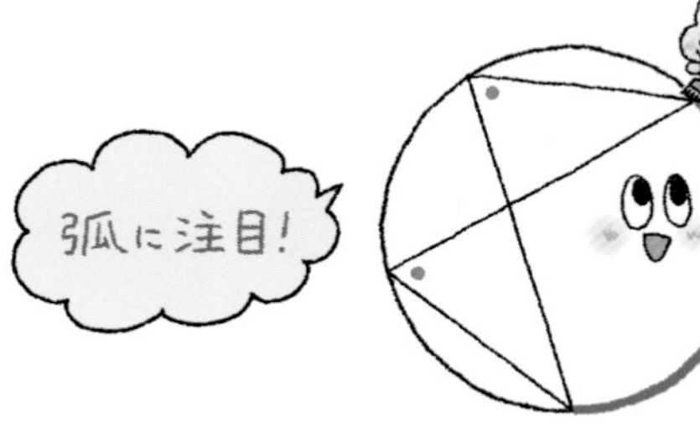

〈左ページ例の答え〉 例1 (1) 59，59，87 (2) 90，90，50，50

円と証明

50 円周角の定理を利用しよう

三角形の合同や相似を証明するときに，円周角の定理を使う場合があります。
問題の図に円がある場合は，1つの弧に注目して，円周角を探してみましょう。
長さを求めるときは，相似な図形の対応する辺の比が等しいことを利用します。

例1 右の図において，2つの直線ADとBCは，円の内部にある点Pで交わっています。〈鳥取〉

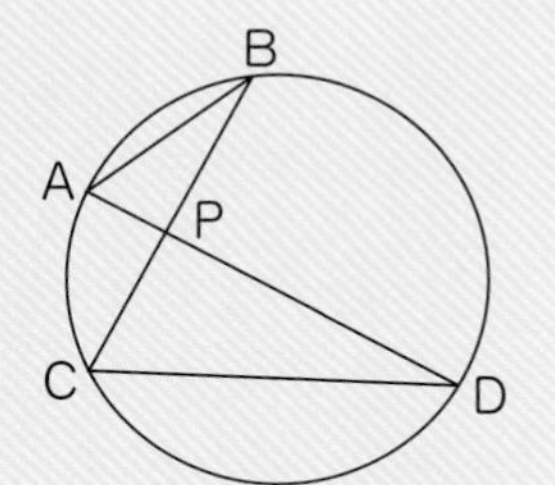

(1) △PAB∽△PCDであることを証明しなさい。

(2) PA＝4cm，PB＝7cm，PC＝6cmのとき，PDの長さを求めなさい。

(1) 証明 △PABと△PCDにおいて，

$\overset{\frown}{BD}$に対する円周角は等しいから，

∠PAB＝　　…① ← 右の図で，●をつけた角です。

$\overset{\frown}{AC}$に対する円周角は等しいから，

∠ABP＝　　…② ← 右の図で，▲をつけた角です。

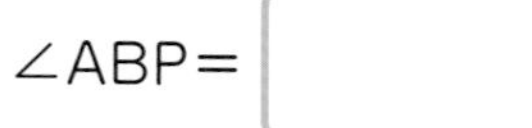

①，②より，がそれぞれ等しいから，

↑ 三角形の相似条件を示します。

△PAB∽△PCD

対頂角は等しいから，∠APB＝∠CPDを示すこともできるよ。

(2) △PAB∽△PCDだから，

PA：PC＝PB：PD

↑ 相似な図形の対応する辺の比は等しいです。

4：6＝　　：PD

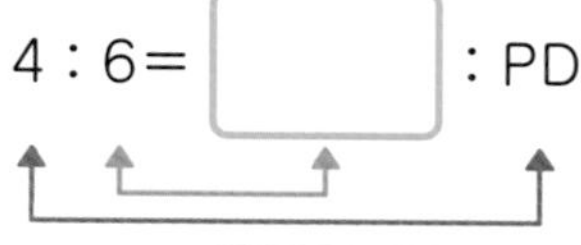

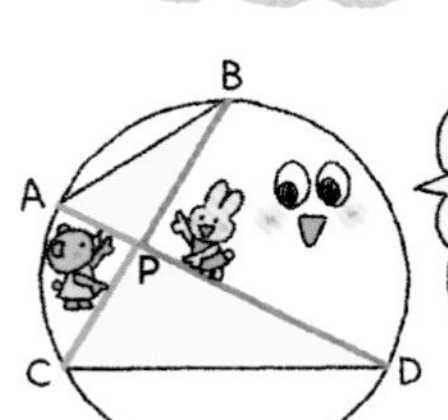

相似な図形の対応する辺の比は等しい

4PD＝ 

PD＝ 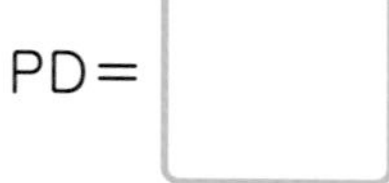

↑ 約分します。

 答  cm

ふりカエル

比例式の性質

$a:b=c:d$

ならば，

$ad=bc$

外側どうし　内側どうし

入試までに これダケは覚えよう！

☐ **円と証明**…証明問題で，図の中に円がある場合は，円周角の定理を利用する場合が多い。1つの弧に注目して，大きさが等しい円周角を見つける。

解答 p.17

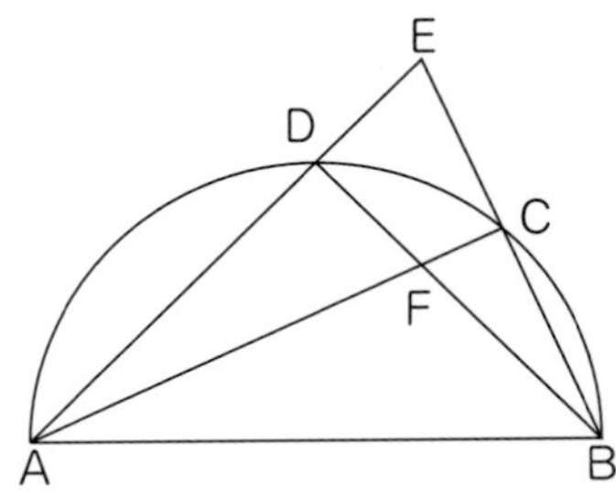

1 右の図のように，線分ABを直径とする半円があり，半円の周上に，点Cと，AD＝BDとなる点Dをとります。また，線分ADの延長と線分BCの延長の交点をE，線分ACと線分BDの交点をFとします。このとき，△AFD≡△BEDであることを証明しなさい。〈山口〉

（証明）

合格プラスワン 円の接線を作図しよう

円Oの外側にある点Aを通る接線の作図は，次のようにします。

1 AOの中点Mを作図します。
　← 線分AOの垂直二等分線の作図です。

2 点Mを中心として，AMを半径とする円をかき，円Oとの交点をP，P′とします。
　← 円Mで，直径に対する円周角より，∠APO＝∠AP′O＝90°

3 半直線AP，AP′をひきます。
　← ∠APO＝∠AP′O＝90°だから，AP，AP′は円Oの接線です。

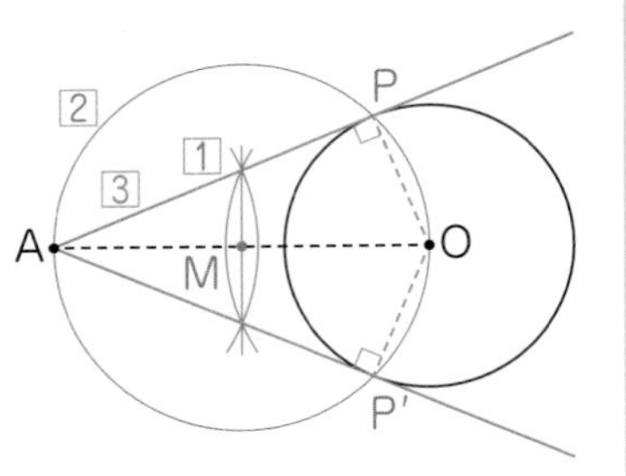

〈左ページ例の答え〉 例1 (1) ∠PCD，∠CDP，2組の角 (2) 7，42，$\frac{21}{2}$，$\frac{21}{2}$

平面図形と三平方の定理

51 平面図形で三平方の定理を使おう

直角三角形の直角をはさむ２辺の長さを a，b，斜辺の長さを c とすると，$a^2+b^2=c^2$ の関係が成り立ちます。この定理を三平方(さんへいほう)の定理といいます。

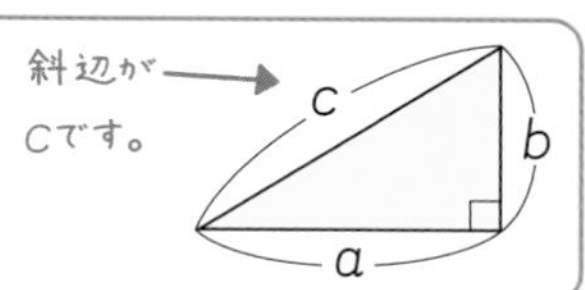

例1

右の図のように，AB＝5cm，BC＝3cm，AC⊥BCの平行四辺形ABCDがあります。線分ACの長さを求めなさい。〈兵庫〉

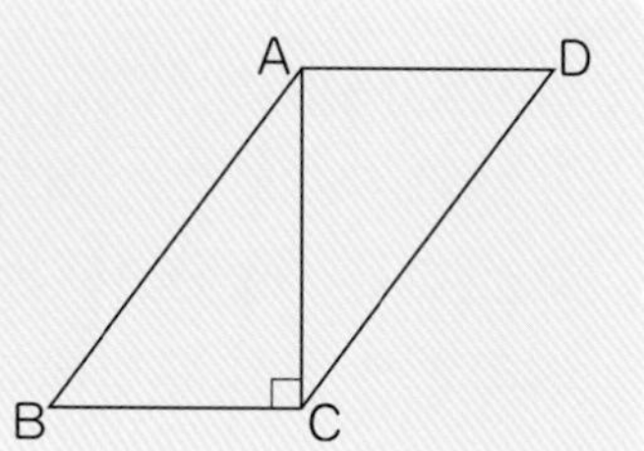

△ABCは直角三角形だから，$BC^2+AC^2=AB^2$

$3^2+AC^2=$ □^{2}

$AC^2=$ □

AC＞0だから，AC＝ □　　答 □

例2

１辺の長さが4cmの正方形ABCDの対角線ACの長さを求めなさい。〈大阪〉

△ABCは，45°，45°，90°の直角三角形だから，

AB：AC＝1：□

4：AC＝1：□

AC＝□

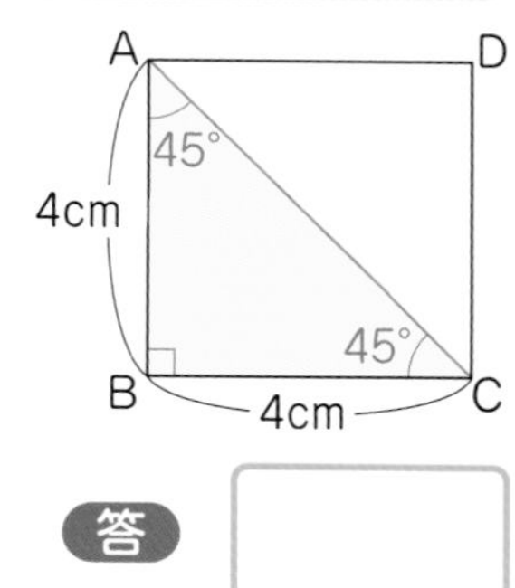

答 □

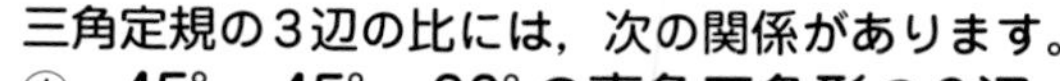

これがタイセツ

三角定規の３辺の比

三角定規の３辺の比には，次の関係があります。

① 45°，45°，90°の直角三角形の３辺の比は，$1：1：\sqrt{2}$

② 30°，60°，90°の直角三角形の３辺の比は，$1：2：\sqrt{3}$

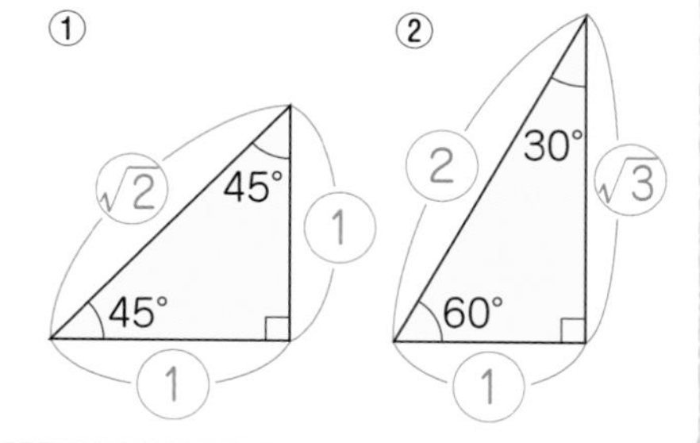

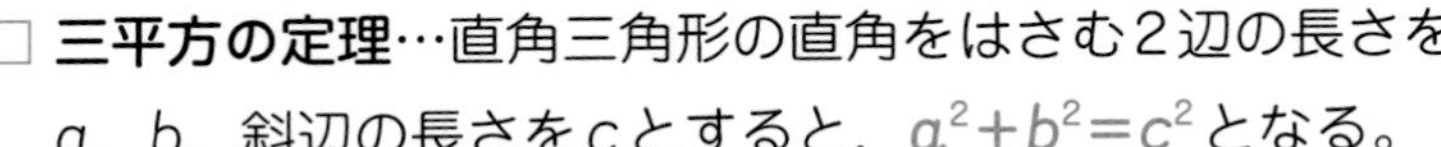

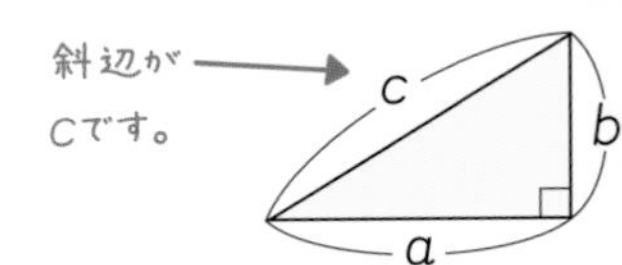

□ **三平方の定理**…直角三角形の直角をはさむ2辺の長さを a，b，斜辺の長さを c とすると，$a^2+b^2=c^2$ となる。

解答 p.18

1 右の図のように，AB＝2cm，BC＝3cmの長方形ABCDがあります。この長方形の対角線BDの長さを求めなさい。〈北海道〉

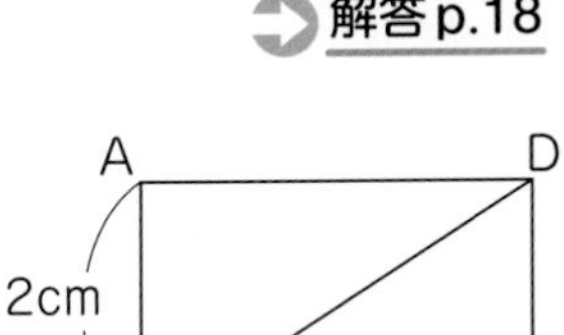

2 右の図のように，半径10cmの円Oで，中心Oからの距離が5cmである弦ABの長さを求めなさい。〈徳島〉

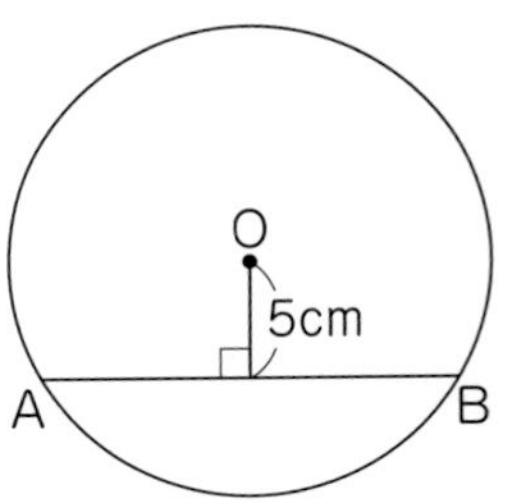

合格プラスワン 2点間の距離を求めよう

三平方の定理を利用して，座標平面上の2点間の距離を求めてみましょう。

例 右の図の2点A(1，2)，B(7，5)間の距離を求めなさい。〈栃木〉

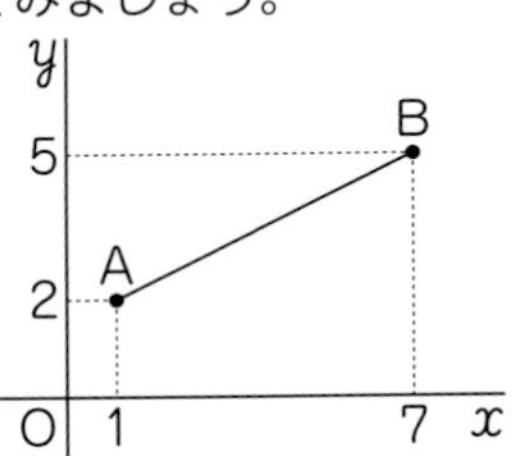

➡下の図のように直角三角形ABCをつくると，

$AC^2+BC^2=AB^2$

$(7-1)^2+(5-2)^2=AB^2$

x座標の差 y座標の差

$AB^2=45$

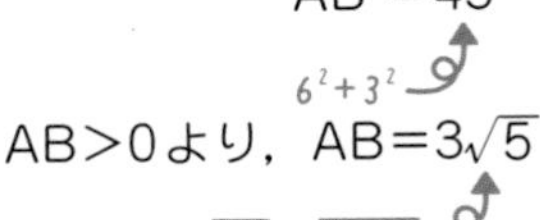

AB＞0より，$AB=3\sqrt{5}$

$\sqrt{45}=\sqrt{3^2\times5}$

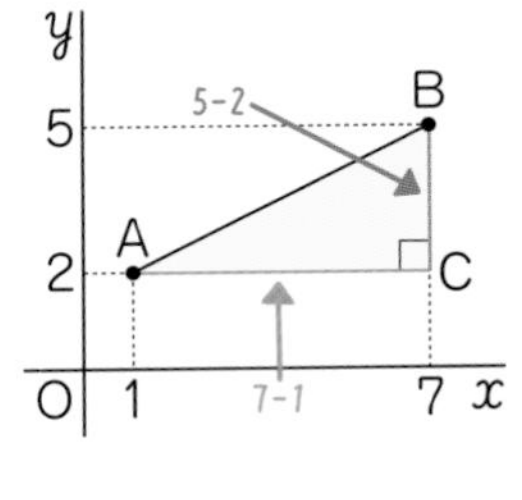

〈左ページ例の答え〉 例1 5，16，4，4cm 例2 $\sqrt{2}$，$\sqrt{2}$，$4\sqrt{2}$，$4\sqrt{2}$cm

52 空間図形と三平方の定理

空間図形で三平方の定理を使おう

直方体の対角線の長さは，縦，横，高さを公式にあてはめて求めます。⇒例1
空間図形で三平方の定理を使う場合，直角三角形をどこにつくるかがポイントです。
錐体の体積を求めるときは，高さを辺にもつ直角三角形に注目しましょう。⇒例2

例1 右の図のような，AE＝2cm，EF＝5cm，FG＝3cmの直方体ABCD－EFGHがあります。この直方体の対角線AGの長さを求めなさい。〈栃木〉

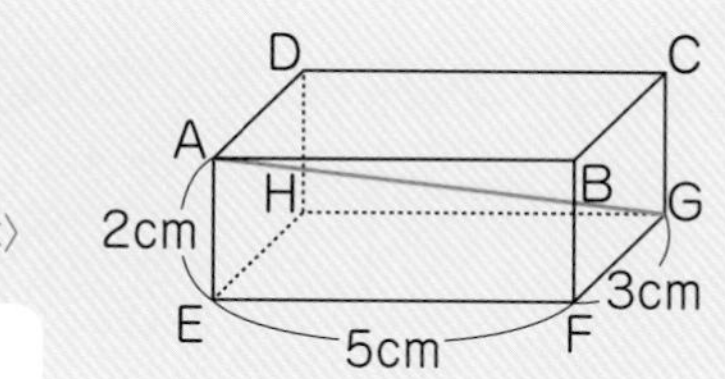

縦が3cm，横が5cm，高さが□cm

の直方体だから，対角線の長さは，

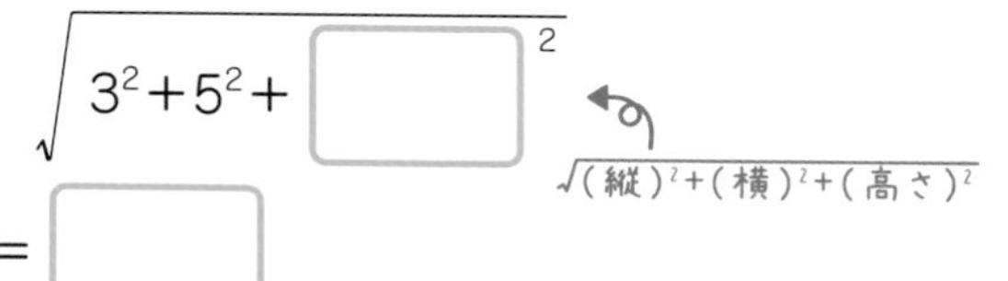

$\sqrt{3^2+5^2+\square^2}$

$\sqrt{(縦)^2+(横)^2+(高さ)^2}$

＝□

これがタイセツ

直方体の対角線の長さ
縦がa，横がb，高さがcの直方体の対角線は，
$\sqrt{a^2+b^2+c^2}$

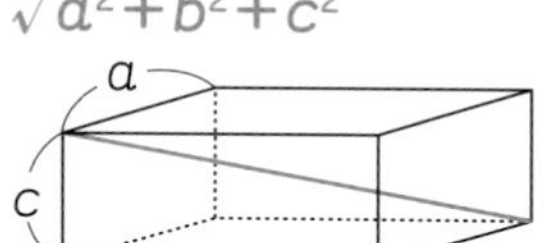

答 

例2 右の図のように，Oを頂点とし，線分ABを底面の直径，点Cを底面の中心とする円錐があります。この円錐の体積は何cm³ですか。〈長崎〉

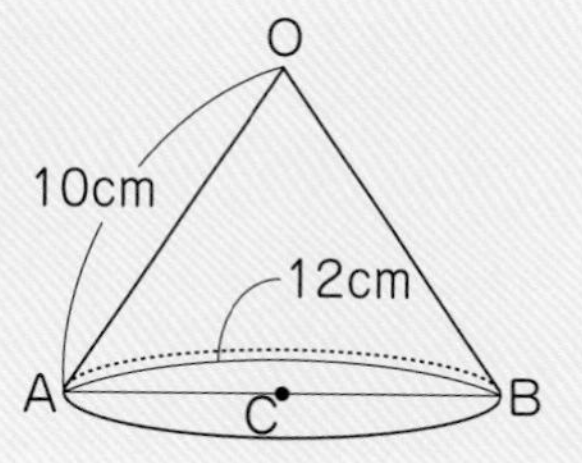

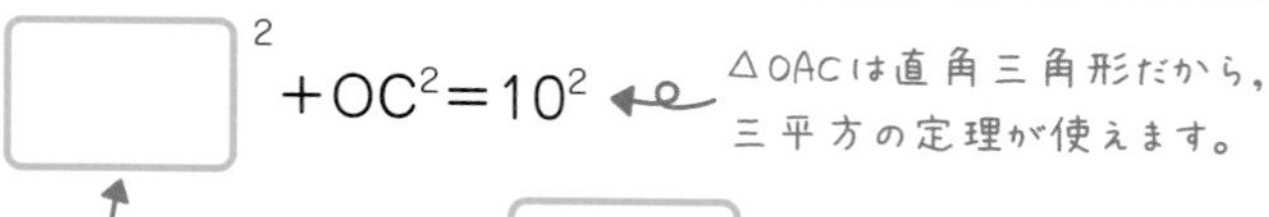

$\square^2+OC^2=10^2$ ←△OACは直角三角形だから，三平方の定理が使えます。

↑ACは半径です。

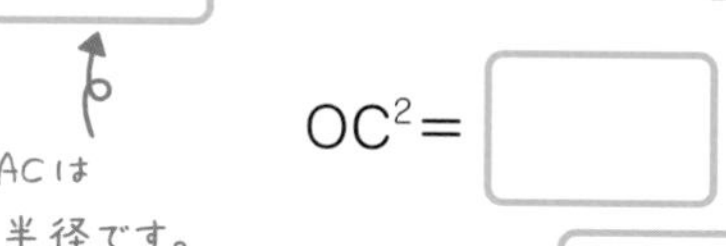

$OC^2=\square$

OC＞0だから，OC＝□ ←円錐の高さになります。

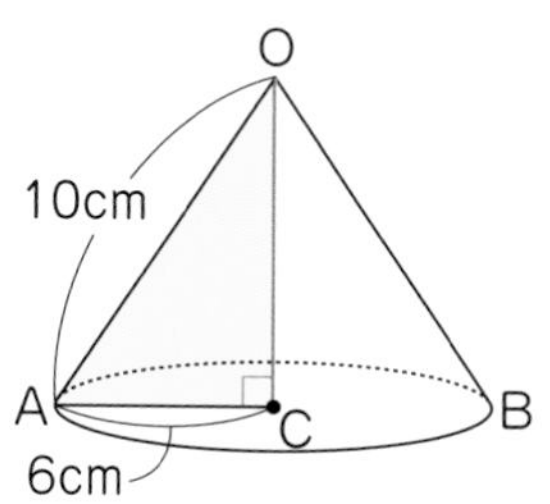

したがって，円錐の体積は，

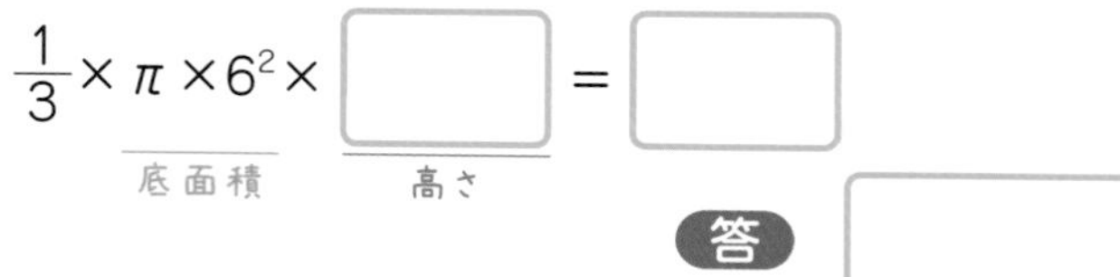

$\frac{1}{3}\times\pi\times6^2\times\square=\square$

（$\pi\times6^2$：底面積，□：高さ）

答 □

ふりカエル

円錐の体積

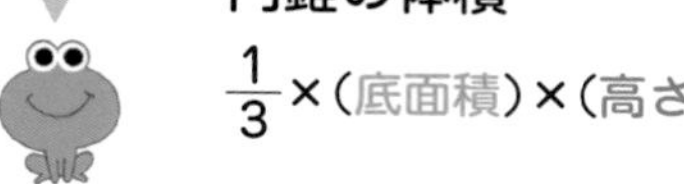

$\frac{1}{3}\times$(底面積)$\times$(高さ)

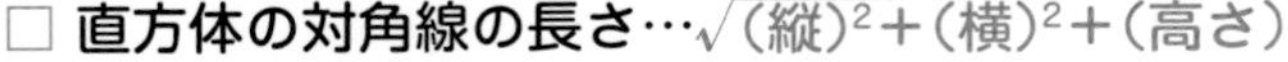

☐ 直方体の対角線の長さ…$\sqrt{(縦)^2+(横)^2+(高さ)^2}$

☐ 錐体の体積の求め方…直角三角形をつくり，三平方の定理を使って高さを求める。

解答 p.18

1 右の図のような，1辺の長さが4cmの立方体があります。この立方体の対角線BHの長さを求めなさい。〈福島〉

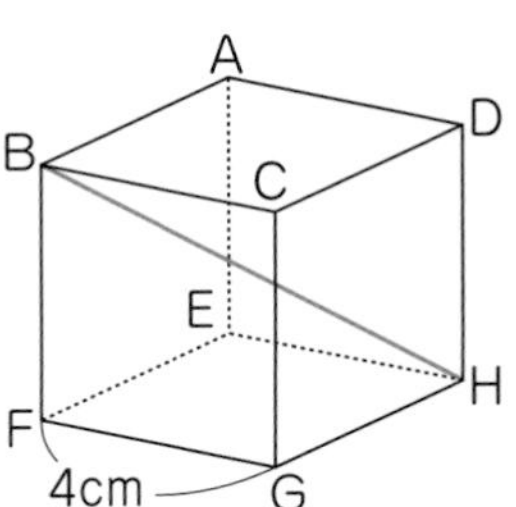

2 右の図のように，底面が1辺6cmの正方形ABCDで，他の辺の長さがすべて5cmである正四角錐OABCDがあります。この正四角錐の体積を求めなさい。〈愛媛〉

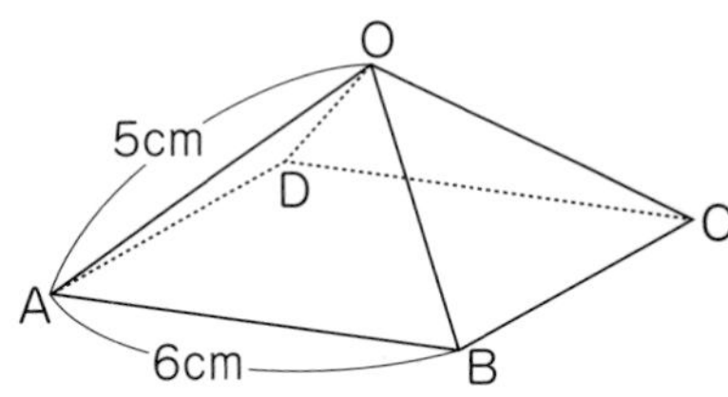

合格プラスワン 3辺が自然数になる直角三角形を覚えよう

3つの辺の長さがすべて自然数の直角三角形は多数あります。下の図はその例です。三平方の定理にあてはめて確かめてみましょう。

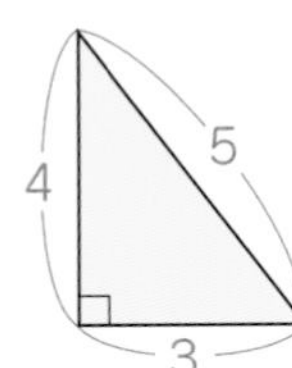

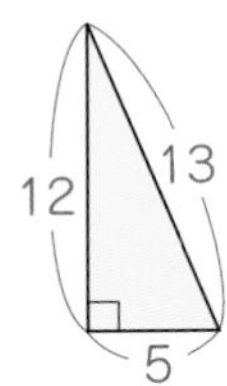

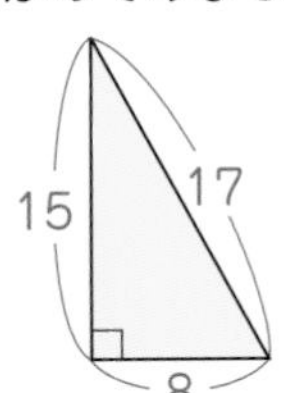

〈左ページ例の答え〉 例1 2，2，$\sqrt{38}$，$\sqrt{38}$cm 例2 6，64，8，8，96π，96πcm^3

ここで学習 1→33 2→33, 34 3→35 4→36 5→37 6→38 7→39 8→40

1 下の図のように，線分ABと円Oがあります。円Oの周上に点Pをとってできる△PABについて，面積がもっとも大きくなるときの点Pを作図しなさい。

（15点）〈山口〉

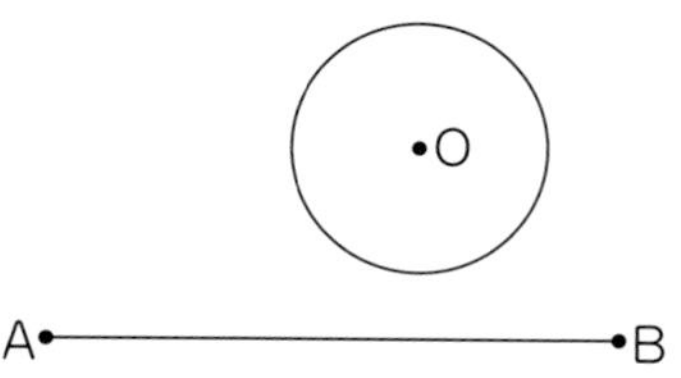

2 下の図で，∠ABCの二等分線上に中心があり，2点A，Bを通る円を作図しなさい。

（15点）〈三重〉

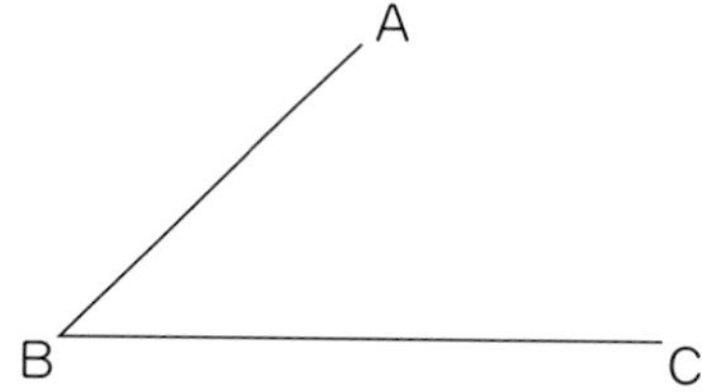

3 右の図のように，半径4cm，弧の長さ7πcmのおうぎ形があります。このおうぎ形の面積を求めなさい。 （10点）〈埼玉16〉

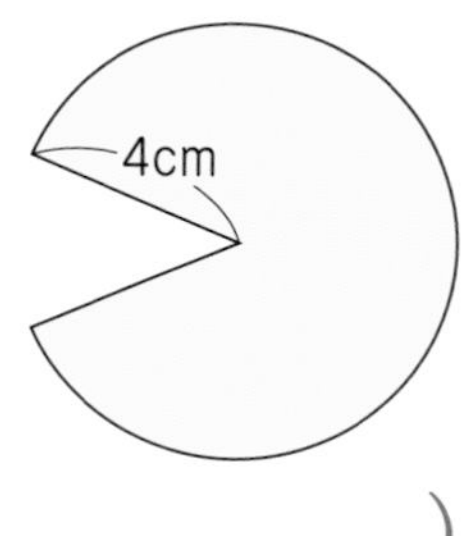

（　　　　　　）

4 右の図の三角柱ABC－DEFにおいて，辺ADとねじれの位置にある辺をすべて答えなさい。

（15点）〈栃木〉

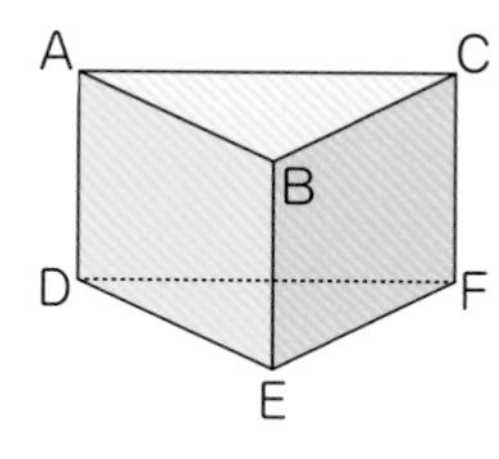

（　　　　　　）

5 底面の半径と高さがともに6cmの円柱の側面積を求めなさい。 （10点）〈高知〉

（　　　　　　）

6 次の㋐〜㋒の立体で，体積がもっとも小さいものはどれですか。 （15点）〈沖縄〉

㋐　底面の半径が3cm，高さが10cmの円錐

㋑　底面の半径が3cm，高さが4cmの円柱

㋒　半径3cmの球

（　　　　　　）

7 右の図の△ABCは，BA＝BCの二等辺三角形です。この△ABCを，辺ACを軸として1回転させてできる立体の体積を求めなさい。 （10点）〈鳥取〉

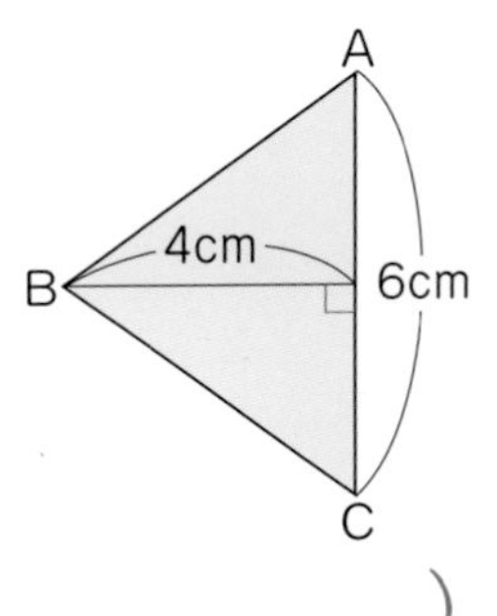

（　　　　　　）

8 直方体，円柱，円錐，球の4つの立体の中から1つ選び，投影図をかいたところ，右の図のようになりました。立面図は長方形，平面図は円です。このとき，この立体の体積を求めなさい。 （10点）〈岩手〉

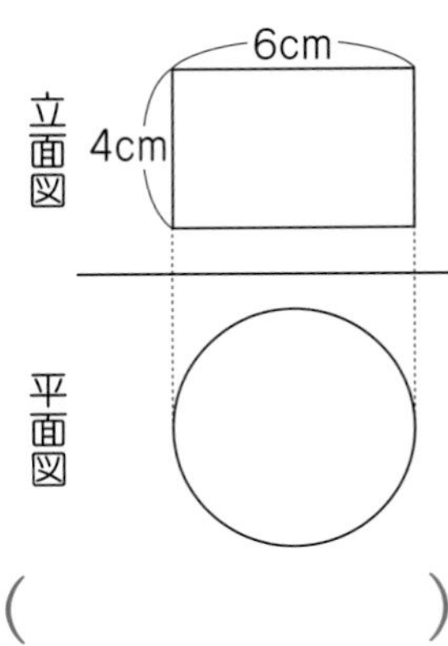

（　　　　　　）

レベルUP　3点から等しい距離にある点を作図しよう

p.96 例2で，2点から等しい距離にある点は垂直二等分線上にあることを学習しました。
では，3点になった場合はどうなるでしょうか。
右の図で確かめてみましょう。
3点A，B，Cのうち2点を選び，垂直二等分線を2本ひきます。その垂直二等分線の交点Oが3点から等しい距離にある点になります。3点から等しい距離にあるので，点Oは3点を通る円の中心となります。

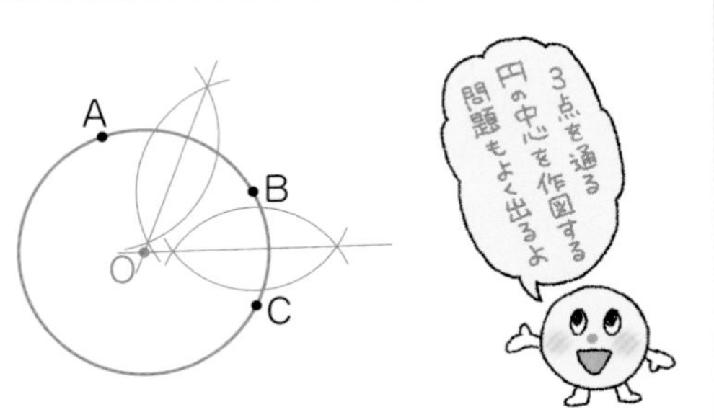

ここで学習 1→41 2→42 3→43 4→44 5, 6→45

1 次の図で，∠xの大きさを求めなさい。 13点×2(26点)

(1) $\ell \parallel m$ 〈茨城〉

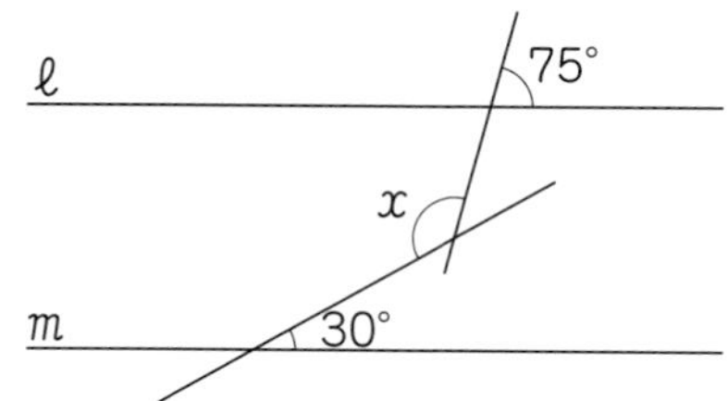

(2) 〈兵庫〉

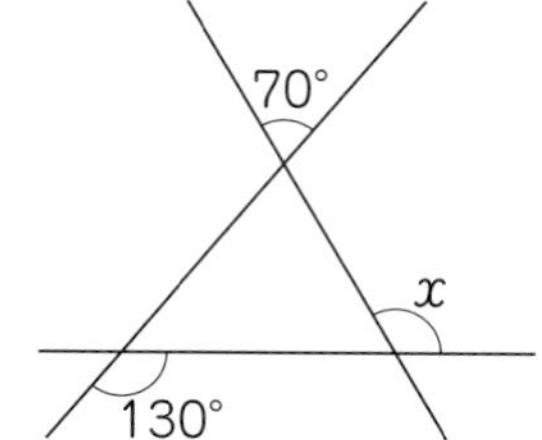

(　　　　　　)　(　　　　　　)

2 図のように，平行四辺形ABCDがあります。辺CDの中点をMとし，直線AMと直線BCの交点をPとします。このとき，△AMD≡△PMCを証明しなさい。

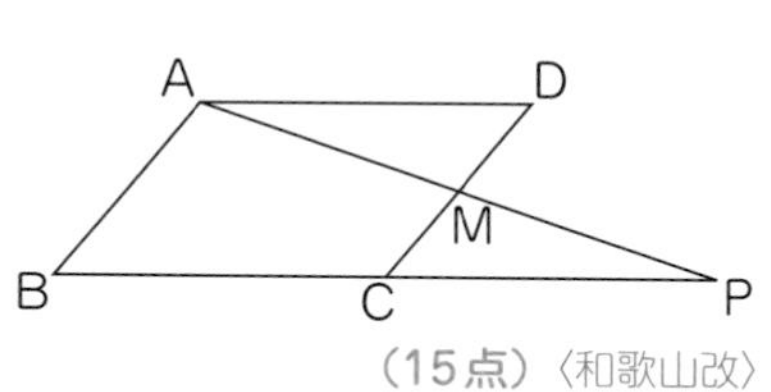

(15点)〈和歌山改〉

［　　　　　　］

3 右の図の四角形ABCDは，AD∥BCの台形であり，線分ACとDBの交点をEとします。
AB＝AD，∠BAC＝80°，∠ACB＝30°のとき，∠xの大きさを求めなさい。 (14点)〈埼玉14〉

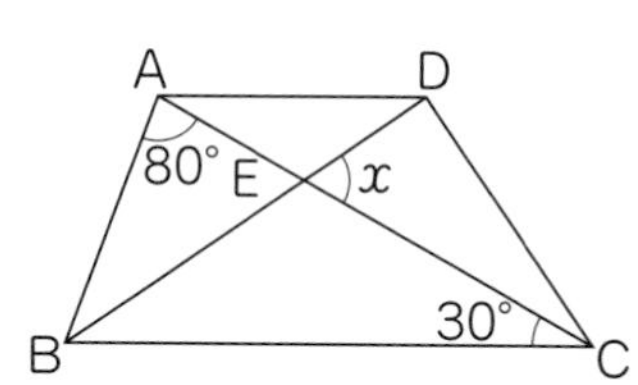

(　　　　　　)

4 右の図において，四角形ABCDと四角形FGCEは合同な長方形で，AB＞BC，FG＞GCです。点Gは四角形ABCDの内部にあり，点Dは辺FG上にあります。点Eから辺CDに垂線をひき，辺CDとの交点をHとします。このとき，△CDG≡△ECHを証明しなさい。 （15点）〈高知〉

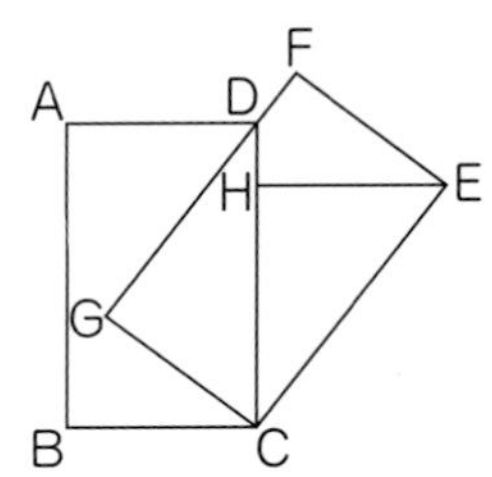

[　　　　　　]

5 右の図で，四角形ABCDは平行四辺形です。点Pは，辺AB上にある点で，頂点Aと頂点Cを結んだ線分と，頂点Dと点Pを結んだ線分との交点をQとします。∠ABC＝60°，∠DCA＝75°，∠ADP＝a°とするとき，∠CQDの大きさを表す式を，次の㋐〜㋓から選び，記号で答えなさい。（15点）〈東京〉

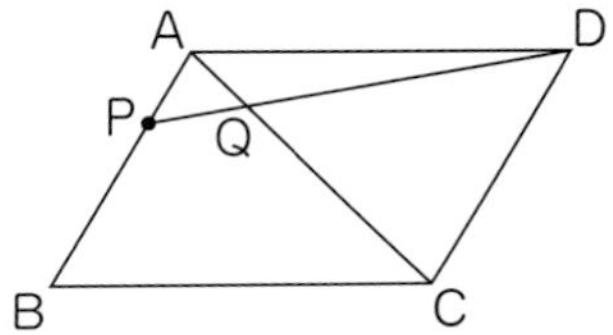

㋐ $(45-a)°$　㋑ $(60-a)°$　㋒ $(a+30)°$　㋓ $(a+45)°$

(　　　　)

6 右の図で，四角形ABCDはひし形，四角形AEFDは正方形です。∠ABC＝48°のとき，∠CFEの大きさを求めなさい。 （15点）〈愛知〉

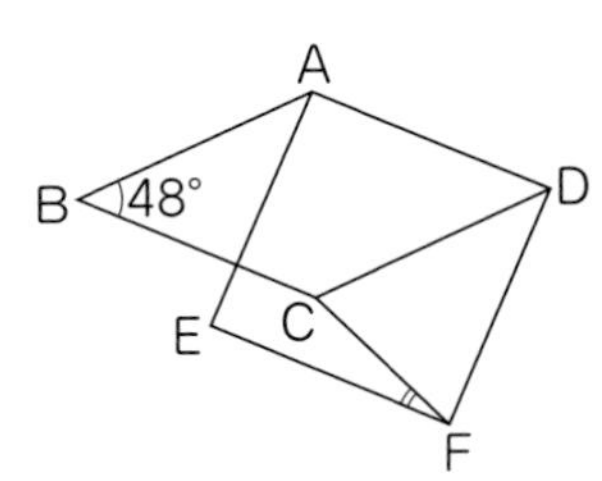

(　　　　)

特別な四角形の関係

特別な四角形として，平行四辺形，長方形，ひし形，正方形があります。
長方形やひし形，正方形は，平行四辺形でもあります。
また，長方形でもあり，ひし形でもある四角形が正方形です。

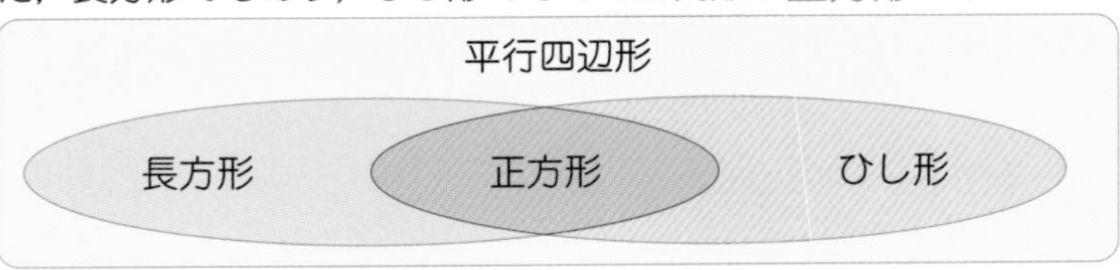

ここで学習 1→46 2→47 3, 4→48 5→49 6→50 7→51, 52

1 右の図のような△ABCにおいて，AB＝6cm，AC＝4cmとし，AE：EB＝1：2，AD：DC＝3：1とします。このとき，△ABC∽△ADEであることを証明しなさい。（15点）〈沖縄〉

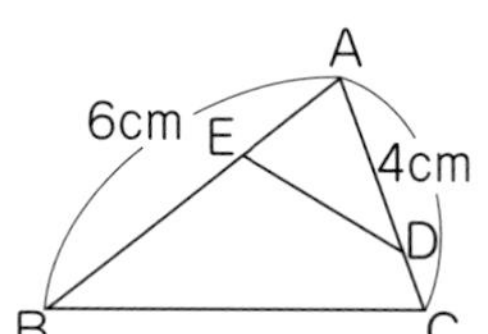

［　　　　　　　　　　　　］

2 次の図で，xの値を求めなさい。 10点×2(20点)

(1) $\ell \parallel m$ 〈栃木〉

(2) $\ell \parallel m \parallel n$ 〈北海道〉

(1)（　　　　　）　(2)（　　　　　）

3 右の図のように，点A，B，C，D，E，Fを頂点とする三角柱があります。辺DEの長さは6cmです。辺ACの中点をG，辺BCの中点をHとするとき，辺GHの長さを求めなさい。

（10点）〈三重改〉

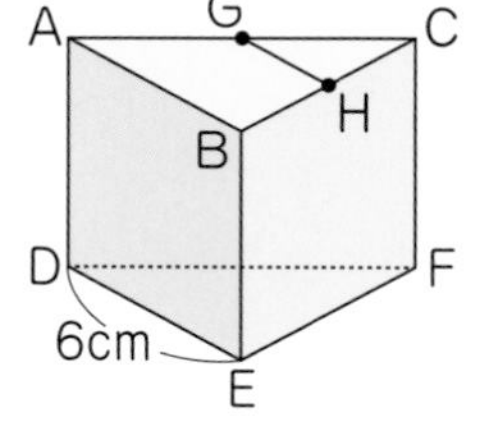

（　　　　　）

4 右の2つの円錐A，Bは相似で，その相似比は2：3です。円錐Aの体積が40cm^{3}のとき，円錐Bの体積を求めなさい。

（10点）〈滋賀〉

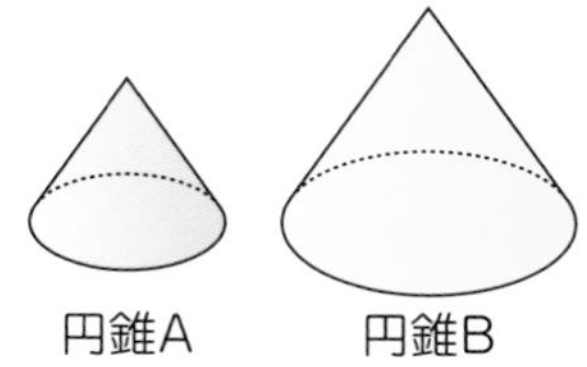

（　　　　　）

5 次の図で，$\angle x$の大きさを求めなさい。　10点×2(20点)

(1)　AO // BC　〈茨城〉

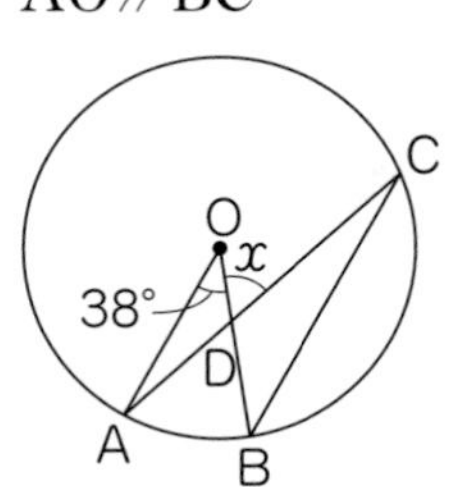

(　　　　　　)

(2)　AB = AC　〈福島〉

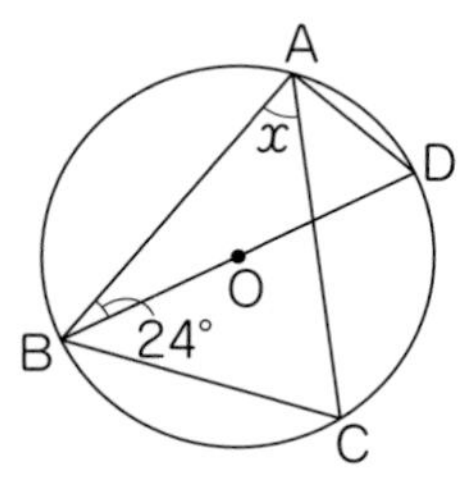

(　　　　　　)

6 右の図のように，円Oの周上に4点A，B，C，Dがあり，線分ACは円Oの直径となっています。また，ACとBDは垂直に交わり，その交点をEとします。
このとき，△ACD∽△ABEを証明しなさい。　(15点)〈栃木〉

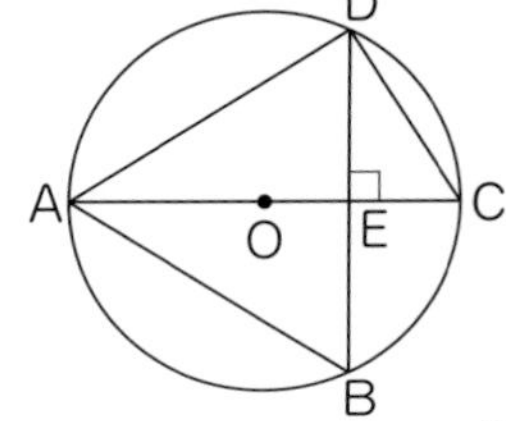

[　　　　　　]

7 右の図は，1辺の長さが4の正八面体です。線分BDの長さを求めなさい。　(10点)〈鳥取〉

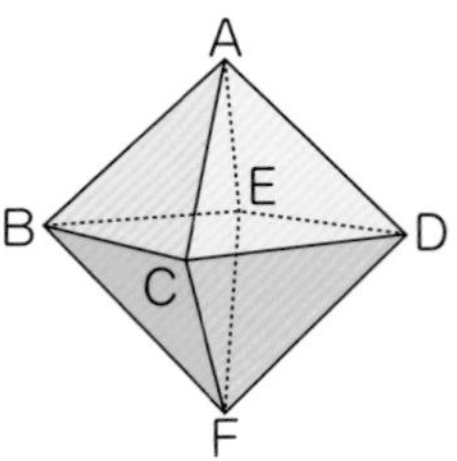

(　　　　　　)

正三角形の面積を求めよう

三平方の定理を利用して，正三角形の面積を求めてみましょう。

例　1辺が2cmの正三角形ABCの面積を求めなさい。　〈長崎改〉

➡頂点Aから辺BCに垂線をひき，BCとの交点をDとすると，△ABDは30°，60°，90°の直角三角形だから，

$2 : AD = 2 : \sqrt{3}$ ← AB : AD = 2 : $\sqrt{3}$

$AD = \sqrt{3}$ ← △ABCの高さになります。

$\triangle ABC = \frac{1}{2} \times 2 \times \sqrt{3} = \sqrt{3}$

$\sqrt{3}$cm^2

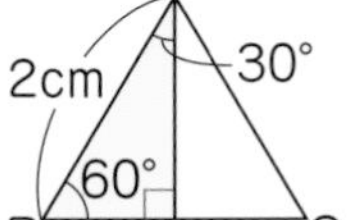

特集 角の大きさを求めよう!!

突然ですが問題です。
下の図で，$\angle x$の大きさは？

わかるかな？

いきなりきた～

う～ん…
●と○の角の大きさがわからない…

(1) $\angle ABD = \angle DBC$，$\angle ACD = \angle DCB$

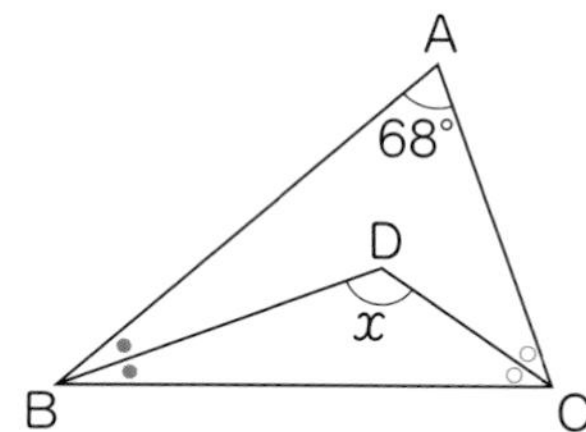

(2) $\angle ABD = \angle DBC$，$\angle ACD = \angle DCE$

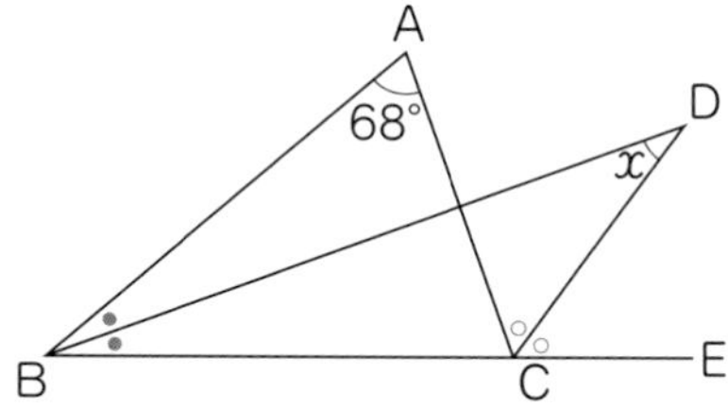

確かに●と○の角の大きさはわかりません。
でも，●と○の角の和や差に注目すれば，
$\angle x$の大きさを求めることができるのです。

そうなんだ～

印をつけた角の和や差に注目しよう!!

上の問題で●をつけた角，○をつけた角の大きさを求めることはできません。
でも，三角形の内角や外角の関係に注目すると，その和や差を求めることはできます。
和や差から，$\angle x$の大きさを求めます。

(1) △ABCの内角の和は180°だから，

●●＋○○＋68°＝180°
●＋○＋34°＝90°　（両辺を2でわります。）
●＋○＝56°

△DBCの内角の和は180°だから，

$\angle x$＝180°－(●＋○)
＝180°－56°　（●＋○＝56°です。）
＝124°

(2) △ABCで内角と外角の関係から，

○○－●●＝68°
○－●＝34°　（両辺を2でわります。）

△DBCで内角と外角の関係から，

$\angle x$＝○－●
＝34°

統計・確率

資料の活用

度数分布表から階級の相対度数を求める方法は？

確率

2枚の50円硬貨を同時に1回投げるとき，表の出た硬貨の合計が100円になる確率は？

確率

2つのさいころを同時に投げるとき，出る目の数の和が5の倍数である確率は？

標本調査

標本調査による数の推測の方法は？

単元の内容	この本での単元番号	終わったらチェック		
		解ける！	ほぼOK	見直し
資料の活用	53～54	◎	○	×
四分位数と確率	55～57	◎	○	×
標本調査	58	◎	○	×

ポイント整理

5　統計・確率

各単元の学習ポイントをまとめています。公式を忘れてしまったときや確認したいときにこのページを使いましょう。

資料の活用

度数の分布

階級 ➡ 資料を整理するために用いる区間。

階級の幅 ➡ 区間の幅。

階級値 ➡ 各階級の中央の値(あたい)。

度数 ➡ それぞれの階級に入っている資料の個数。

度数分布表 ➡ 階級ごとにその度数を示した表。

例　〈度数分布表〉

階級(m)	度数(人)
以上　未満	
10 ～ 20	4
20 ～ 30	7
30 ～ 40	9
計	20

階級　度数

30m以上40m未満の階級の階級値は35m

ヒストグラム(柱状グラフ) ➡ 分布のようすを表した柱状のグラフ。

度数折れ線(度数分布多角形) ➡ ヒストグラムの各長方形の上の辺の中点を順に結んだ折れ線グラフ。

例　上の度数分布表をヒストグラムで表すと下のようになる。

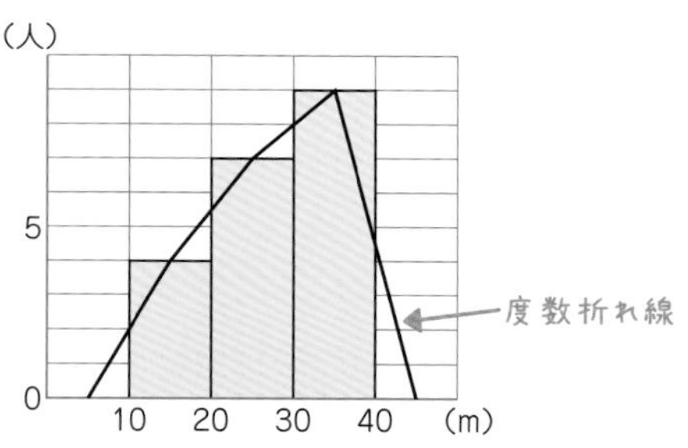

相対度数 ➡ ある階級の度数の全体の度数に対する割合。

$$(\text{相対度数})=\frac{(\text{その階級の度数})}{(\text{度数の合計})}$$

代表値

分布の範囲(レンジ)

➡ (最大の値)−(最小の値)

代表値 ➡ 資料の値全体を代表する値。

平均値 ➡ $\frac{(\text{資料の値の合計})}{(\text{資料の総数})}$

▶度数分布表から求めるときは,

$$\frac{(\text{階級値}\times\text{度数})\text{の合計}}{(\text{度数の合計})}$$

中央値(メジアン) ➡ 資料の値を大きさの順に並べたときの中央の値。

▶資料の総数が偶数(ぐうすう)のときは，中央にある2つの値の平均。

最頻値(モード) ➡ 資料の中でもっとも多く出てくる値。

▶度数分布表では，度数のもっとも多い階級の階級値。

例　左の度数分布表で，平均値は,

$$\frac{15\times4+25\times7+35\times9}{20}=27.5(\text{m})$$

(階級値×度数)の合計 / (度数の合計)

中央値は，資料を小さい順に並べたときの10番目, 11番目の階級から, 20m以上30m未満の階級にふくまれる。

最頻値は，度数が9人の階級の階級値の35m。

度数がもっとも多いのは9人。

四分位数と箱ひげ図

四分位数

四分位数 ➡ データを小さい順に並べて，４等分したときの３つの区切りの値。第２四分位数は中央値。第１・第３四分位数は各データの中央値。

四分位範囲 ➡ 第３四分位数から第１四分位数をひいた値。

箱ひげ図

箱ひげ図 ➡ データの最小値，最大値や四分位数を表した図。データの傾向を読み取れる。

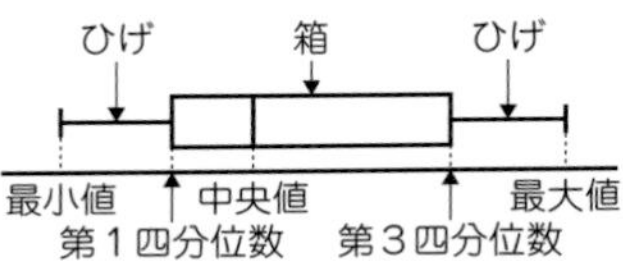

確率

確率の意味

場合の数 ➡ あることがらの起こり方がn通りあるときのnのこと。

同様に確からしい ➡ どの結果が起こることも同じ程度に期待できること。

確率 ➡ あることがらの起こりやすさを数で表したもの。

確率pの求め方 ➡ 起こりうる場合が全部でn通り，求めることがらがa通りあるとき，確率pは$\frac{a}{n}$となる。

確率pの範囲 ➡ $0 \leqq p \leqq 1$

必ず起こることがらの確率は1

決して起こらないことがらの確率は0

樹形図 ➡ 起こりうる場合をすべてあげた図。

例　２枚の硬貨A，Bを投げたときの表と裏の出方を樹形図に表すと，右のようになる。

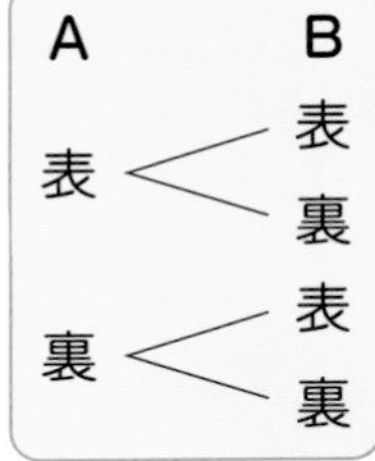

Aの起こらない確率 ➡ ことがらAの起こる確率がpのとき，Aの起こらない確率p'は，$1-p$となる。

例　１つのさいころを投げるとき，出た目の数が6になる確率は$\frac{1}{6}$だから，出た目の数が6にならない確率は，

$1-\frac{1}{6}=\frac{5}{6}$

標本調査

母集団と標本

母集団 ➡ 傾向を知りたい集団全体。

標本 ➡ 一部の資料。

無作為に抽出 ➡ 標本を取り出すときに，かたよりがないように選ぶこと。コンピュータや乱数さい，乱数表を利用する方法がある。

全数調査と標本調査

全数調査 ➡ 調査の対象となっている集団全部について調査すること。

例　入学試験，国勢調査，健康診断

標本調査 ➡ 集団の一部分を調査して全体を推測すること。

例　新聞社の世論調査，視聴率調査

標本調査の利用

標本から得られた結果をもとに，母集団の性質を推測する。

度数分布表

53 度数分布表を読み取ろう

資料をいくつかの区間(階級(かいきゅう))に分け，区間ごとにその資料の個数(度数(どすう))を示して，分布のようすをわかりやすくした表を**度数分布表**(どすうぶんぷひょう)といいます。➡例1

階級の幅を横，度数を縦として表したグラフを，**ヒストグラム**といいます。➡例2

例1 右の表は，マラソン大会の10kmの部に出場した50人の記録を，度数分布表に整理したものです。48分の記録をふくむ階級の相対度数を求めなさい。〈東京〉

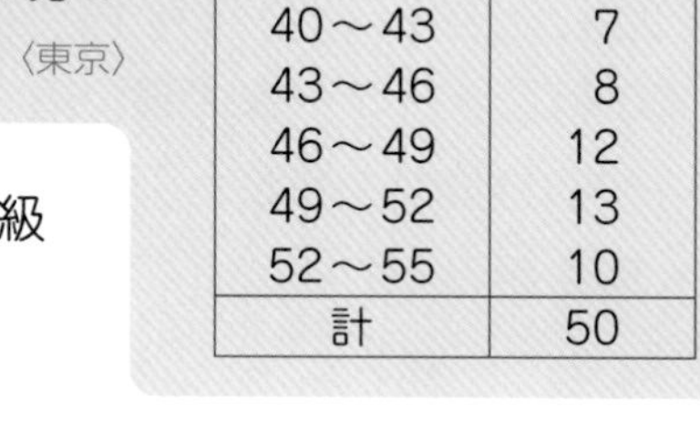

階級(分)	度数(人)
以上　未満	
40～43	7
43～46	8
46～49	12
49～52	13
52～55	10
計	50

48分の記録は，［　　］分以上［　　］分未満の階級です。この階級の度数は［　　］人です。

度数の合計は50人だから，求める相対度数は，

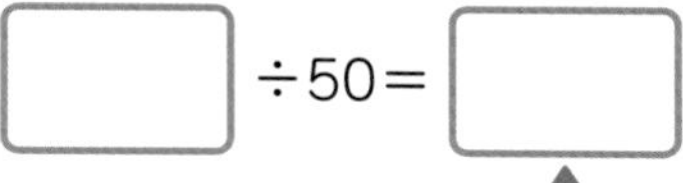

［　　］÷50＝［　　］

小数で求めます。

相対度数 ← $\frac{(その階級の度数)}{(度数の合計)}$

これがタイセツ

相対度数

$$\frac{(その階級の度数)}{(度数の合計)}$$

小数で求めます。

例2 右の図は，あるクラスの男子全体のハンドボール投げの記録をヒストグラムに表したものです。図において，例えば10から14の区間は10m以上14m未満の階級を表したものです。26m以上30m未満の階級の相対度数を求めなさい。〈富山〉

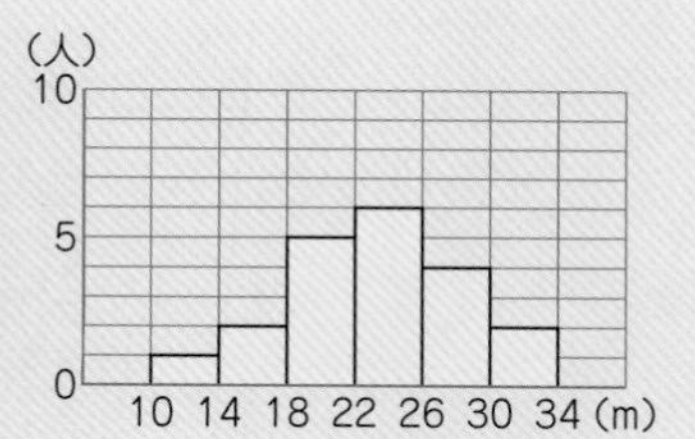

26m以上30m未満の度数は［　　］人，

ヒストグラムから読み取ります。

度数の合計は［　　］人だから，

1+2+5+6+4+2

求める相対度数は，

［　　］÷［　　］＝［　　］

度数分布表をつくると，このようになります。

階級(m)	度数(人)
以上　未満	
10～14	1
14～18	2
18～22	5
22～26	6
26～30	4
30～34	2
計	20

各階級の度数の合計です。

□ **度数分布表**…階級ごとに度数を示して，資料の分布のようすをわかりやすくした表。

□ **ヒストグラム(柱状グラフ)**…階級の幅を横，度数を縦とする長方形を並べたグラフ。

練習問題

解答 p.20

1 右の表は，ある中学校の1年生男子の握力を調べ，その結果を度数分布表に表したものです。表の中の㋐，㋑，㋒にあてはまる数をそれぞれ求めなさい。

〈愛知〉

握力(kg)	度数(人)	相対度数
以上　未満		
20～25	4	0.10
25～30	㋐	㋑
30～35	12	0.30
35～40	8	0.20
40～45	6	0.15
45～50	2	0.05
計	㋒	1.00

2 右の図は，ある中学校の女子のハンドボール投げの記録をヒストグラムに表したものです。表は，図の各階級の相対度数をまとめたものです。このとき，表のx，yの値(あたい)を，小数第3位を四捨五入して，小数第2位まで求めなさい。

〈徳島〉

図

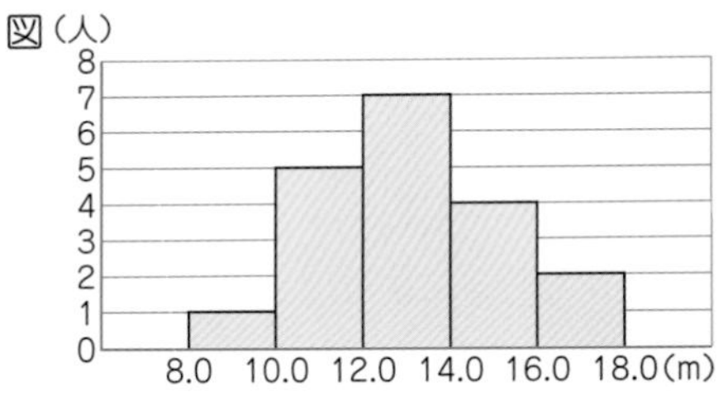

表

距離(m)	相対度数
以上　未満	
8.0～10.0	0.05
10.0～12.0	x
12.0～14.0	y
14.0～16.0	0.21
16.0～18.0	0.11
計	1.00

合格プラスワン　用語の意味を整理しよう

資料の活用では，さまざまな用語が登場します。用語の意味をここでまとめておきましょう。

- 階級 ➡ 資料を整理するために用いる区間。
- 階級の幅 ➡ 区間の幅のこと。
- 階級値 ➡ 各階級の中央の値。
- 度数 ➡ それぞれの階級に入っている資料の個数。

例1で確かめてみましょう。例えば，階級の幅は，

43−40＝3(分)

↑差を求めます。

49分以上52分未満の階級の階級値は，

$\frac{49+52}{2}$＝50.5(分)

〈左ページ例の答え〉 例1 46，49，12，12，0.24　例2 4，20，4，20，0.2

54 代表値 資料の特徴を表す値を求めよう

資料の特徴を表す代表的な値を代表値(だいひょうち)といいます。資料の値の合計を資料の総数でわった値の平均値(へいきんち)や，資料の値を大きさの順に並べたときの中央の値の中央値(ちゅうおうち)（メジアン），資料の中でもっとも多く出てくる値の最頻値(さいひんち)（モード）などがあります。

例1 ある野球チームが行った15試合の得点は，右のようになりました。この15試合の得点の代表値について述べた次の文中の（ ㋐ ），（ ㋑ ），（ ㋒ ）にあてはまる数を，それぞれ求めなさい。ただし，（ ㋐ ）は小数第2位を四捨五入して小数第1位まで求めなさい。〈愛知〉

9，5，3，3，5
1，1，2，6，6
3，3，2，4，0

このチームの得点の平均値は（ ㋐ ）点，中央値は（ ㋑ ）点，最頻値は（ ㋒ ）点です。

資料を小さい方から順番に並べて考えます。

0，1，1，2，2，3，3，③，3，4，5，5，6，6，9

最頻値です。　中央値です。

㋐ 15試合の得点の合計は，

0+1+1+2+2+3+3+3+3+4+5+5+6+6+9

＝□（点）← 資料の個々の値の合計です。

したがって，平均値は，

□÷15＝3.53…

← 資料の総数でわります。

四捨五入して，□点 ← 小数第2位を四捨五入して，小数第1位まで求めます。

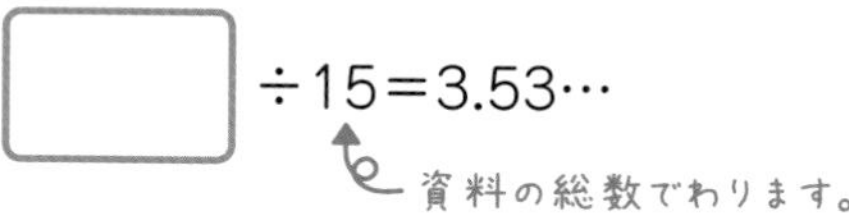

㋑ 資料の総数が15だから，中央値は，□点

大きさの順に並べた資料の8番目の値です。

㋒ 最頻値は，資料の中でもっとも多く出てくる値だから，□点

4回出てきています。

資料の総数が偶数(ぐうすう)のときは，中央にある2つの値の平均が中央値になるよ。

□ 中央値(メジアン)…資料の値を大きさの順に並べたときの中央の値。

□ 最頻値(モード)…資料の中でもっとも多く出てくる値。

練習問題

解答 p.20

1 下の資料は，Aさんの家に設置された太陽光発電システムの，連続した10日間の発電量を記録したものです。このとき，発電量の平均値と中央値(メジアン)を求めなさい。〈茨城〉

	1日目	2日目	3日目	4日目	5日目	6日目	7日目	8日目	9日目	10日目
発電量(kWh)	25	24	25	26	25	6	22	24	26	22

2 右の図は，ある中学校の生徒20人が，1か月間に読んだ本の冊数と人数の関係を表したものです。中央値(メジアン)と最頻値(モード)を，それぞれ求めなさい。〈兵庫〉

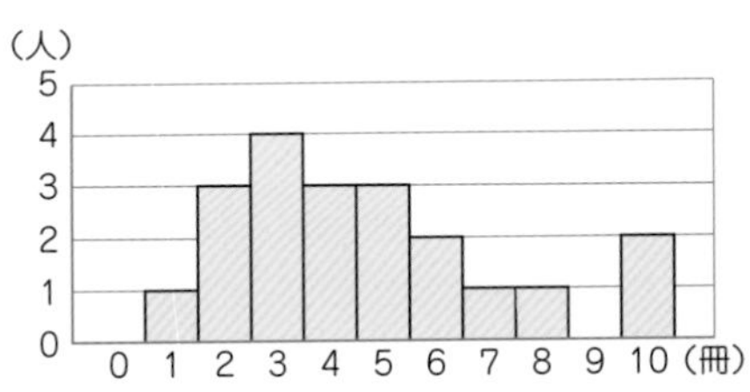

合格プラスワン 度数分布表から平均値を求めよう

個々の資料の値がわからなくても，度数分布表から平均値を求めることができます。(階級値×度数)の合計を求め，度数の合計でわります。

例 下の度数分布表は，Aさんがボウリングのゲームを10回行ったときの得点をまとめたものです。得点の平均値を求めなさい。〈福井〉

階級(点)	度数(回)
140以上〜160未満	3
160 〜180	6
180 〜200	1
計	10

➡まず，(階級値×度数)の合計を求めます。
150×3＋170×6＋190×1＝1660(点)
この値を度数の合計でわります。
1660÷10＝166(点)  166点

〈左ページ例の答え〉 例1 53，53，3.5，3，3

55 四分位数と箱ひげ図
データの傾向を読み取ろう

データの値を小さい順に並べて，４等分したときの３つの区切りの値のことを四分位数(しぶんいすう)といいます。四分位数や最大値，最小値などを図で表したものが箱ひげ図(はこひげず)です。箱ひげ図をかくと，データの傾向を読み取りやすくなります。

例1 都市Ａについて，ある年における，降水量が1mm以上であった日の月ごとの日数を調べました。下の表は，Ａ市の月ごとのデータです。

(1) このデータの第１四分位数と第２四分位数（中央値）をそれぞれ求めなさい。

(2) Ａ市の月ごとのデータの箱ひげ図をかきなさい。〈栃木改〉

	1月	2月	3月	4月	5月	6月	7月	8月	9月	10月	11月	12月
日数(日)	5	4	6	11	13	15	21	6	13	8	3	1

(1) 12個のデータを小さい順に並べると，

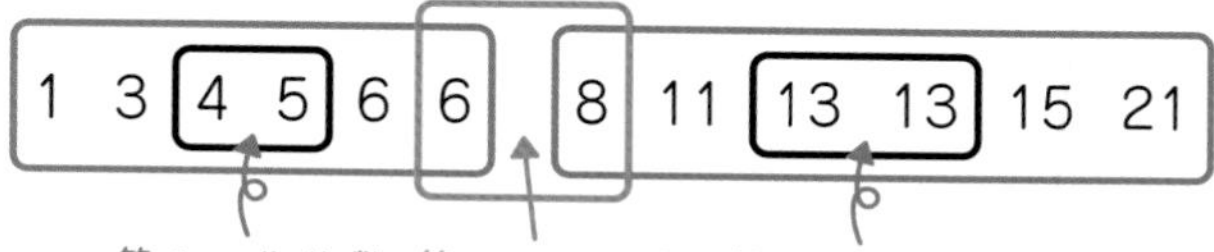

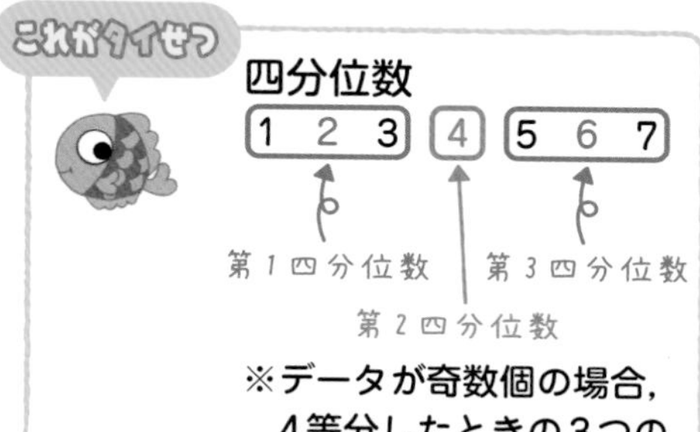

第２四分位数はデータ全体の中央値なので，

$\frac{6+8}{2}=$ □（日）

データが偶数個あるので，中央２つの平均値。

また，第１四分位数は前半の６つのデータの中央値なので，$\frac{4+5}{2}=$ □（日）

(2) 第３四分位数は $\frac{13+13}{2}=$ □（日） ← 後半の６つのデータの中央値

また，Ａ市のデータの最小値は □ 日，最大値は □ 日です。これと(1)の四分位数から箱ひげ図をかきます。

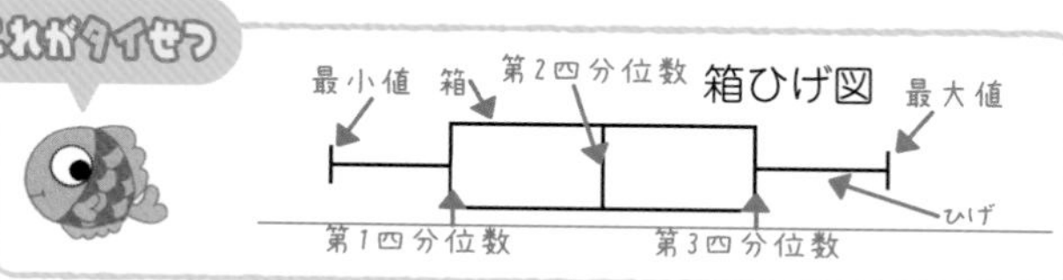

入試までに これダケは覚えよう！

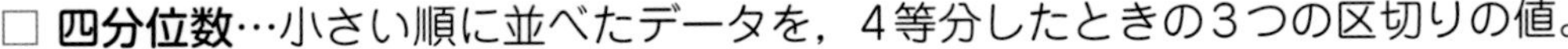

□ **四分位数**…小さい順に並べたデータを，4等分したときの3つの区切りの値。

□ **箱ひげ図**…データの最小値や最大値，四分位数を箱と線（ひげ）で表した図。

解答p.20

1 下の記録は，ある中学校の生徒14人がハンドボール投げを行ったときの結果を，距離の短い方から順に並べたものです。〈熊本A〉

記録

8,	10,	10,	11,	11,	12,	12,	14,	14,	15,	16,	17,	17,	18,

（単位：m）

(1) ハンドボール投げの記録の中央値を求めましょう。

(2) ハンドボール投げの記録の箱ひげ図をかきましょう。

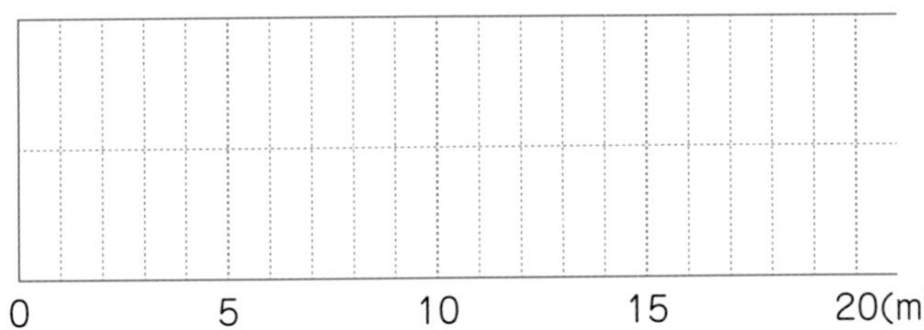

合格プラスワン 箱ひげ図から読み取れること

第3四分位数から第1四分位数をひいたものを四分位範囲（はんい），データの最大値から最小値をひいたものを範囲といいます。

四分位範囲には中央付近の約半数のデータがふくまれます。また，データの中に極端に離れた値があると，範囲が影響を受けます。

箱ひげ図を使えば，複数のデータのおおまかな分布の様子を比較することができます。

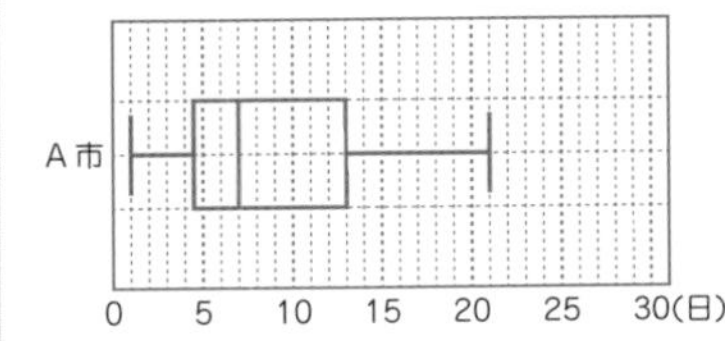

〈左ページ例の答え〉 例1 (1)7，4.5，(2)13，1，21，箱ひげ図は右上の図

樹形図を利用する確率

56 樹形図を使って確率を求めよう

あることがらの起こりやすさを数で表したものを確率（かくりつ）といいます。入試で確率を求めるときは，特に断りがない限り，同様に確からしいとして計算します。何通りあるか調べるときは，樹形図などを利用して場合の数を求めましょう。

例1 2枚の50円硬貨（こうか）を同時に1回投げるとき，表が出た硬貨の金額を合計すると100円になる確率を求めなさい。〈岐阜〉

2枚の50円硬貨をそれぞれA，Bとします。← 確率を求めるときは，区別して考えます。
右のような樹形図をかいて考えます。← 数え忘れなどのミスが減ります。

A	B	結果
表	表	100円 ●
	裏	50円
裏	表	50円
	裏	0円

1 硬貨の出方は全部で □ 通り。

2 表が出た硬貨の合計が100円になるのは，← 樹形図で，●のところになります。
□ 通り。

3 確率 $p=$ □ ← 確率 p の範囲は，$0 \leqq p \leqq 1$ です。

確率を求める手順
1 全部で n 通りある。
2 求めることがらが a 通りある。
3 確率 $p=\frac{a}{n}$

例2 袋の中に，赤玉が3個，白玉が2個，合わせて5個の玉が入っています。この袋の中から同時に2個の玉を取り出すとき，少なくとも1個は白玉である確率を求めなさい。〈東京〉

赤玉を$赤_1$，$赤_2$，$赤_3$，白玉を$白_1$，$白_2$とします。← 区別します。
右のような樹形図をかいて考えます。

1 玉の出方は全部で □ 通り。

2 少なくとも1個が白玉である出方は，← 樹形図で，●のところになります。
□ 通り。

3 確率 $p=$ □

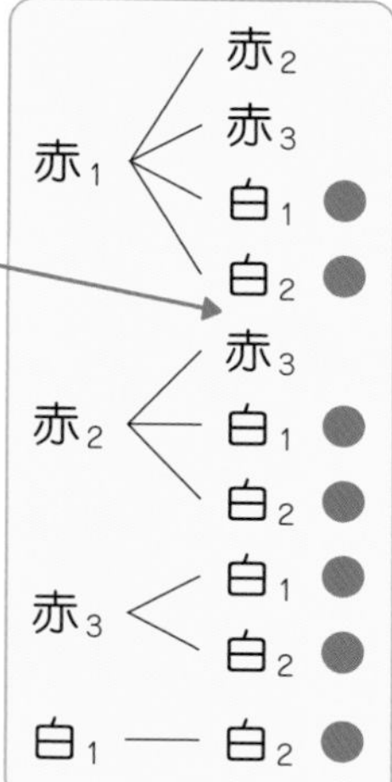

（$赤_2$，$赤_1$）は（$赤_1$，$赤_2$）と同じ組み合わせだから省略します。

入試までに これダケは覚えよう！

□ 確率…起こりうる場合が全部でn通り，求めることがらがa通りあるとき，確率pは$\frac{a}{n}$

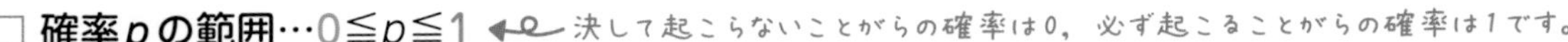

□ 確率pの範囲…$0 \leqq p \leqq 1$ ←決して起こらないことがらの確率は0，必ず起こることがらの確率は1です。

練習問題

➡ 解答 p.20

1 500円硬貨，100円硬貨，50円硬貨がそれぞれ1枚ずつあります。これらの3枚の硬貨を同時に投げるとき，表の出る硬貨の合計金額が100円以上600円以下となる確率を求めなさい。

〈鹿児島〉

2 袋の中に，赤玉が1個，青玉が2個，白玉が3個入っています。この袋の中から，同時に2個の玉を取り出すとき，少なくとも1個は白玉である確率を求めなさい。

〈埼玉16〉

合格プラスワン 「少なくとも～」となる確率

「少なくとも～」という表現が出てきたときは，あることがらの起こらない確率から求めることもできます。例2で確かめてみましょう。「少なくとも1個は白玉である確率」を求めるために，まず，「白玉が1個も出ない（全部赤玉である）確率」を求めます。樹形図から，白玉が1個も出ない場合は3通りあるから，確率は$\frac{3}{10}$

求める確率は，1から「白玉が1個も出ない確率」をひいて，

$1-\frac{3}{10}=\frac{7}{10}$ ←例2の答えと等しくなります。

Aの起こらない確率
Aの起こる確率がpのとき，
Aの起こらない確率p'は，
$p'=1-p$

〈左ページ例の答え〉 例1 4，1，$\frac{1}{4}$ 例2 10，7，$\frac{7}{10}$

57 表を利用する確率
表を使って確率を求めよう

確率を求めるときに，樹形図よりも表を使った方が求めやすい場合があります。
2つのさいころを投げ，出た目の数の和や積を調べるときは表が便利です。➡例1
カードをもとに戻してひく場合も，表にするとわかりやすくなります。➡例2

例1 2つのさいころを同時に投げるとき，出る目の数の和が5の倍数である確率を求めなさい。〈大阪〉

2つのさいころをa，bとし，下のように，和についてまとめた表をつくります。

a＼b	1	2	3	4	5	6
1	2	3	4	5	6	7
2	3	4	5	6	7	8
3	4	5	6	7	8	9
4	5	6	7	8	9	10
5	6	7	8	9	10	11
6	7	8	9	10	11	12

6+1=7より，和の7を書きます。

1 目の出方は全部で［　　］通り。 ← 表から考えると，6×6です。

2 和が5の倍数になるのは，［　　］通り。 ← 5の倍数になるのは，和が5か10のときだから，表の□の部分です。

3 確率p＝［　　］

例2 右の図のように，1，2，3，4，5の数が1つずつ書かれた5枚のカードがあります。このカードを数が見えないように重ね，よくきってから1枚のカードをひき，そのカードをもとに戻し，よくきってから再び1枚のカードをひきます。このとき，ひいた2枚のそれぞれのカードに書かれた数の積が素数になる確率を求めなさい。〈茨城〉

1 2 3 4 5

1枚目にひいた数をa，2枚目にひいた数をbとして，右のように，積についてまとめた表をつくります。

a＼b	1	2	3	4	5
1	1	2	3	4	5
2	2	4	6	8	10
3	3	6	9	12	15
4	4	8	12	16	20
5	5	10	15	20	25

5×1=5より，積の5を書きます。

1 a，bの出方は全部で［　　］通り。 ← 表から，5×5となります。

2 積が素数になる出方は，［　　］通り。
← 約数が2つしかない数です。
← 表の□の部分です。

3 確率p＝［　　］

入試までに これダケは覚えよう！

□ 確率と表…2つのさいころを投げる問題や，カードをもとに戻してひく問題は，表を利用して確率を求める。

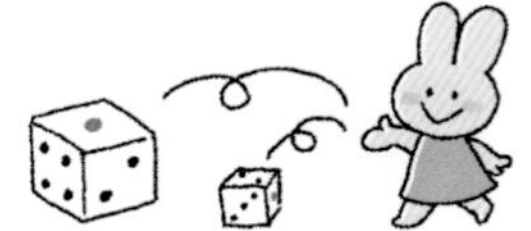

解答 p.21

1 大小2つのさいころを投げるとき，出た目の数の積が20以上となる確率を求めなさい。〈岩手〉

2 右の図のように，数字2，3を書いたカードがそれぞれ2枚ずつ，数字4を書いたカードが1枚あります。この5枚のカードをよくきって，1枚カードを取り出し，取り出したカードを戻し，再びよくきって，1枚カードを取り出します。このとき，1回目に取り出したカードに書かれた数字と2回目に取り出したカードに書かれた数字の和が6以上になる確率を求めなさい。〈愛知〉

2	2	3	3	4

合格プラスワン 表に○をつけて数えよう

表をつくるときは，例1や例2のように和や積を表に書きこむとよいですが，○だけつけて場合の数を求めることもできます。

例 大小2つのさいころa，bを同時に投げるとき，$\frac{a}{b}$が整数となる確率を求めなさい。〈富山〉

➡ 1 目の出方は全部で36通り。

2 $\frac{a}{b}$が整数となるのは14通り。
表に○をつけて数えます。

3 確率$p=\frac{14}{36}=\frac{7}{18}$ ← 約分します。

a\b	1	2	3	4	5	6
1	○					
2	○	○				
3	○		○			
4	○	○		○		
5	○				○	
6	○	○	○			○

〈左ページ例の答え〉 例1 36，7，$\frac{7}{36}$ 例2 25，6，$\frac{6}{25}$

標本調査

58 標本から全体の傾向を調べよう

ある集団の傾向を調べるとき，集団全体（母集団）を調べるのはたいへんです。そこで，全体の一部（標本）を取り出して調査し，そこから全体を推測します。これを標本調査といいます。比例式を利用して，母集団の傾向を調べましょう。

例1 当たりくじとはずれくじが合わせて2000本入っている箱があります。この箱の中から100本のくじを無作為に抽出すると，当たりくじが18本ありました。はじめにこの箱の中に入っていた当たりくじの本数はおよそ何本と考えられますか。〈長崎〉

はじめに入っていた当たりくじの本数をx本とします。
「くじを合わせた本数 ： 当たりくじの本数」の関係から，比例式をつくります。

$100 : 18 = 2000 : x$

標本での関係　母集団での関係

$a:b=c:d$ ならば，$ad=bc$ です。

$100x = 18 \times$ □

$x =$ □

母集団と標本
標本調査をするとき，特徴や傾向などの性質を知りたい集団全体を母集団，調査のために取り出した一部の資料を標本という。

答　およそ □

例2 袋の中に，同じ大きさの白玉がたくさん入っています。この袋から100個の玉を取り出し，取り出したすべての玉に印をつけて袋に戻しました。その後，袋の中の玉をよくかき混ぜて60個の玉を取り出したところ，印のついた玉が8個ありました。この袋の中にある白玉は，およそ何個と推測されますか。〈佐賀〉

袋の中にある白玉の個数をx個とします。
「白玉の個数 ： 印のついた玉の個数」の関係から，比例式をつくります。

$60 : 8 = x : 100$ ← xの位置が例1とは異なるので，注意しましょう。

標本での関係　母集団での関係

$8x = 60 \times$ □

$x =$ □

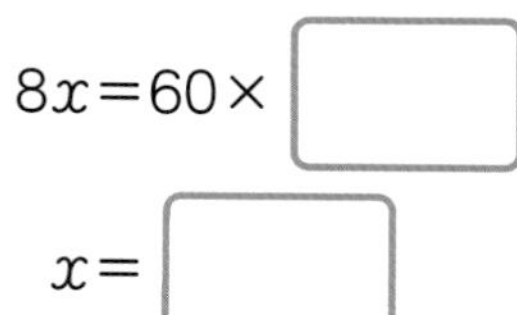

答　およそ □

□ **標本調査**…集団の一部分（標本）を調査して，全体の傾向を推測する調査。

□ **標本調査からの推測**…求める数量をxとし，標本と母集団についての比例式をつくる。

練習問題

解答 p.21

1 アルミ缶とスチール缶の空き缶を合わせて960個回収しました。これらの回収した空き缶の中から48個を無作為に抽出したところ，スチール缶が22個ふくまれていました。回収した空き缶のうち，スチール缶の個数はおよそ何個と推定できますか。 〈鹿児島〉

2 ある池で魚の数を推定するために，100匹の魚をつかまえて，目印をつけて池に戻しました。そして，1週間後に再び魚を50匹つかまえたところ，目印のついた魚が6匹ふくまれていました。この池には，およそ何匹の魚がいると推定できますか。答えは一の位を四捨五入して，十の位までの概数で求めなさい。 〈栃木〉

合格プラスワン 比例式のつくり方に注意

例1，例2の比例式を比べると，xの位置が違うことに気づきます。このように問題によって式が変わるので注意しましょう。次の例は例1，例2とも異なるパターンの問題です。

例 箱の中に白玉だけがたくさん入っています。多くて数えきれないので，白玉と同じ大きさの赤玉300個を白玉が入っている箱の中に入れ，よく混ぜた後，その中から50個の玉を無作為に抽出すると，赤玉が5個ふくまれていました。はじめに箱の中に入っていた白玉の個数は，およそ何個と推測されますか。 〈佐賀〉

➡はじめの白玉の個数をx個とします。

$50 : 5 = (x+300) : 300$

$5(x+300) = 50 \times 300$ ← 赤玉の個数を加えます。

$x+300 = 3000$

$x = 2700$

答 およそ2700個

〈左ページ例の答え〉 例1 2000，360，360本 例2 100，750，750個

ここで学習 1→53 2→54 3→55 4→56 5→57 6→58

1 右の表は，ある中学校の3年生135人の通学時間を調査し，度数分布表に整理したものです。 12点×2(24点)〈愛媛〉

階級(分)	度数(人)
以上 未満	
4～8	3
8～12	13
12～16	31
16～20	22
20～24	27
24～28	13
28～32	15
32～36	11
計	135

(1) 度数のもっとも大きい階級の階級値を求めなさい。

( )

(2) 「20分以上24分未満」の階級の相対度数を求めなさい。

( )

2 右の図は，25人の生徒がある期間中に読んだ本の冊数を冊数別に表したヒストグラムです。次の㋐～㋓のうち，このヒストグラムからわかることとして正しいものはどれですか。記号で答えなさい。 (13点)〈大阪〉

㋐ 平均値は4冊です。　㋑ 最頻値は3冊です。
㋒ 中央値は3冊です。　㋓ 範囲は4冊です。

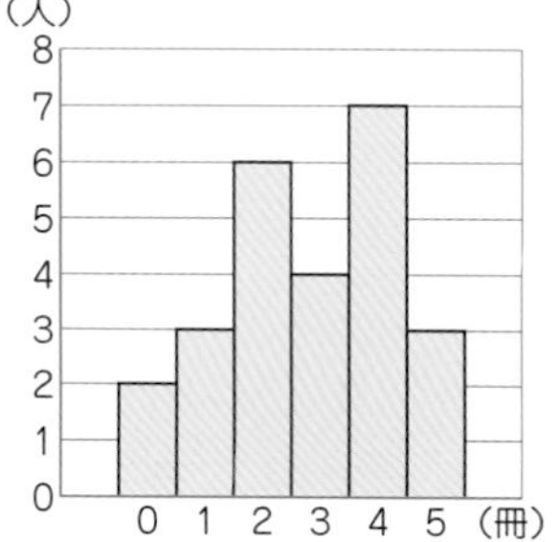

( )

3 右の表は，クイズ大会に参加した11人の得点です。この表をもとにして，箱ひげ図をかくと，下の図のようになりました。a，bの値をそれぞれ求めなさい。 12点×2(24点)〈徳島〉

表 (単位：点)

13,	7,	19,	10,	5,	11
14,	20,	7,	8,	16	

図

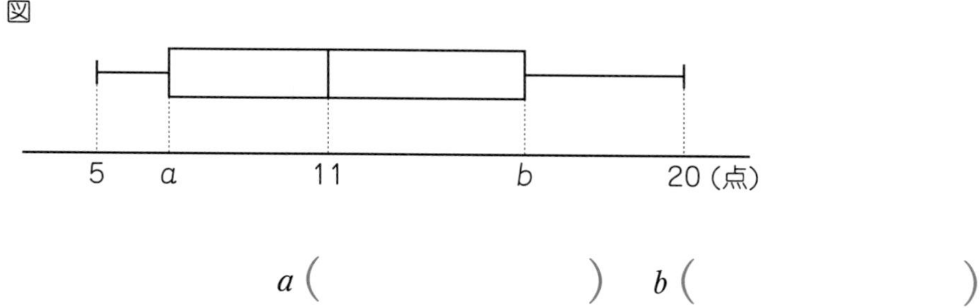

a ( )　b ( )

4 3枚の硬貨を同時に投げるとき，少なくとも2枚は裏となる確率を求めなさい。

（13点）〈徳島〉

（　　　　　）

5 2つのさいころA，Bを投げるとき，さいころAの出た目の数をa，さいころBの出た目の数をbとします。このとき，積abが3の倍数となる確率を求めなさい。

（13点）〈高知〉

（　　　　　）

6 生徒の人数が600人の中学校で，無作為に抽出した120人に，「もし将来留学するとしたらどこの国に行きたいですか。」という調査を行いました。上の表はその結果です。この中学校のすべての生徒の中で，「もし将来留学するとしたらDの国に行きたい。」と考えている生徒はおよそ何人と推測されますか。

行きたい国	A	B	C	D	その他の国	合計
人数(人)	45	12	9	18	36	120

（13点）〈愛知〉

（　　　　　）

レベルUP 確率が$\frac{1}{3}$になる問題をつくろう

例　求める確率が$\frac{1}{3}$になる問題を1つつくることにします。次の文中の(　)にあてはまることばや数字を書きなさい。〈岩手〉

> 1つのさいころを1回投げるとき，出た目の数が(　)となる確率を求めなさい。

➡ 1つのさいころの目の出方は全部で6通りです。

確率が$\frac{1}{3}$になるとき，求めることがらの場合の数は2通りです。

したがって，

「2以下」，「3の倍数」，「5の約数」などがあてはまります。

5 統計・確率

平方根を使った確率を求めよう!!

さいころ2個を投げるとき，出る目に関する確率の問題はよく出ます。

57の問題がそうですね。

では問題です！

ドキドキ…

きましたね…

大小2個のさいころを同時に投げて出た目のうち，大きいさいころの目をa，小さいさいころの目をbとするとき，$\sqrt{ab}>4$となる確率は？

え〜っと…

$\sqrt{\ }$が出てくることもあるんですね。
$4=\sqrt{16}$だから…

平方根の大小を比べよう!!

さいころを2個投げる場合の確率を求めるときは，今までと同じように表を利用します。
$4=\sqrt{16}$だから，$\sqrt{ab}>\sqrt{16}$，つまり$ab>16$となる場合の数を調べます。
右の表より，さいころの目の出方は全部で36通り。
$\sqrt{ab}>4$となるのは10通り。（表の▢の部分です。）
したがって，確率は，

$$\frac{10}{36}=\frac{5}{18}$$

a，bの積を表にまとめます。

a ＼ b	1	2	3	4	5	6
1	1	2	3	4	5	6
2	2	4	6	8	10	12
3	3	6	9	12	15	18
4	4	8	12	16	20	24
5	5	10	15	20	25	30
6	6	12	18	24	30	36

$6\times1=6$より，積の6を書きます。

得点力UP! 入試特集

入試で差がつく応用問題にチャレンジ！

1 例① で 解き方を確認！

解き方のコツはここでチェック！

2 チャレンジ問題 で 問題を解こう！

ヒントはここでチェック！

解答と解説で答え合わせをして，入試本番に備えよう！

入試特集の番号	関連する単元	終わったらチェック		
		解ける！	ほぼOK	見直し
①	1　数と式	◎	○	×
②，③	2　方程式	◎	○	×
④	3　関数	◎	○	×
⑤，⑥	4　図形	◎	○	×
⑦	5　統計・確率	◎	○	×

文字式の利用

1 文字式を使って説明しよう

勉強した日　　月　　日

規則性のある数の間で成り立つ性質を説明するときは，文字式を使います。まず，ある数を文字で表し，次に，式をつくって計算します。その結果が，説明する性質にあてはまっていることを確かめます。

例1　連続する5つの整数があります。もっとも大きい数と2番目に大きい数の積から，もっとも小さい数と2番目に小さい数の積をひくと，中央の数の6倍になります。このことを，中央の数をnとして説明しなさい。 〈栃木〉

1　連続する5つの整数のうち，中央の数をnとすると，

まず，何を文字で表すかを書きます。

数は無限に続き，調べきれないので，文字を使って表すことを考えます。

2　連続する5つの整数は，

$n-2$，［　　］，n，$n+1$，［　　］

2番目に小さい数です。　もっとも大きい数です。

と表される。したがって，もっとも大きい数と2番目に大きい数の積から，もっとも小さい数と2番目に小さい数の積をひくと，

$n+2$と$n+1$の積です。

$n-2$と$n-1$の積です。

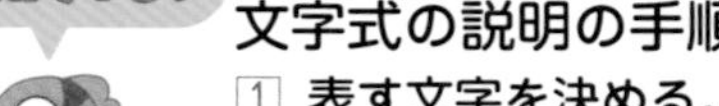

文字式の説明の手順

1　表す文字を決める。
2　1の文字を使って，それぞれの数を表す。
3　式をつくり，計算する。
4　説明する性質が成り立つことを確かめる。

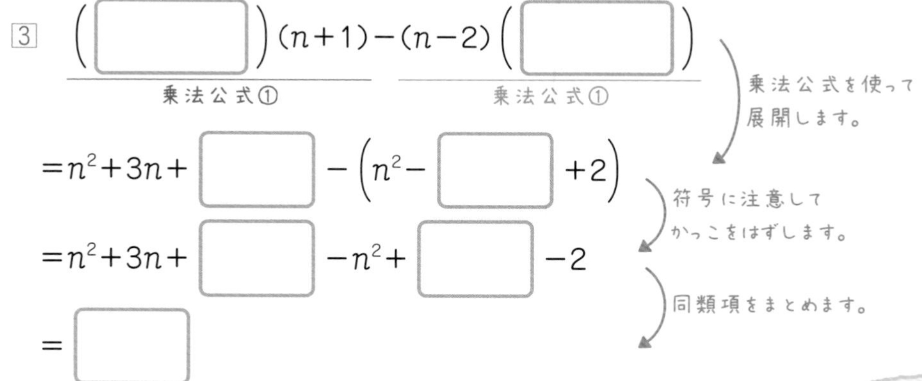

4　nは整数だから，［　　］は6の倍数である。

6×(整数)の形だから6の倍数です。

乗法公式①は，$(x+a)(x+b)=x^2+(a+b)x+ab$ だったね。

したがって，連続する5つの整数で，もっとも大きい数と2番目に大きい数の積から，もっとも小さい数と2番目に小さい数の積をひくと，6の倍数になる。

最後に説明する性質が成り立つことを示します。

チャレンジ問題

解答 p.22

1 **ある月のカレンダーにおいて，図1のような形に並ぶ4つの数を小さい順にa，b，c，dとし，この4つの数の間に成り立つ関係について考えます。図2は$a=5$のときの例です。** 〈群馬〉

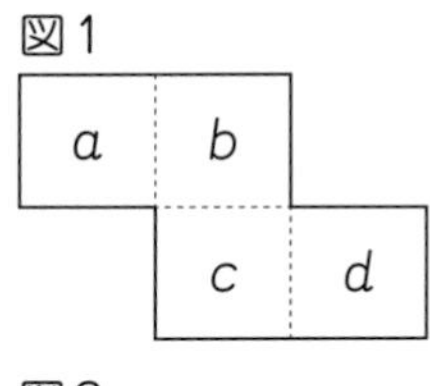

(1)　$c=27$であるとき，aの値を求めなさい。

(2)　dをaの式で表しなさい。

(3)　$bc-ad$の値はいつでも8であることを，文字を使って説明しなさい。

こまったときのヒント

1　(2)　図2や(1)から，dがaよりもいくつ大きいかを考えます。
　(3)　aを使って表したb，c，dを，$bc-ad$に代入して計算します。

〈左ページ**例**の答え〉 **例1** $n-1$，$n+2$，$n+2$，$n-1$，2，$3n$，2，$3n$，$6n$，$6n$

2 方程式を使って解こう

勉強した日　　月　　日

方程式を利用した問題を解くときは，まず，求めるものをxやyの文字を使って表します。次に，与えられた関係から方程式をつくり，それを解きます。答えを書くときは，問題に合っているか，単位にも注意しましょう。

例1　ある店では，チョコレートが1個54円，あめが1個81円で売られています。また，1個の重さは，チョコレートが20g，あめが12gです。このチョコレートとあめをそれぞれ何個か買ったところ，代金は全部で432円，全体の重さは124gでした。チョコレートとあめをそれぞれ何個買ったか求めなさい。　〈愛媛〉

1　チョコレートをx個，あめをy個買ったとすると，

↑求めるものは，チョコレートとあめの個数です。

2

	チョコレート	あめ	合計
個数(個)	x	y	
代金(円)	$54x$	$81y$	432
重さ(g)	$20x$	$12y$	124

←表をつくると，数量の関係がわかりやすくなります。

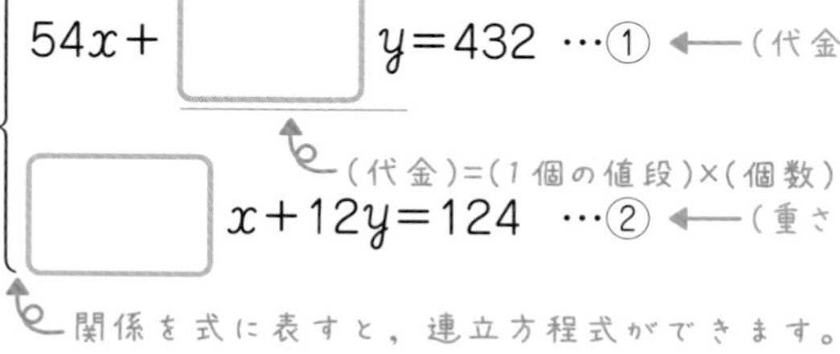

$54x+$ □ $y=432$ …① ←(代金)

↑(代金)=(1個の値段)×(個数)

□ $x+12y=124$ …② ←(重さ)

↑関係を式に表すと，連立方程式ができます。

文章問題を解く手順
1 求めるものを，x，yとする。
2 等しい関係を見つけ，方程式をつくる。
3 方程式を解く。
4 単位をつけて答える。

3　この連立方程式を解くと，

①÷27　　$2x+3y=16$ …①′
②÷4　−) $5x+3y=31$ …②′
　　　　$-3x=-15$

↑yを消去!!

①，②の両辺を，それぞれ同じ数でわると，係数が小さくなり，計算が簡単になります。

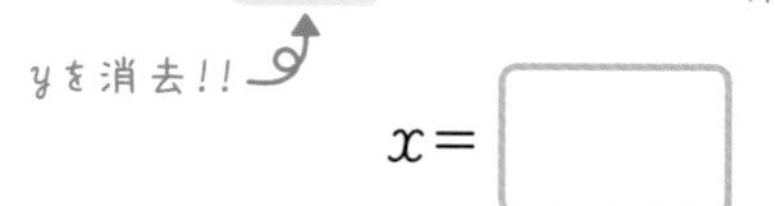

$x=$ □

これを①′に代入して，← $10+3y=16$　$3y=6$

$y=$ □

チョコレートとあめの個数は自然数だから，
この解は問題に合っています。

4　**答**　チョコレート □，あめ □

チャレンジ問題

解答 p.22

1 折り紙を，生徒1人に5枚ずつ配ると40枚たりませんでした。そこで，3枚ずつ配ることにしたら24枚余りました。このとき，生徒の人数を求めなさい。〈茨城〉

2 ある水族館の入館料は，おとな2人と中学生1人で3800円，おとな1人と中学生2人で3100円です。おとな1人と中学生1人の入館料はそれぞれいくらですか。〈鹿児島〉

こまったときのヒント

1 生徒の人数をx人とし，折り紙の枚数の関係から1次方程式をつくります。
2 おとな1人の入館料をx円，中学生1人の入館料をy円として，連立方程式をつくります。

〈左ページ**例**の答え〉 例① 81，20，5，2，5個，2個

点の移動

3 点が動くときの面積は？

勉強した日　　月　　日

図形の中の点が動く問題で，面積と点の位置の関係を求めるときは，時間をx秒後とし，線分の長さや面積をxを使って表し，方程式をつくります。
点の動きの向きが変わるときは，状況の変化に注目して場合分けをします。

例① 右の図のように，AB＝20cm，BC＝30cmの長方形ABCDがあります。点P，Qはそれぞれ頂点C，Dを同時に出発し，Pは毎秒2cmの速さで辺CD上をDまで，Qは毎秒3cmの速さで点DA上をAまで，矢印の方向に移動します。△PDQの面積が48cm^{2}になるのは，点P，Qがそれぞれ頂点C，Dを同時に出発してから，何秒後と何秒後ですか。出発してからの時間をx秒として方程式をつくり，求めなさい。ただし，$0<x<10$とします。 〈北海道〉

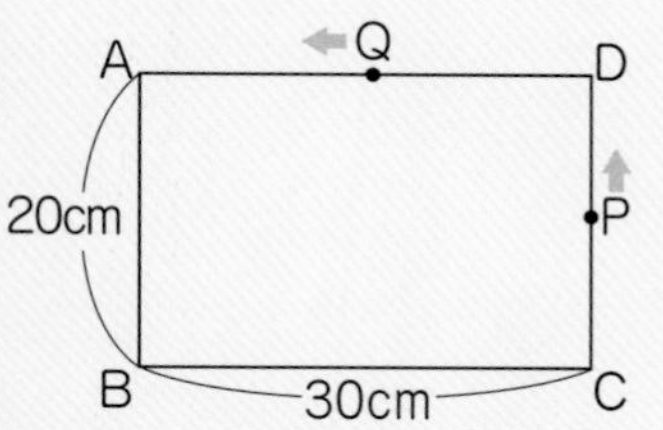

底辺をDP，高さをDQとして，三角形の面積を求める公式にあてはめます。
まず，文字xを使ってDP，DQの長さを表します。
Pは毎秒2cmの速さで動くから，x秒後のCPの長さは，
CP＝$2x$(cm) ←（速さ）×（時間）です。
したがって，x秒後のDPの長さは，

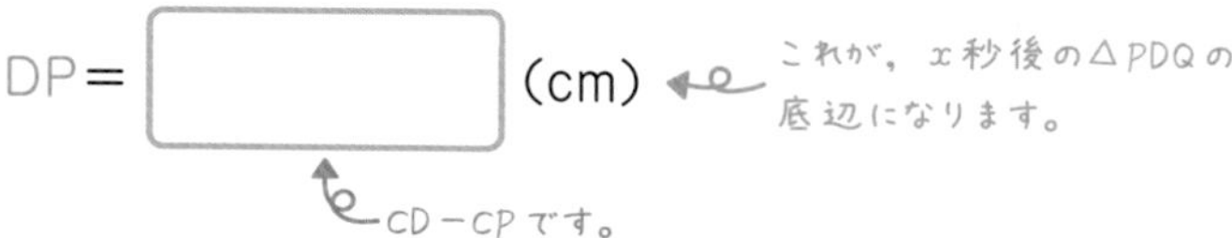

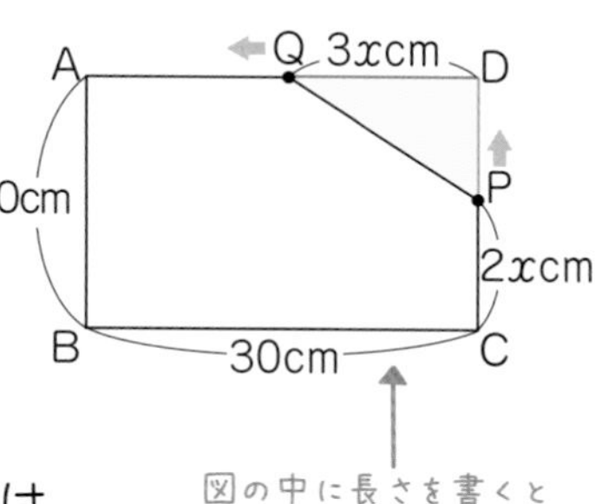

また，Qは毎秒3cmの速さで動くので，x秒後のDQの長さは，

DQ＝□(cm) ← これが，x秒後の△PDQの高さになります。

△PDQの面積が48cm^{2}になることから，

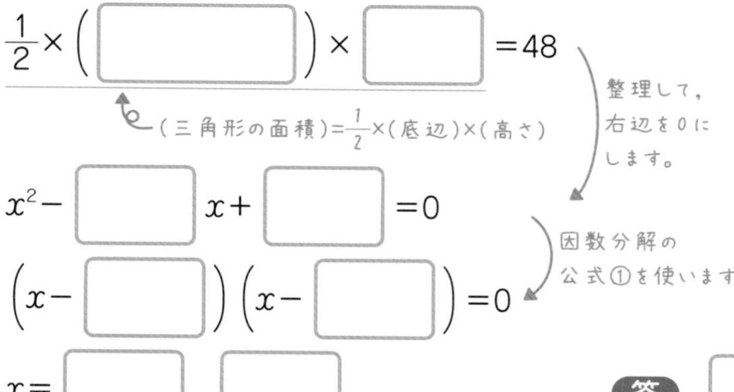

答 □ と □

チャレンジ問題

解答 p.22

1 右の図のように，AB＝4cm，AD＝8cmの長方形ABCDがあります。2点P，Qは点Aを同時に出発します。点Pは辺AB，BC，CD上を秒速1cmで点Dまで動き，停止します。点Qは辺AD上を秒速2cmで点Dまで動き，停止します。〈茨城〉

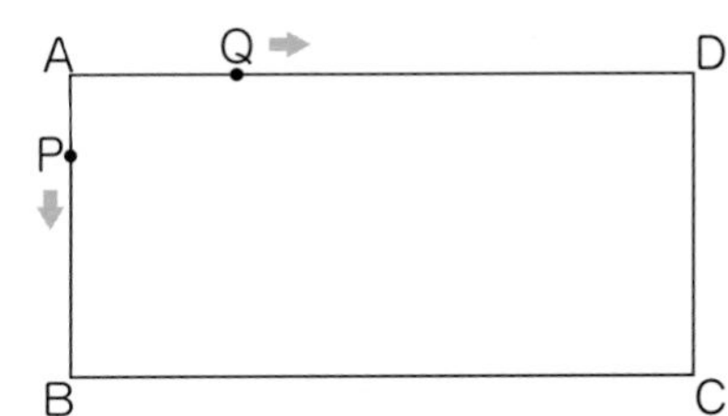

(1) 2点P，Qが点Aを出発してから，3秒後の線分PQの長さを求めなさい。

(2) △APQの面積が長方形ABCDの面積の$\frac{1}{4}$になるのは，2点P，Qが点Aを出発してから，何秒後と何秒後か求めなさい。

こまったときのヒント

1 (1) △APQは直角三角形になるから，三平方の定理が使えます。
(2) $0 \leqq x \leqq 4$のとき，$4 \leqq x \leqq 12$のとき，$12 \leqq x \leqq 16$のときに分けて考えます。

〈左ページ例の答え〉 例① $20-2x$，$3x$，$20-2x$，$3x$，10，16，2，8，2，8，2秒後，8秒後

放物線と直線

4 グラフの問題を解こう

勉強した日　　月　　日

グラフを通る点の座標から，直線の式を求めたり，図形の面積を求めたりする問題はよく出題されます。三角形の面積を求めるときは，頂点の座標から，底辺と高さを調べ，面積を求める公式にあてはめます。

例1 右の図のように，関数$y=\frac{1}{2}x^2$のグラフ上に点A，x軸上に点Bがあり，点Aと点Bのx座標はどちらも4です。〈長崎〉

(1) 点Aのy座標を求めなさい。

(2) △OABの面積を求めなさい。

(3) 直線OAの式を求めなさい。

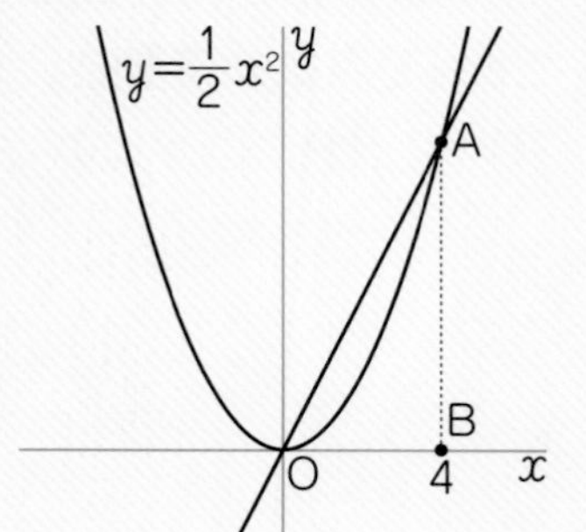

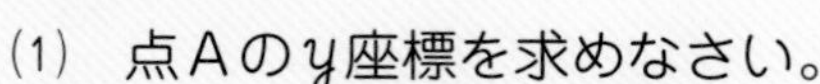

(1) 点Aは，関数$y=\frac{1}{2}x^2$のグラフ上の点で，x座標が4だから，関数の式に$x=4$を代入します。

座標を求める点が，どのグラフを通るかに注目します。

$y=\frac{1}{2}\times\square^2=\square$ ← 点Aのy座標です。

(2) OB⊥ABより，底辺をOB，高さをABとして，三角形の面積を求める公式にあてはめます。

点O，Bのx座標から，

OB＝4－0＝□

点A，Bのy座標から，

AB＝8－0＝□

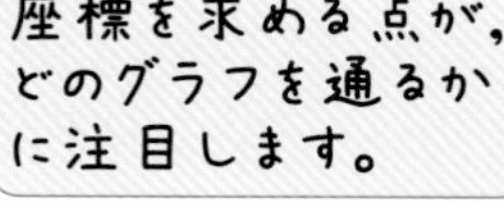

△OAB＝$\frac{1}{2}$×OB×AB＝$\frac{1}{2}$×□×□＝□

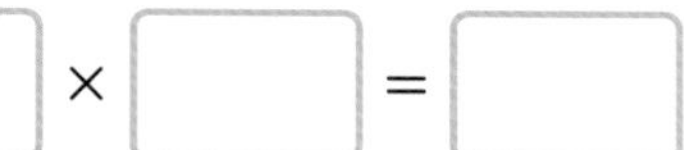

(3) 求める式を$y=ax$と表します。

点Aの座標は(4, □)だから，

原点を通るから，直線OAは比例の式です。

□＝4a

a＝□  答 y＝□

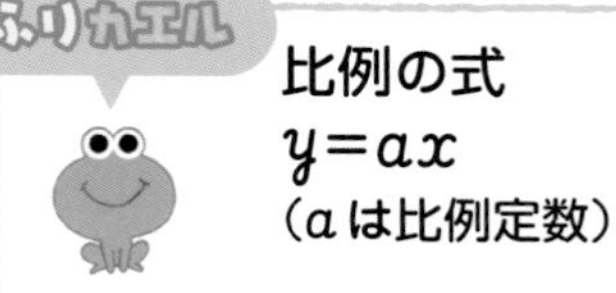

チャレンジ問題

解答 p.22

1 **右の図のように，関数 $y=ax^2$ のグラフ上に3点A，B，Cがあります。点Aの座標は(4，8)，点Bの x 座標は2であり，点Cと点Aの y 座標は等しいです。** 〈佐賀〉

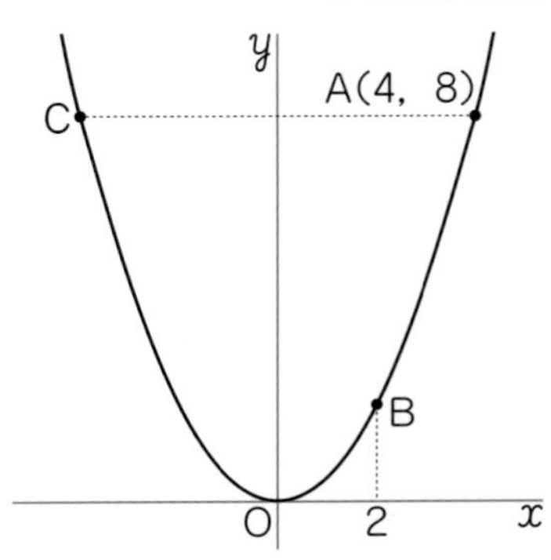

(1)　a の値を求めなさい。

(2)　直線ABの式を求めなさい。

(3)　△ABCの面積を求めなさい。

こまったときのヒント

1　(2)　2点A，Bの座標から，直線の傾きと切片を求めます。
　　(3)　底辺をACとし，3点A，B，Cの座標から底辺と高さを求めます。

〈左ページ例の答え〉 例1 (1) 4，8　(2) 4，8，4，8，16　(3) 8，8，2，$2x$

5 基本の作図を応用しよう

勉強した日　　月　　日

入試では，さまざまな作図の問題が出題されます。ただ，作図で利用するのは，**垂線**，**垂直二等分線**，**角の二等分線**がほとんどです。この３つの作図の方法をしっかりと覚え，どの作図をすればよいのかを考えることが大切です。

例 1　頂点Ａを通り，△ABCの面積を２等分する直線を作図しなさい。　〈東京〉

底辺をBCとすると，頂点Ａを通り，△ABCの面積を２等分する直線は，辺BCの［　　］を通ります。したがって，

高さが等しいから，底辺が２等分なら，面積も２等分です。

辺BCの［　　　　］を作図します。

1　点B，［　　］を中心とする半径の等しい円をかき，その円の交点をD，Eとします。

2　直線DEをひき，辺BCとの交点をFをとします。

3　直線AFをひきます。

答

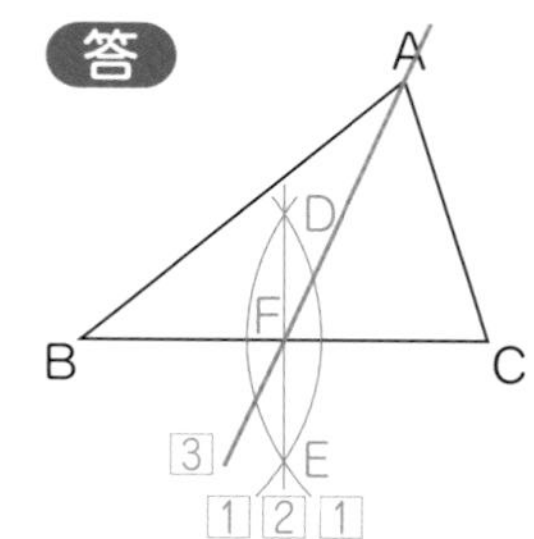

例 2　右の図のように，∠A＝90°の直角三角形ABCがあります。辺BC上に，点Ｂと異なる点Ｐをとり，△ABCと△PACが相似となるようにします。点Ｐを作図しなさい。　〈北海道〉

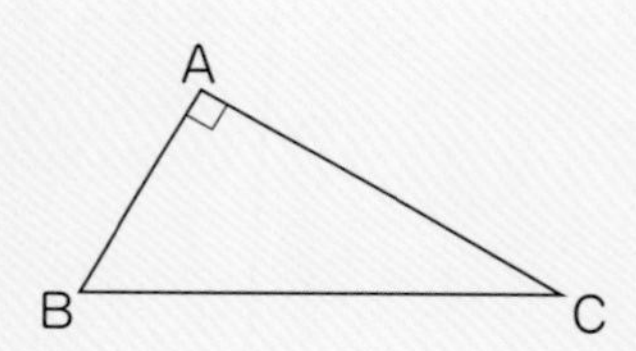

２組の角が等しければ相似だから，∠APC＝［　　］°となるように，点Ｐを作図します。したがって，点Ａを通る辺BCの［　　］を作図します。

1　点［　　］を中心とする円をかき，その円と辺BCとの交点をD，Eとします。

2　点D，Eを中心とする半径の等しい円をかき，その交点をFとします。

3　半直線AFをひき，辺BCとの交点をＰとします。

答

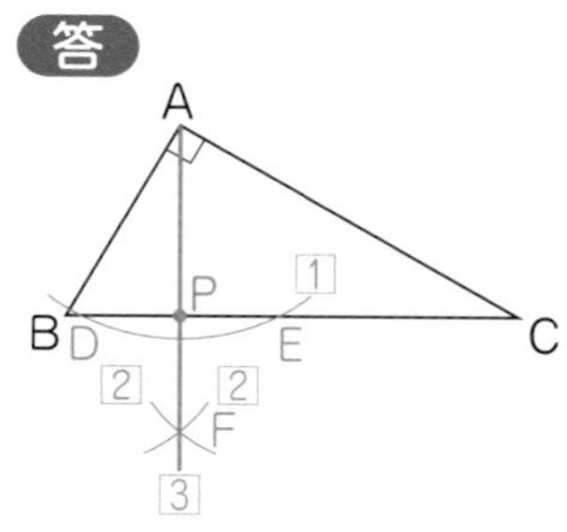

チャレンジ問題

解答 p.23

1 右の図において，頂点Bを通り△ABCの面積を2等分する直線を作図しなさい。 〈鹿児島〉

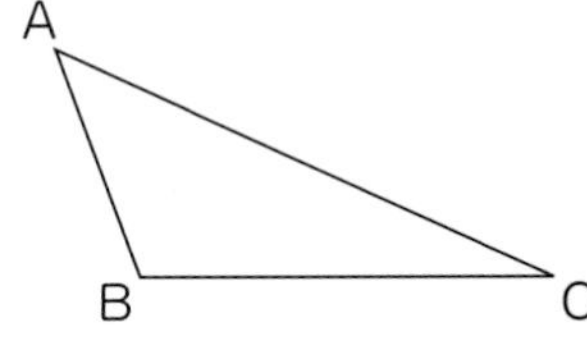

入試特集

2 右の図のように，∠A＝90°，AB＝ACである△ABCがあります。次の［条件］①，②をともに満たす点D，Eをそれぞれ辺AB，AC上に作図しなさい。 〈大分〉

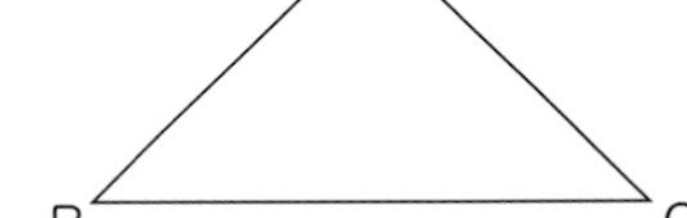

［条件］ ① △ABCと△ADEは相似です。

② △ADEの面積は△ABCの面積の$\frac{1}{2}$倍です。

こまったときのヒント

1 辺ACの中点を通る直線を作図します。

2 線分AD，AEの長さは，辺BCの半分の長さになるので，辺BCの垂直二等分線を作図します。

〈左ページ**例**の答え〉 **例1** 中点，垂直二等分線，(点)C **例2** 90，垂線，A

最短距離

6 長さがもっとも短くなるのは？

勉強した日　月　日

立体図形に糸をかけるなどの問題で，糸の長さがもっとも短くなるときの長さを求めるときは，展開図をかいて平面図形で考えます。展開図の中で直角三角形を見つけ，三平方の定理を使って斜辺の長さを求めます。

例①　GH＝2cm，FG＝4cm，BF＝7cmの直方体があります。辺CG上に点Pをとり，線分DPとPFの長さの和が最小となるようにします。このとき，DP＋PFを求めなさい。〈沖縄〉

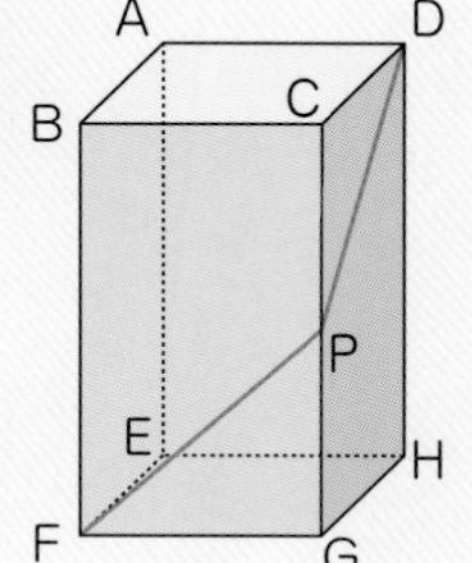

直方体の展開図で，線分DP，PFをふくむ面に注目します。
線分DPをふくむ面は，面CGHD，線分PFをふくむ面は，

面です。←右の展開図で□の部分です。

DP＋PFが最小になるのは，DPとPFが

にあるときです。

したがって，線分DFの長さを求めます。←右下の図になります。
△DFHは直角三角形だから，

$DH^2+FH^2=DF^2$ ←三平方の定理を使います。（ここが斜辺です。）

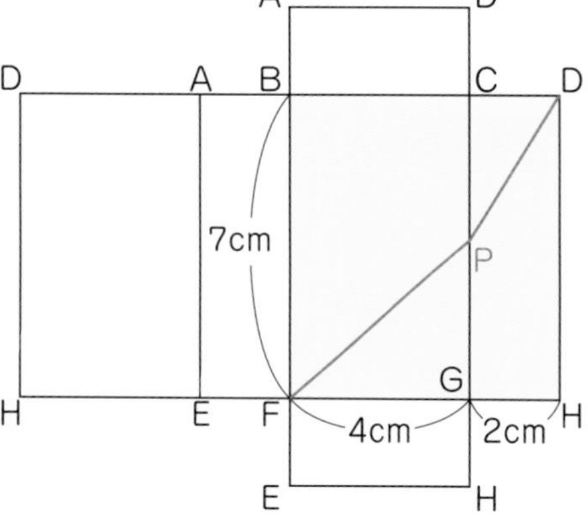

DH＝7cm，FH＝cmだから，（FG＋GHです。）

$DF^2=7^2+$□^{2}

$DF^2=$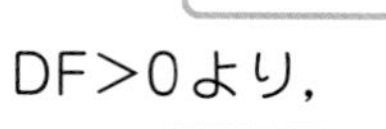

DF＞0より，

DF＝（cm）

答

↓□の面に注目！

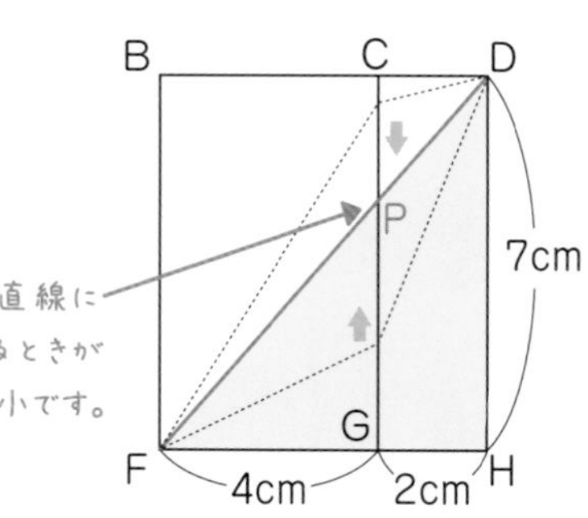

ふりカエル

三平方の定理
右の直角三角形で，
$a^2+b^2=c^2$

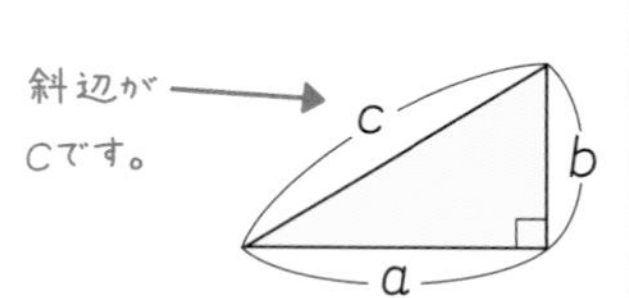

チャレンジ問題

➡ 解答 p.23

1 右の図に示した立体ABC－DEFは，AB＝BC＝CA＝4cm，AD＝9cm，∠ABE＝∠CBE＝90°の正三角柱です。辺DEの中点をMとします。辺CF上にある点をP，辺AD上にある点をQとし，点Mと点Q，点Pと点Qをそれぞれ結び，PQ＋QM＝ℓcmとします。FP＝8cmのとき，ℓの値がもっとも小さくなる場合のℓの値を求めなさい。

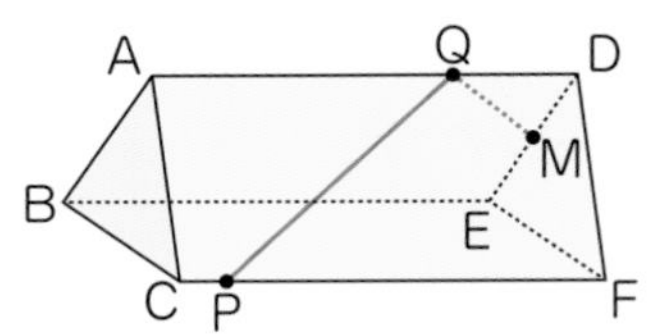

〈東京〉

2 右の図のように，AB＝3cm，AD＝4cm，AE＝6cmの直方体ABCDEFGHがあります。辺FGの中点をMとし，この直方体に，頂点Aから辺BFと交わるように点Mまで糸をかけます。かける糸の長さがもっとも短くなるときの，糸と辺BFとの交点をPとします。このとき，線分APと線分PMの長さの比をもっとも簡単な整数の比で表しなさい。

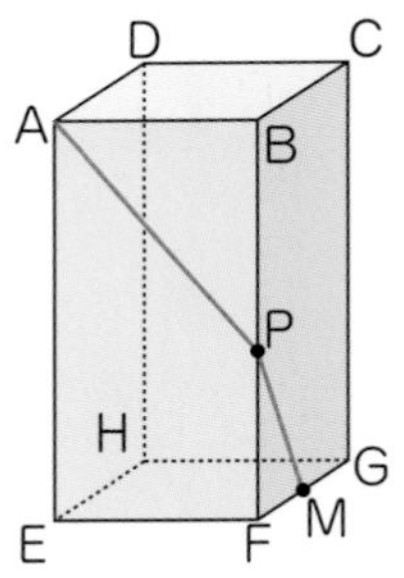

〈長崎〉

こまったときのヒント

1 展開図で，PQ，QMをふくむ面を考え，直角三角形MPFで三平方の定理を使います。
2 展開図で，AP，PMをふくむ面を考え，△MAEで，三角形と線分の比を使います。

〈左ページ**例**の答え〉 **例①** BFGC，一直線上，6，6，85，$\sqrt{85}$，$\sqrt{85}$cm

7 図形を使った確率を求めよう

勉強した日　　月　　日

入試では，図形の性質を使って確率を求める問題も出題されます。その場合も，樹形図や表を使って場合の数を整理して，確率を求めます。樹形図，表のどちらを使うと解きやすいか，よく考えてから解きましょう。

例1 **右の図のように，正三角形ABCがあり，辺AB，辺BC，辺CAの中点をそれぞれ点D，E，Fとします。また，箱の中にはB，C，D，E，Fの文字が書かれた5個のボールが入っています。箱の中から2個のボールを取り出し，それらのボールと同じ文字の点と，頂点Aの3点を結んでできる図形について，できる図形が直角三角形になる確率を求めなさい。** 〈富山〉

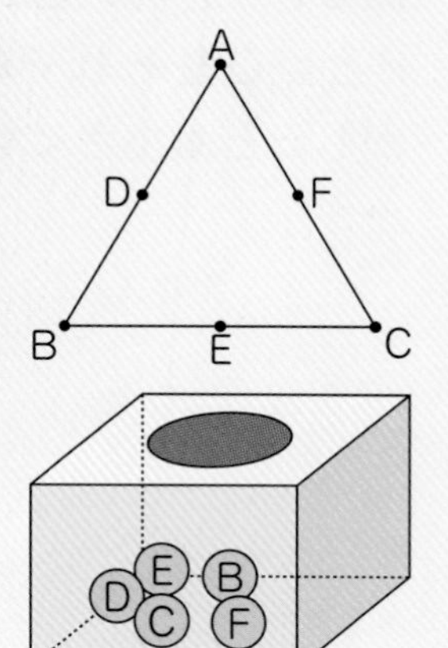

右下のような樹形図をつくります。

1 ボールの取り出し方は全部で［　　］通り。

2 △ABCは正三角形だから，3点を結んでできる図形が直角三角形になるのは，下のように，2つの頂点と底辺の［　　］を結んだ場合だけになります。

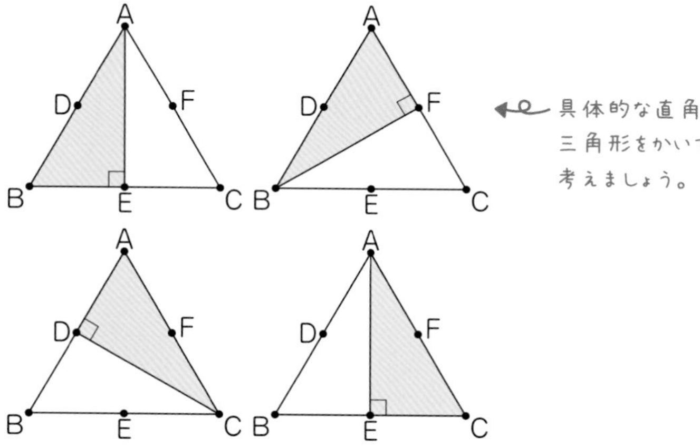

1個目	2個目	結果
B	C	
	D	
	E	●
	F	●
C	D	●
	E	●
	F	
D	E	
	F	
E	F	

したがって，図形が直角三角形になる出方は，

［　　］通り。 ← 樹形図で●の数を数えます。

3 確率p＝［　　］ ← 約分して答えます。

チャレンジ問題

解答 p.23

1 右の図のように，半径1の円Oの円周を6等分する点A，B，C，D，E，Fがあります。さいころの6つの面に，図の円周上の点を表すAからFの文字のシールがはってあります。このさいころを2回投げ，出た文字の2つの点を結んだとき，線分の長さが1になる確率を求めなさい。ただし，同じ文字が出たときは線分の長さを0とします。

〈滋賀〉

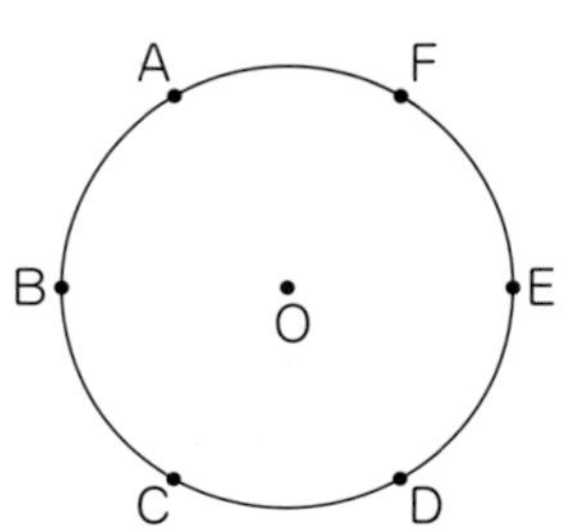

こまったときのヒント

1 半径1の円を6等分しているから，六角形ABCDEFは1辺の長さが1の正六角形になります。したがって，正六角形の1辺をつくる2つの目が出たとき，線分の長さは1になります。

〈左ページ**例**の答え〉 **例1** 10，中点，4，$\frac{2}{5}$

読ん得コラム　入試特集

特集 入試に向けてのアドバイス!!

ここまでよくがんばりましたね。
これでこの本の問題はすべて終了です！

でも，入試本番に向けて不安も残ります。

入試は誰でも緊張します。難しい問題が出題されることもあります。でも，この本で学習したような基本的な問題も出題されます。合格のカギは，落ち着いて，解ける問題から解くことです。

ちょっと不安が減りました。
合格目指して，がんばります。

解ける問題を探そう!!

ここまで，入試で合格するための，基本的な問題の解き方を学習しました。
次は，あなたが受験する学校の問題を知ることが大切です。
過去にどんな問題が出題されたかを調べ，傾向をつかみましょう。
入試問題には，難しい問題もふくまれます。
時間がかかる問題や，苦手な問題はあとにして，簡単な問題，得意な問題から解きましょう。
あわてずに，解ける問題を確実に解くことが大切です。

見直しも大切です。
解ける問題こそ，見直しをして，計算ミスをしていないか確かめましょう。

過去の問題を，
時間を計って
解いてみます。

⬅この「解答と解説」は取りはずして使えます。

わからないをわかるにかえる

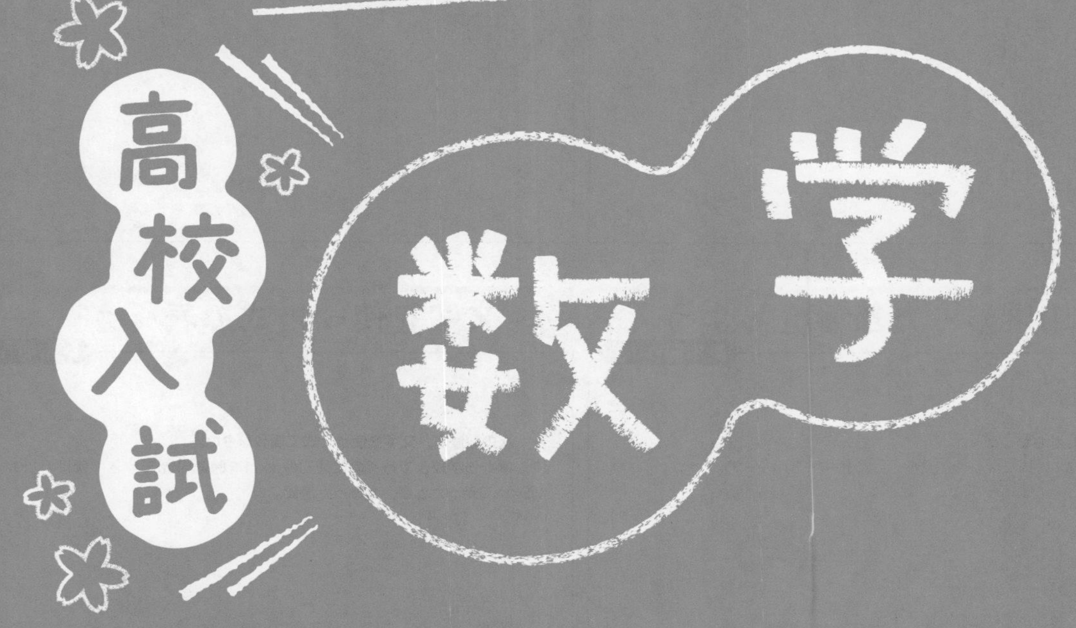

BUNRI

1 正負の数のたし算とひき算

▶本冊 p.9

練習問題

1 次の計算をしなさい。

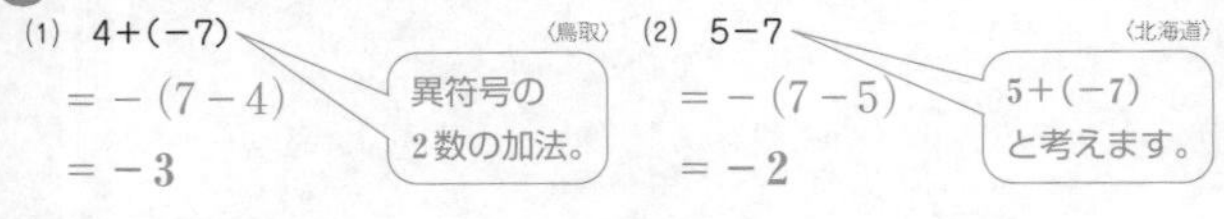

(1) $4+(-7)$ 〈鳥取〉
$= -(7-4)$
$= -3$
（異符号の2数の加法。）

(2) $5-7$ 〈北海道〉
$= -(7-5)$
$= -2$
（$5+(-7)$ と考えます。）

(3) $(-2)+11$ 〈群馬〉
$= +(11-2)$
$= 9$

(4) $-4-6$ 〈徳島〉
$= -(4+6)$
$= -10$

答えの＋の符号は省略することができるよ。

2 次の計算をしなさい。

(1) $1-(-8)$ 〈大阪〉
← 負の数をひく。
$= 1+(+8)$
$= 9$
← 正の数をたす。

(2) $(-7)-(-4)$ 〈千葉〉
$= (-7)+(+4)$
$= -3$

(3) $-6-(-4)$ 〈兵庫〉
$= -6+(+4)$
$= -2$

(4) $-8-(-25)$ 〈愛知〉
$= -8+(+25)$
$= 17$

減法は加法になおして考えましょう。
$-(+●)$ ➡ $+(-●)$　　$-(-●)$ ➡ $+(+●)$

2 正負の数のかけ算とわり算

▶本冊 p.11

練習問題

1 次の計算をしなさい。

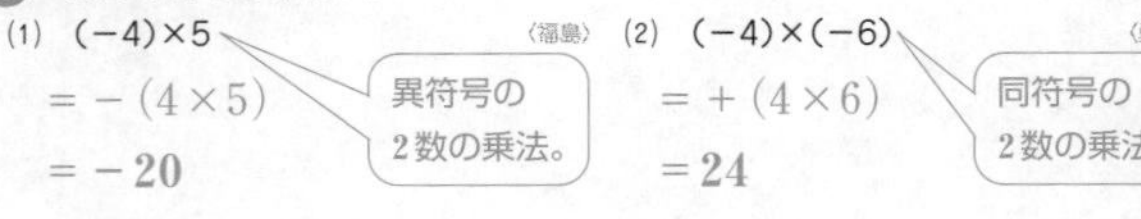

(1) $(-4)\times5$ 〈福島〉
$= -(4\times5)$
$= -20$
（異符号の2数の乗法。）

(2) $(-4)\times(-6)$ 〈愛媛〉
$= +(4\times6)$
$= 24$
（同符号の2数の乗法。）

(3) $(-5)\times(-4)$ 〈兵庫〉
$= +(5\times4)$
$= 20$

(4) $7\times(-6)$ 〈三重〉
$= -(7\times6)$
$= -42$

2 次の計算をしなさい。

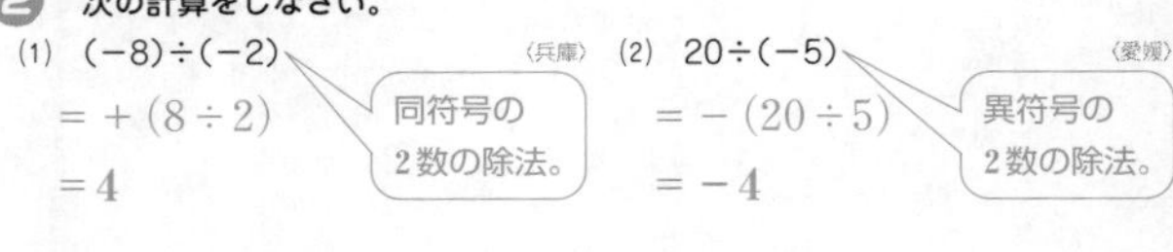

(1) $(-8)\div(-2)$ 〈兵庫〉
$= +(8\div2)$
$= 4$
（同符号の2数の除法。）

(2) $20\div(-5)$ 〈愛媛〉
$= -(20\div5)$
$= -4$
（異符号の2数の除法。）

(3) $(-12)\div4$ 〈徳島〉
$= -(12\div4)$
$= -3$

(4) 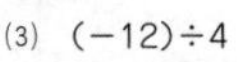 $(-4)^2\div\frac{1}{5}$ 〈北海道〉
← $(-4)^2$ から先に計算する。
$= 16\div\frac{1}{5}$
$= 16\times5$
（わる数を逆数にして乗法にする。）
$= 80$

2数の乗法，除法では，異符号のときだけ答えがマイナスになるよ。

3 四則の混じった計算をしよう

▶本冊 p.13

練習問題

1 次の計算をしなさい。

(1) $1+(-8)-6$ 〈山形〉
← 符号はそのままでかっこをはずす。
$= 1-8-6$
$= 1-14$
（負の項の和を求める。）
$= -13$

(2) $2-(-3)+(-7)$ 〈高知〉
← 符号を反対にしてかっこをはずす。
$= 2+3-7$
$= 5-7$
（正の項の和を求める。）
$= -2$

2 次の計算をしなさい。

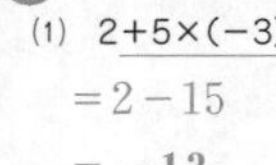

(1) $2+5\times(-3)$ 〈三重〉
$= 2-15$
$= -13$
（乗法を先に計算します。）

(2) $6+4\div(-2)$ 〈富山〉
$= 6-2$
$= 4$
（除法を先に計算します。）

(3) $2-5\times(2-5)$ 〈愛知〉
$= 2-5\times(-3)$
$= 2+15$
$= 17$
（かっこの中を先に計算します。）

(4) $(-4)^2+8\div(-2)$ 〈千葉〉
$= 16+8\div(-2)$
$= 16-4$
$= 12$
（累乗を先に計算します。）

(5) $(-3)^2\times2-5\times3$ 〈茨城〉
$= 9\times2-5\times3$
$= 18-15$
$= 3$

(6) $5\times(-4)^2-3^2$ 〈京都〉
$= 5\times16-9$
$= 80-9$
$= 71$

4 文字を使った式で表そう

▶本冊 p.15

練習問題

1 次の数量を，文字を使った式で表しなさい。

(1) 家から学校まで行くのに最初の $x$km を時速5km で歩き，残りの $y$km を時速9km で走ったとき，かかった時間。 〈佐賀〉
← $\frac{x}{5}$ 時間
← $\frac{y}{9}$ 時間

答 $\frac{x}{5}+\frac{y}{9}$（時間）

(2) 右の表は，ある店の商品A，B，Cの1個あたりの定価を示したものです。商品Aをa個，商品Bをb個，商品Cを2個買ったときの合計金額。 〈徳島〉

商品	商品A	商品B	商品C
定価	200円	150円	120円

商品Aを a 個 ➡ $200a$ 円　　商品Bを b 個 ➡ $150b$ 円
← 200円　　← 150円
商品Cを2個 ➡ 240円
← 120円　　← $120\times2=240$

答 $200a+150b+240$（円）

2 $a=2$ のとき，$-5a+4$ の値を求めなさい。 〈大阪〉

$a=2$ を代入。
$-5a+4 = -5\times2+4$
← 記号×を補う。
$= -10+4$
$= -6$

答 -6

5 文字式の計算をしよう

▶本冊p.17

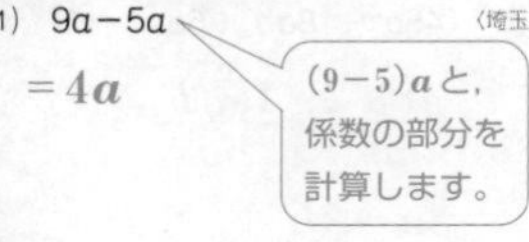

1 次の計算をしなさい。

(1) $9a-5a$ 〈埼玉14〉

$=\mathbf{4a}$

（$(9-5)a$と，係数の部分を計算します。）

(2) $4a-(9-7a)$ 〈滋賀〉

（$-1\times(9-7a)$）

$=4a-9+7a$

$=4a+7a-9$

（文字をふくむ項と数の項に整理。）

（$(4+7)a$）

$=\mathbf{11a-9}$

(3) $4(3a+1)-(7a-5)$ 〈富山〉

$=12a+4-7a+5$

$=12a-7a+4+5$

$=\mathbf{5a+9}$

(4) $(2x+1)-3(1-x)$ 〈沖縄〉

$=2x+1-3+3x$

$=2x+3x+1-3$

$=\mathbf{5x-2}$

(5) $4(x+2)-(3x-1)$ 〈徳島〉

$=4x+8-3x+1$

$=4x-3x+8+1$

$=\mathbf{x+9}$

(6) $3(x-2)-(x-1)$ 〈鳥取〉

$=3x-6-x+1$

$=3x-x-6+1$

$=\mathbf{2x-5}$

分配法則を使って計算するよ。

$a(b+c)=ab+ac$　　$(a+b)\times c=ac+bc$

6 関係を式で表そう

▶本冊p.19

1 次の数量の間の関係を，等式または不等式で表しなさい。

(1) 25mのテープからxmのテープを7本切り取ると，ym残ります。 〈愛知〉

（$7x$m）

答 $\mathbf{25-7x=y}$

(2) 1個xgのおもり2個と1個ygのおもり5個の重さの合計は，50gより重くなりました。 〈富山〉

（$2x$g）（$5y$g）

$2x$gと$5y$gの重さの合計が50gより重くなることを，不等式で表します。

「～より重い」だから，「≧」ではないことに注意しよう。

答 $\mathbf{2x+5y>50}$

(3) 重さが500kgをこえると動かなくなるエレベーターがあります。体重75kgの人1人が，1個25kgの荷物a個とともに，このエレベーターに乗って移動することができました。 〈山形〉

（$25a$kg）

エレベーターに乗って移動できたので，重さの合計が500kg以下になることを，不等式で表します。

（500kgでも動く。）

答 $\mathbf{75+25a\leqq 500}$

等式や不等式のつくり方

1 数量を，文字を使って表す。

2 等しくなる場合は等号，等しくならない場合は不等号を使って，数量の関係を式で表す。

7 同類項をまとめよう

▶本冊p.21

1 次の計算をしなさい。

(1) $6a+4b-(3a-b)$ 〈大阪〉

$=6a+4b-3a+b$

$=6a-3a+4b+b$

$=\mathbf{3a+5b}$

(2) $2(3x-y)-(4x-3y)$ 〈富山〉

$=6x-2y-4x+3y$

$=6x-4x-2y+3y$

$=\mathbf{2x+y}$

(3) $7x-6y+4(y-x)$ 〈熊本〉

$=7x-6y+4y-4x$

$=7x-4x-6y+4y$

$=\mathbf{3x-2y}$

(4) $4a+5b-3(a+2b)$ 〈岐阜〉

$=4a+5b-3a-6b$

$=4a-3a+5b-6b$

$=\mathbf{a-b}$

(5) $7(2a-3b)-5(3a-4b)$ 〈大分〉

$=14a-21b-15a+20b$

$=14a-15a-21b+20b$

$=\mathbf{-a-b}$

(6) $4(2a-3b)-7(a-2b)$ 〈和歌山〉

$=8a-12b-7a+14b$

$=8a-7a-12b+14b$

$=\mathbf{a+2b}$

8 文字式のかけ算とわり算

▶本冊p.23

1 次の計算をしなさい。

(1) $x^2y\times(-3xy)$ 〈沖縄〉

$=-3\times x\times x\times y\times x\times y$

$=\mathbf{-3x^3y^2}$

(2) $ab^2\div(-b)$ 〈山口〉

$=-\dfrac{a\times b\times b}{b}$

$=\mathbf{-ab}$

乗法は，数の部分と文字の部分に分けて，計算しよう。
除法は，わる式を分母にして，分数になおそう。

2 次の計算をしなさい。

(1) $12ab\div3b\times(-2a)$ 〈福井〉

$=-\dfrac{12\times a\times b\times2\times a}{3\times b}$

$=\mathbf{-8a^2}$

(2) $5x^2y\div(-4xy)\times8y$ 〈富山〉

$=-\dfrac{5\times x\times x\times y\times8\times y}{4\times x\times y}$

$=\mathbf{-10xy}$

(3) $x^3y\times x^2y^4\div xy^2$ 〈大分〉

$=\dfrac{x\times x\times x\times y\times x\times x\times y\times y\times y\times y}{x\times y\times y}$

$=\mathbf{x^4y^3}$

(4) $8a\times(-6ab^3)\div(-ab)^2$ 〈鹿児島〉

$=8a\times(-6ab^3)\div a^2b^2$

$=-\dfrac{8\times a\times6\times a\times b\times b\times b}{a\times a\times b\times b}$

$=\mathbf{-48b}$

約分するときは，1つ1つていねいに！

9 $x=$～という形の式をつくろう

▶本冊p.25

練習問題

1 $x=2$, $y=-\frac{1}{2}$のとき，$(3x-2y)+2(2x-y)$の値を求めなさい。〈福島〉

$(3x-2y)+2(2x-y)=3x-2y+4x-2y$

$=7x-4y$

$=7\times2-4\times\left(-\frac{1}{2}\right)$　($x=2$, $y=-\frac{1}{2}$をここで代入。)

$=14+2$

$=16$

式を簡単にしてから代入しよう。

答 16

2 $a=3$, $b=-2$のとき，$16a^2b\div(-4a)$の値を求めなさい。〈北海道〉

$16a^2b\div(-4a)=-\frac{16a^2b}{4a}$

$=-4ab$

$=-4\times3\times(-2)$　($a=3$, $b=-2$をここで代入。)

$=24$

答 24

3 次の等式をyについて解きなさい。

(1) $5x-y=2$〈高知〉

$-y=-5x+2$　（符号に注意。）

$y=5x-2$

(2) $5x+3y-6=0$〈福島〉

$3y=-5x+6$

$y=\frac{-5x+6}{3}$

10 式を展開しよう

▶本冊p.27

練習問題

1 次の計算をしなさい。

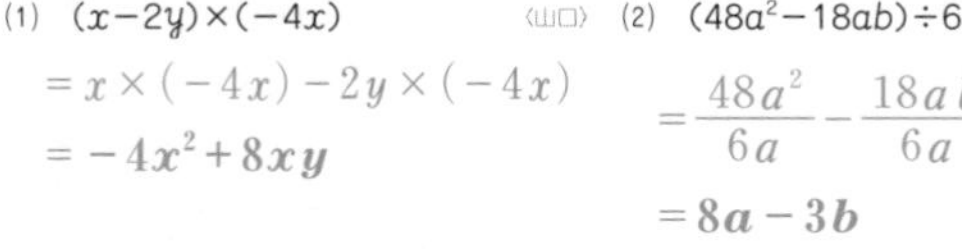

(1) $(x-2y)\times(-4x)$〈山口〉

$=x\times(-4x)-2y\times(-4x)$

$=-4x^2+8xy$

(2) $(48a^2-18ab)\div6a$〈静岡〉

$=\frac{48a^2}{6a}-\frac{18ab}{6a}$

$=8a-3b$

(3) $(10x^2y-5xy^2)\div5xy$〈愛媛〉

$=\frac{10x^2y}{5xy}-\frac{5xy^2}{5xy}$

$=2x-y$

(4) $(-8ab+12b^2)\div2b$〈山形〉

$=-\frac{8ab}{2b}+\frac{12b^2}{2b}$

$=-4a+6b$

2 次の式を展開しなさい。

(1) $(2x-1)(x+3)$〈群馬〉

$=2x^2+6x-x-3$　（①②③④）

$=2x^2+5x-3$

(2) $(x+7)(x-1)$〈沖縄〉

$=x^2-x+7x-7$　（①②③④）

$=x^2+6x-7$

11 乗法公式を使って展開しよう

▶本冊p.29

練習問題

1 次の式を展開しなさい。

(1) $(x-3)(x+8)$〈大阪〉 乗法公式①

$=x^2+(-3+8)x-3\times8$　（和，積）

$=x^2+5x-24$

(2) $(x-2)(x+2)$〈沖縄〉 乗法公式④

$=x^2-2^2$　（2乗，2乗）

$=x^2-4$

(3) $(x-2)^2$〈栃木〉 乗法公式③

$=x^2-2\times2\times x+2^2$　（2倍，2乗）

$=x^2-4x+4$

(4) $(3x+1)^2$〈群馬〉 乗法公式②

$=(3x)^2+2\times1\times3x+1^2$　（2倍，2乗）

$=9x^2+6x+1$

2 次の計算をしなさい。

(1) $(x+3)^2-x(x-9)$〈高知〉 乗法公式②

$=x^2+6x+9-x^2+9x$

$=15x+9$

(2) $(x+3)^2+(x-1)(x-4)$〈愛媛〉 乗法公式②　乗法公式①

$=x^2+6x+9+x^2-5x+4$

$=2x^2+x+13$

公式にあてはめて，1つ1つ計算しよう。

12 因数分解の公式を使おう

▶本冊p.31

練習問題

1 次の式を因数分解しなさい。

(1) $x^2+5x-14$〈佐賀〉 因数分解の公式①

$=(x-2)(x+7)$

かけて−14，たして5になる2つの数は，−2と7

(2) x^2-64〈鳥取〉 因数分解の公式④

$=x^2-8^2$　（2乗，2乗）

$=(x+8)(x-8)$

(3) $x^2+8x+16$〈茨城〉 因数分解の公式②

$=x^2+2\times4\times x+4^2$　（2倍，2乗）

$=(x+4)^2$

(4) $9x^2-49$〈三重〉 因数分解の公式④

$=(3x)^2-7^2$　（2乗，2乗）

$=(3x+7)(3x-7)$

2 次の式を因数分解しなさい。

(1) $a(b+8)-(b+8)$〈群馬〉

$b+8=A$とおくと，

$a(b+8)-(b+8)$

$=aA-A$　（共通因数をくくり出す。）

$=(a-1)A$　（Aを戻す。）

$=(a-1)(b+8)$

(2) $(a+b)^2-16$〈兵庫〉

$a+b=A$とおくと，

$(a+b)^2-16$

$=A^2-16$

$=A^2-4^2$　（因数分解の公式④）

$=(A+4)(A-4)$

$=(a+b+4)(a+b-4)$

13 いろいろな式を因数分解しよう

▶本冊p.33

練習問題

1 次の式を因数分解しなさい。

(1) $x(x+1)-20$ 〈愛知〉

$=x^2+x-20$ （かっこをはずす。）
因数分解の公式①
$=(x-4)(x+5)$

かけて-20，たして1になる2つの数は，-4と5

(2) $3x^2y-6xy-24y$ 〈山形〉

共通因数の$3y$をくくり出します。

$=3y(x^2-2x-8)$
因数分解の公式①
$=3y(x+2)(x-4)$

かけて-8，たして-2になる2つの数は，2と-4

2 $a=5$，$b=-1$のとき，$a^2+2ab+b^2$の値を求めなさい。 〈三重〉

$a^2+2ab+b^2$ まず，因数分解の公式②を使う。
$=(a+b)^2$ ここで，$a=5$，$b=-1$を代入。
$=(5-1)^2$ 4^2となり，計算が簡単になる。
$=16$

答 16

3 $a=37$，$b=12$のとき，a^2-9b^2の値を求めなさい。 〈静岡〉

a^2-9b^2 まず，因数分解の公式④を使う。
$=(a+3b)(a-3b)$
$=(37+3\times12)\times(37-3\times12)$ ここで，$a=37$，$b=12$を代入。
$=(37+36)\times(37-36)$
$=73\times1$ ← かける数が1となり，計算が簡単になる。
$=73$

答 73

14 平方根とは？

▶本冊p.35

練習問題

1 次の㋐～㋔の中から，無理数をすべて選び，記号で答えなさい。 〈群馬〉
（無理数：有理数でない数。）

㋐ $\frac{1}{3}$　㋑ $\sqrt{5}$　㋒ 0.25　㋓ $-2\sqrt{3}$　㋔ $\sqrt{16}$

aを整数，bを0ではない整数としたとき，分数$\frac{a}{b}$の形で表すことができる数は有理数です。
㋐ 分数で表されるから有理数です。
㋒ $0.25=\frac{25}{100}=\frac{1}{4}$　㋔ $\sqrt{16}=4=\frac{4}{1}$

答 ㋑，㋓

2 $\sqrt{5}<n<\sqrt{13}$となるような自然数nを求めなさい。 〈高知〉

$n=\sqrt{n^2}$より，$5<n^2<13$となる自然数nを考えます。
$9=3^2$だから，$n=3$

答 $n=3$

3 nを1けたの自然数とします。$\sqrt{n+18}$が整数となるようなnの値を求めなさい。 〈鹿児島〉

$n+18$がある自然数の2乗になるとき，$\sqrt{n+18}$が整数となります。nは1けたの自然数だから，$19\leqq n+18\leqq27$
（$1\leqq n\leqq9$）
$n+18=5^2$のとき，$\sqrt{n+18}$は整数5になります。
$n+18=25$
$n=7$

答 $n=7$

15 $\sqrt{\ }$がついた数の計算をしよう

▶本冊p.37

練習問題

1 次の計算をしなさい。

(1) $\sqrt{27}+\sqrt{3}$ 〈長崎〉
（$\sqrt{27}$：$a\sqrt{b}$の形になおす。）

$=3\sqrt{3}+\sqrt{3}$ $(3+1)\sqrt{3}$と計算。
$=4\sqrt{3}$

(2) $\sqrt{50}-3\sqrt{2}$ 〈沖縄〉
（$\sqrt{50}$：$a\sqrt{b}$の形になおす。）

$=5\sqrt{2}-3\sqrt{2}$ $(5-3)\sqrt{2}$と計算。
$=2\sqrt{2}$

(3) $\sqrt{8}+\sqrt{6}\times\sqrt{3}$ 〈茨城〉
（乗法を先に計算。）

$=\sqrt{8}+\sqrt{18}$ $a\sqrt{b}$の形になおす。
$=2\sqrt{2}+3\sqrt{2}$ $(2+3)\sqrt{2}$と計算。
$=5\sqrt{2}$

(4) $\sqrt{30}\div\sqrt{5}-\sqrt{42}\times\sqrt{7}$ 〈京都〉
（乗法・除法を先に計算。）

$=\sqrt{\frac{30}{5}}-\sqrt{42\times7}$
$=\sqrt{6}-\sqrt{6\times7\times7}$
$=\sqrt{6}-7\sqrt{6}$ $(1-7)\sqrt{6}$と計算。
$=-6\sqrt{6}$

2 次の計算をしなさい。

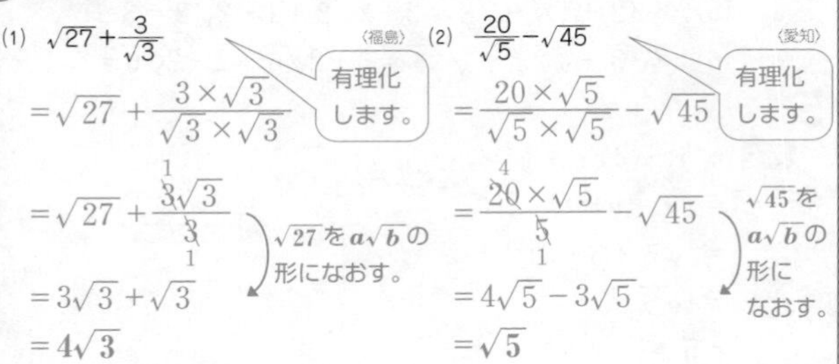

(1) $\sqrt{27}+\frac{3}{\sqrt{3}}$ 〈福島〉
（有理化します。）

$=\sqrt{27}+\frac{3\times\sqrt{3}}{\sqrt{3}\times\sqrt{3}}$
$=\sqrt{27}+\frac{3\sqrt{3}}{3}$ $\sqrt{27}$を$a\sqrt{b}$の形になおす。
$=3\sqrt{3}+\sqrt{3}$
$=4\sqrt{3}$

(2) $\frac{20}{\sqrt{5}}-\sqrt{45}$ 〈愛知〉
（有理化します。）

$=\frac{20\times\sqrt{5}}{\sqrt{5}\times\sqrt{5}}-\sqrt{45}$
$=\frac{20\times\sqrt{5}}{5}-\sqrt{45}$ $\sqrt{45}$を$a\sqrt{b}$の形になおす。
$=4\sqrt{5}-3\sqrt{5}$
$=\sqrt{5}$

16 公式を使って計算しよう

▶本冊p.39

練習問題

1 次の計算をしなさい。

(1) $(\sqrt{6}+5)(\sqrt{6}-2)$ 〈東京〉
乗法公式①
$=6+3\sqrt{6}-10$
$=-4+3\sqrt{6}$

(2) $(\sqrt{2}-\sqrt{5})^2$ 〈千葉〉
乗法公式③
$=2-2\sqrt{10}+5$
$=7-2\sqrt{10}$

(3) $(2\sqrt{7}-\sqrt{5})(2\sqrt{7}+\sqrt{5})$ 〈三重〉
乗法公式④
$=(2\sqrt{7})^2-(\sqrt{5})^2$
$=28-5$
$=23$

(4) $(2-\sqrt{3})^2+\sqrt{12}$ 〈山形〉
乗法公式③（$\sqrt{12}$：$a\sqrt{b}$の形になおす。）
$=4-4\sqrt{3}+3+2\sqrt{3}$
$=7-2\sqrt{3}$

2 $x=3+\sqrt{7}$のときの，式x^2-6x+9の値を求めなさい。 〈鹿児島〉

$x^2-6x+9=(x-3)^2$ （因数分解の公式③） $x=3+\sqrt{7}$をここで代入。
$=(3+\sqrt{7}-3)^2$
$=(\sqrt{7})^2$
$=7$

答 7

3 $x=\sqrt{2}+1$，$y=\sqrt{2}-1$のときの，式x^2-y^2の値を求めなさい。 〈徳島〉

$x^2-y^2=(x+y)(x-y)$ （因数分解の公式④） ここで代入。
$=(\sqrt{2}+1+\sqrt{2}-1)(\sqrt{2}+1-\sqrt{2}+1)$
$=2\sqrt{2}\times2$
$=4\sqrt{2}$

答 $4\sqrt{2}$

まとめのテスト1　1 数と式
▶本冊 p.40〜41

1 (1) 15　(2) 3
(3) 6　(4) 14
(5) $a-3$　(6) $3x-1$
(7) $-18a$　(8) $9x^3$

解説 計算の順序に注意しましょう。
(1) $7-4\times(-2)=7+8=15$
(2) $5+(-14)\div7=5-2=3$
(3) $-9+(-5)\times(1-4)=-9+(-5)\times(-3)$
$=-9+15=6$
(4) $2\times(-3)^2-2^2=2\times9-4=18-4=14$
(5) $4a-3(a+1)=4a-3a-3=a-3$
(6) $(x+5)-2(-x+3)=x+5+2x-6=3x-1$
(7) $6a\times(-3)=6\times(-3)\times a=-18a$
(8) $(-3x)^2\times x=9x^2\times x=9x^3$

2 (1) $a-4b\geqq10$　(2) $4a+3b<1700$

解説 ことばの式を考えてから，文字式に表しましょう。
不等号の違いにも注意しましょう。
(1) (はじめの本数)−(配った本数)≧(10本)
不等号の向きに注意。
(2) (ケーキの代金)+(シュークリームの代金)
<(1700円)
≦ではない。

3 (1) $3a-b$　(2) $-a+12b$
(3) $3a-b$　(4) $2a+9b$
(5) $-\frac{5}{6}x$　(6) $-6y^2$
(7) $\frac{3}{2}a^2b^3$　(8) $4a^2b$

解説 (3) $3(5a-b)-2(6a-b)$　分配法則を使ってかっこをはずす。
$=15a-3b-12a+2b$　同類項をまとめる。
$=3a-b$
(8) $8a^3\times(-b)^2\div2ab$　累乗を先に計算。
$=8a^3\times b^2\div2ab$　÷のうしろにある式を分母にする。
$=\frac{8a^3\times b^2}{2ab}$　約分して整理する。
$=4a^2b$

4 (1) $y=\frac{4x-15}{3}$　(2) $h=\frac{3V}{\pi r^2}$

解説 (1) $4x-3y=15$
$-3y=-4x+15$
$3y=4x-15$
$y=\frac{4x-15}{3}$

(2) $V=\frac{1}{3}\pi r^2h$
$\frac{1}{3}\pi r^2h=V$
$\pi r^2h=3V$
$h=\frac{3V}{\pi r^2}$

まとめのテスト2　1 数と式
▶本冊 p.42〜43

1 (1) $3x+2y$　(2) $x^2-12x+35$
(3) $x^2+4xy+4y^2$　(4) $x^2-9x-10$
(5) $4x-1$　(6) $2x^2+3x-26$

解説 分配法則や乗法公式を使って計算します。
(4) $(x+2)(x-5)-6x=x^2-3x-10-6x$
$=x^2-9x-10$
(5) $x(x+2)-(x-1)^2=x^2+2x-x^2+2x-1$
$=4x-1$
(6) $(x+5)(x-2)+(x+4)(x-4)$
$=x^2+3x-10+x^2-16$
$=2x^2+3x-26$

2 (1) $x(x+5)$　(2) $(x+2)(x+5)$
(3) $(x-3)(x+5)$　(4) $(x+y+3)(x-y-3)$
(5) $(3x+7)(3x-7)$　(6) $2(x+3)(x-3)$

解説 (4) $y+3=A$とすると，
$x^2-(y+3)^2=x^2-A^2$　因数分解の公式④
$=(x+A)(x-A)$　Aを$y+3$に戻す。
$=(x+y+3)(x-y-3)$
(5) $(3x+1)^2-2(3x+25)$　乗法公式②，分配法則を使ってかっこをはずす。
$=9x^2+6x+1-6x-50$
$=9x^2-49$　因数分解の公式④
$=(3x+7)(3x-7)$

3 5個

解説 $3=\sqrt{9}$，$5=\sqrt{25}$より，$9<3n<25$となる自然数nを考えると，$n=4$，5，6，7，8の5個になります。

4 (1) $-3\sqrt{3}$　(2) $\sqrt{3}$
(3) $-2\sqrt{3}$　(4) $3\sqrt{2}$
(5) 3　(6) 5

解説 (1) $\sqrt{27}-6\sqrt{3}=3\sqrt{3}-6\sqrt{3}=-3\sqrt{3}$
(2) $\sqrt{27}-\frac{6}{\sqrt{3}}=\sqrt{27}-\frac{6\times\sqrt{3}}{\sqrt{3}\times\sqrt{3}}=\sqrt{27}-\frac{6\sqrt{3}}{3}$
$=3\sqrt{3}-2\sqrt{3}=\sqrt{3}$
(3) $\sqrt{18}\div\sqrt{6}-\sqrt{27}=\sqrt{3}-3\sqrt{3}=-2\sqrt{3}$
(4) $\sqrt{10}\times\sqrt{5}-\frac{4}{\sqrt{2}}=\sqrt{50}-\frac{4\times\sqrt{2}}{\sqrt{2}\times\sqrt{2}}$
$=5\sqrt{2}-2\sqrt{2}=3\sqrt{2}$
(5) $(\sqrt{2}+1)^2-\sqrt{8}=2+2\sqrt{2}+1-2\sqrt{2}=3$
(6) $(\sqrt{3}+\sqrt{2})^2-\sqrt{24}=3+2\sqrt{6}+2-2\sqrt{6}=5$

5 5

解説 $x^2-2xy+y^2$　因数分解の公式③
$=(x-y)^2$　$x=\sqrt{5}+3$，$y=3$をここで代入。
$=(\sqrt{5}+3-3)^2$
$=(\sqrt{5})^2$
$=5$

17 移項して1次方程式を解こう

▶本冊p.49

練習問題

1 次の1次方程式を解きなさい。

(1) $5x-10=3x$ 〈熊本〉

$5x-3x=10$ ②

$2x=10$ ③

$x=5$

(2) $3x-4=2x+6$ 〈沖縄〉

$3x-2x=6+4$ ②

$x=10$

(3) $3x-4=-2x+6$ 〈長崎〉

$3x+2x=6+4$

$5x=10$

$x=2$

(4) $x-1=3x+3$ 〈熊本〉

$x-3x=3+1$

$-2x=4$

$x=-2$

(5) $x+6=2(x+1)$ 〈東京〉

かっこをはずす。

$x+6=2x+2$

$x-2x=2-6$

$-x=-4$

$x=4$

(6) $x+3.5=0.5(3x-1)$ 〈千葉〉

かっこをはずす。

$x+3.5=1.5x-0.5$

$(x+3.5)\times10=(1.5x-0.5)\times10$

両辺に10をかける。

$10x+35=15x-5$

$10x-15x=-5-35$

$-5x=-40$

$x=8$

1次方程式の解き方
① xをふくむ項を左辺に，数の項を右辺に移項します。
② $ax=b$の形に整理します。
③ 両辺をxの係数aでわります。

18 いろいろな1次方程式を解こう

▶本冊p.51

練習問題

1 次の1次方程式を解きなさい。

(1) $\frac{x-4}{3}+\frac{7-x}{2}=5$ 〈和歌山〉

両辺に6をかけて，分数を整数にします。

3と2の最小公倍数。

$\left(\frac{x-4}{3}+\frac{7-x}{2}\right)\times6=5\times6$

$(x-4)\times2+(7-x)\times3=30$

$2x-8+21-3x=30$

$-x=17$

$x=-17$

(2) $\frac{3x+9}{4}=-x-10$ 〈大阪〉

両辺に4をかけて，分数を整数にします。

左辺の分母は4。

$\frac{3x+9}{4}\times4=(-x-10)\times4$

$3x+9=-4x-40$

$7x=-49$

$x=-7$

2 次の比例式を解きなさい。

(1) $4:x=2:3$ 〈沖縄〉

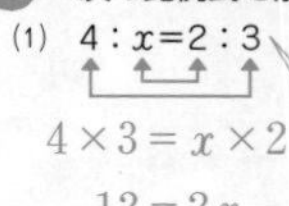

$4\times3=x\times2$

$12=2x$

$2x=12$

$x=6$

(2) $15:(x-2)=3:2$ 〈茨城〉

$15\times2=(x-2)\times3$

$30=3x-6$

$3x-6=30$

$3x=36$

$x=12$

比例式の性質
$a:b=c:d$ならば，$ad=bc$

19 加減法を使って解こう

▶本冊p.53

練習問題

1 次の連立方程式を解きなさい。

(1) $\begin{cases} x-y=9 & \cdots① \\ 3x+y=7 & \cdots② \end{cases}$ 〈栃木〉

$x-y=9$
$+)\ 3x+y=7$
$4x=16$

$x=4$

これを①に代入すると，

$4-y=9$

$-y=5$

$y=-5$

(2) $\begin{cases} 5x+2y=12 & \cdots① \\ 3x-2y=4 & \cdots② \end{cases}$ 〈沖縄〉

$5x+2y=12$
$+)\ 3x-2y=4$
$8x=16$

$x=2$

これを②に代入すると，

$6-2y=4$

$-2y=-2$

$y=1$

(3) $\begin{cases} 4x-3y=22 & \cdots① \\ 2x-5y=4 & \cdots② \end{cases}$ 〈福井〉

① $4x-3y=22$
②×2 $-)\ 4x-10y=8$
$7y=14$

$y=2$

これを②に代入すると，

$2x-10=4$

$2x=14$

$x=7$

(4) $\begin{cases} 5x-3y=-1 & \cdots① \\ x+6y=13 & \cdots② \end{cases}$ 〈茨城〉

①×2 $10x-6y=-2$
② $+)\ x+6y=13$
$11x=11$

$x=1$

これを②に代入すると，

$1+6y=13$

$6y=12$

$y=2$

20 代入法を使って解こう

▶本冊p.55

練習問題

1 次の連立方程式を解きなさい。

(1) $\begin{cases} 2x+y=5 & \cdots① \\ y=4x-1 & \cdots② \end{cases}$ 〈北海道〉

②を①に代入すると，

$2x+(4x-1)=5$

$2x+4x-1=5$

$6x=6$

$x=1$

これを②に代入すると，

$y=4-1$

$y=3$

(2) $\begin{cases} y=4x & \cdots① \\ 3x+4y=38 & \cdots② \end{cases}$ 〈佐賀〉

①を②に代入すると，

$3x+4\times4x=38$

$3x+16x=38$

$19x=38$

$x=2$

これを①に代入すると，

$y=4\times2$

$y=8$

(3) $\begin{cases} 3x+4y=5 & \cdots① \\ x=1-y & \cdots② \end{cases}$ 〈福島〉

②を①に代入すると，

$3(1-y)+4y=5$

$3-3y+4y=5$

$y=2$

これを②に代入すると，

$x=1-2$

$x=-1$

(4) $\begin{cases} x-2y=8 & \cdots① \\ y=2x-7 & \cdots② \end{cases}$ 〈茨城〉

②を①に代入すると，

$x-2(2x-7)=8$

$x-4x+14=8$

$-3x=-6$

$x=2$

これを②に代入すると，

$y=4-7$

$y=-3$

21 因数分解や平方根を使おう

▶本冊 p.57

練習問題

1 次の2次方程式を解きなさい。

(1) $x^2+5x-6=0$ 〈東京〉

$(x-1)(x+6)=0$

$x-1=0,\ x+6=0$

$\boldsymbol{x=1,\ -6}$

(2) $x^2-3x-18=0$ 〈兵庫〉

$(x+3)(x-6)=0$

$x+3=0,\ x-6=0$

$\boldsymbol{x=-3,\ 6}$

(3) $x^2-12x-28=0$ 〈富山〉

$(x+2)(x-14)=0$

$x+2=0,\ x-14=0$

$\boldsymbol{x=-2,\ 14}$

(4) $x^2+15x+36=0$ 〈京都〉

$(x+3)(x+12)=0$

$x+3=0,\ x+12=0$

$\boldsymbol{x=-3,\ -12}$

因数分解すると，簡単に解を見つけられるんだね。

2 次の2次方程式を解きなさい。

(1) $(x-1)^2=3$ 〈栃木〉

$x-1=\pm\sqrt{3}$

2つあることに注意。

平方根の考え方を使います。

$\boldsymbol{x=1\pm\sqrt{3}}$

(2) $(x+1)^2=64$ 〈静岡〉

$x+1=\pm 8$ ← 整数になる。

$x+1=8,\ x+1=-8$

$\boldsymbol{x=7,\ -9}$

(2)は，答えを $x=-1\pm 8$ などと書いてしまわないように注意しよう。

22 解の公式を使おう

▶本冊 p.59

練習問題

1 次の2次方程式を解きなさい。

(1) $x^2+3x-1=0$ 〈岩手〉

$$x=\frac{-3\pm\sqrt{3^2-4\times1\times(-1)}}{2\times1}$$

$$=\frac{-3\pm\sqrt{9+4}}{2}$$

$$=\boldsymbol{\frac{-3\pm\sqrt{13}}{2}}$$

(2) $3x^2-5x+1=0$ 〈茨城〉

$$x=\frac{-(-5)\pm\sqrt{(-5)^2-4\times3\times1}}{2\times3}$$

$$=\frac{5\pm\sqrt{25-12}}{6}$$

$$=\boldsymbol{\frac{5\pm\sqrt{13}}{6}}$$

(3) $5x^2+3x-2=0$ 〈愛媛〉

$$x=\frac{-3\pm\sqrt{3^2-4\times5\times(-2)}}{2\times5}$$

$$=\frac{-3\pm\sqrt{49}}{10}$$

$$=\frac{-3\pm7}{10}$$

$$x=\frac{-3+7}{10},\quad x=\frac{-3-7}{10}$$

$$\boldsymbol{x=\frac{2}{5},\ -1}$$

$x=\frac{4}{10}=\frac{2}{5}$

$x=\frac{-10}{10}=-1$

(4) $3x^2+4x-1=0$ 〈埼玉16〉

$$x=\frac{-4\pm\sqrt{4^2-4\times3\times(-1)}}{2\times3}$$

$$=\frac{-4\pm\sqrt{28}}{6}$$

$\sqrt{28}=\sqrt{2^2\times7}=2\sqrt{7}$

$$=\frac{-4\pm2\sqrt{7}}{6}$$

約分する。

$$=\boldsymbol{\frac{-2\pm\sqrt{7}}{3}}$$

23 いろいろな2次方程式を解こう

▶本冊 p.61

練習問題

1 次の2次方程式を解きなさい。

(1) $x^2+x=3$ 〈群馬〉

$x^2+x-3=0$

$$x=\frac{-1\pm\sqrt{1^2-4\times1\times(-3)}}{2\times1}$$

$$=\boldsymbol{\frac{-1\pm\sqrt{13}}{2}}$$

(2) $x^2+7x=2x-1$ 〈熊本〉

$x^2+5x+1=0$

$$x=\frac{-5\pm\sqrt{5^2-4\times1\times1}}{2\times1}$$

$$=\boldsymbol{\frac{-5\pm\sqrt{21}}{2}}$$

(3) $x^2-x=2(6-x)$ 〈福井〉

$x^2-x=12-2x$

$x^2+x-12=0$

$(x-3)(x+4)=0$

$\boldsymbol{x=3,\ -4}$

(4) $x^2-x=7(x-1)$ 〈愛知〉

$x^2-x=7x-7$

$x^2-8x+7=0$

$(x-1)(x-7)=0$

$\boldsymbol{x=1,\ 7}$

(5) $(x-3)^2-16=0$ 〈山口〉

$x^2-6x+9-16=0$

$x^2-6x-7=0$

$(x+1)(x-7)=0$

$\boldsymbol{x=-1,\ 7}$

(6) $(x+2)^2=3x+5$ 〈長崎〉

$x^2+4x+4=3x+5$

$x^2+x-1=0$

$$x=\frac{-1\pm\sqrt{1^2-4\times1\times(-1)}}{2\times1}$$

$$=\boldsymbol{\frac{-1\pm\sqrt{5}}{2}}$$

方程式の解を求めたら，もとの式に代入して，解が正しいか確認しよう！

自分のミスに気づいて，それをなおせるようになることが，合格へのカギだよ！

まとめのテスト1　2 方程式
▶本冊 p.62～63

1 (1) $x=6$　(2) $x=-3$
(3) $x=-2$　(4) $x=6$
(5) $x=5$　(6) $x=20$

解説 (5) $1.3x-2=0.7x+1$
$13x-20=7x+10$　両辺に10をかける。
$6x=30$　$ax=b$の形に整理。
$x=5$　両辺を6でわる。

2 $a=3$

解説 $x=6$を代入して，aについての方程式を解きます。
$6a+9=30-a$
$7a=21$　式を整理。
$a=3$　両辺を7でわる。

3 ㋒

解説 ㋐～㋓のx，yの値を左辺の$3x-2y$に代入して，右辺の7と等しくなるものが解です。
㋒ (左辺)$=3\times1-2\times(-2)=3+4=7$

4 (1) $x=1$，$y=-5$　(2) $x=-1$，$y=3$
(3) $x=-1$，$y=2$　(4) $x=2$，$y=3$
(5) $x=2$，$y=1$　(6) $x=-2$，$y=-3$
(7) $x=2$，$y=5$　(8) $x=-\frac{1}{2}$，$y=\frac{2}{3}$

解説 (1)～(4)は加減法，(5)，(6)は代入法を使います。
(6) 下の式を$y=x-1$として，上の式に代入すると，
$2x-3(x-1)=5$
$2x-3x+3=5$
$x=-2$　$-x=2$
これを下の式に代入すると，
$y=-2-1$より，$y=-3$
(7) 式を整理すると，$\begin{cases}4x-3y=-7\\3x+2y=16\end{cases}$となるので，加減法を使って解きます。
(8) $\begin{cases}6x-3y+7=4x+6y\\4x+6y=2x+3\end{cases}$として整理すると，
$\begin{cases}2x-9y=-7\\2x+6y=3\end{cases}$となるので，加減法を使って解きます。

5 $a=3$，$b=2$

解説 $x=5$，$y=-4$を代入して，a，bについての連立方程式$\begin{cases}5a+4=19 & \cdots①\\5a-4b=7 & \cdots②\end{cases}$を解きます。
①をaについて解くと，$5a=15$より，$a=3$
これを②に代入すると，
$15-4b=7$より，$b=2$

まとめのテスト2　2 方程式
▶本冊 p.64～65

1 (1) $x=-2$，6　(2) $x=3$，-8
(3) $x=2\pm\sqrt{6}$　(4) $x=-3\pm2\sqrt{3}$

解説 (1) $(x+2)(x-6)=0$と因数分解できるので，
$x=-2$，6

2 $x=6$

解説 $x=-2$を代入して，aについての方程式を解きます。
$4-2a-12=0$
$-2a=8$　式を整理。
$a=-4$　両辺を-2でわる。
$a=-4$を，もとの2次方程式に代入します。
$x^2-4x-12=0$
$(x+2)(x-6)=0$　因数分解の公式①を使う。
$x=-2$，6

3 (1) $x=\frac{-3\pm\sqrt{17}}{2}$　(2) $x=\frac{5\pm\sqrt{29}}{2}$
(3) $x=\frac{3\pm\sqrt{17}}{4}$　(4) $x=\frac{9\pm\sqrt{21}}{10}$

4 (1) $x=\frac{3\pm\sqrt{17}}{4}$　(2) $x=\frac{5\pm\sqrt{13}}{2}$
(3) $x=3$，-5　(4) $x=\frac{7\pm\sqrt{13}}{2}$
(5) $x=-2$，10　(6) $x=1$，5

解説 かっこをふくむときはかっこをはずします。
右辺を0にして，左辺を因数分解できるときは因数分解をし，できないときは解の公式を使います。
(5) $(x-8)(x+2)=2(x+2)$
$x^2-6x-16=2x+4$　かっこをはずす。
$x^2-8x-20=0$　右辺を0にして，同類項をまとめる。
$(x+2)(x-10)=0$　因数分解の公式①を使う。
$x=-2$，10

5 (1) $x=\frac{-3\pm\sqrt{13}}{2}$　(2) (3，18)
(3) (1，6)，(2，3)

解説 (2) $x=-6$を代入すると，$36-6a-b=0$
$x=3$を代入すると，$9+3a-b=0$
2つの式を整理してできる，a，bについての連立方程式$\begin{cases}6a+b=36\\3a-b=-9\end{cases}$を解きます。
(3) $x=-3$を代入して整理すると，$b=9-3a$
これをみたす自然数a，bの値の組を求めます。
$a=1$のとき，$b=9-3=6$
$a=2$のとき，$b=9-6=3$
$a\geqq3$では，bの値が0以下となるので，条件をみたす自然数bはありません。

24 比例とは？

▶本冊p.71

練習問題

1 yはxに比例し，$x=3$のとき$y=12$です。yをxの式で表しなさい。〈長崎〉

$y=ax$として，$x=3$，$y=12$を代入します。

$12=3a$ 両辺を入れかえて，
$a=4$ 両辺を3でわる。

答 $y=4x$

2 yはxに比例し，$x=3$のとき$y=-6$となります。$x=-5$のときのyの値を求めなさい。〈北海道〉

$y=ax$として，$x=3$，$y=-6$を代入します。

$-6=3a$ 両辺を入れかえて，
$a=-2$ 両辺を3でわる。

したがって，$y=-2x$

この式に，$x=-5$を代入すると，

$y=-2\times(-5)=10$

答 $y=10$

3 右の図は，yがxに比例する関数のグラフです。yをxの式で表しなさい。〈栃木〉

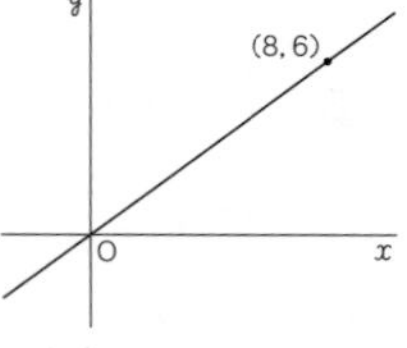

求めるグラフの式を$y=ax$として，

$x=8$，$y=6$を代入します。

グラフは点(8, 6)を通る。

$6=8a$ 両辺を入れかえて，
$a=\frac{3}{4}$ 両辺を8でわる。

答 $y=\frac{3}{4}x$

25 反比例とは？

▶本冊p.73

練習問題

1 yはxに反比例し，$x=-3$のとき$y=-5$です。yをxの式で表しなさい。〈岩手〉

$y=\frac{a}{x}$として，$x=-3$，$y=-5$を代入します。

$-5=\frac{a}{-3}$より，$a=15$

答 $y=\frac{15}{x}$

2 yはxに反比例し，$x=3$のとき，$y=-6$です。$x=-2$のときのyの値を求めなさい。〈富山〉

$y=\frac{a}{x}$として，$x=3$，$y=-6$を代入します。

$-6=\frac{a}{3}$より，$a=-18$

まず，反比例の式を求めてから，$x=-2$を代入するよ。

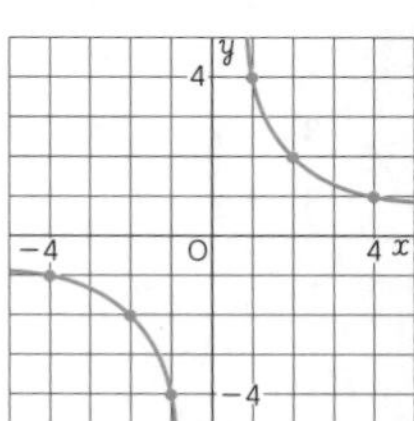

したがって，$y=-\frac{18}{x}$

この式に，$x=-2$を代入すると，

$y=-\frac{18}{-2}=9$

答 $y=9$

3 右の図に$y=\frac{4}{x}$のグラフをかきなさい。〈岐阜〉

$xy=4$より，

(x座標)×(y座標)$=4$

となる点を見つけ，その点を曲線でつなぎます。

26 1次関数とは？

▶本冊p.75

練習問題

1 水が4L入っている大きな水そうに，一定の割合で水を入れます。下の表は，水を入れはじめてからx分後の，水そうの水の量をyLとするとき，xとyの値の関係を表したものです。この表の□にあてはまる数を求めなさい。〈山口〉

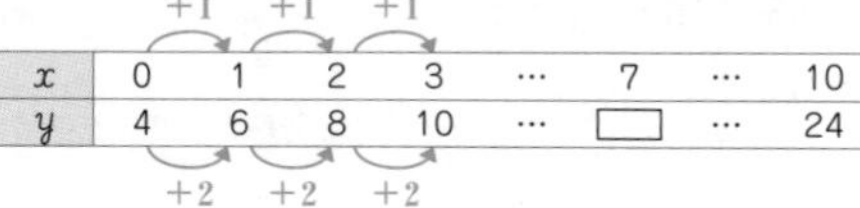

x	0	1	2	3	…	7	…	10
y	4	6	8	10	…	□	…	24

（x：+1 +1 +1，y：+2 +2 +2）

一定の割合で水を入れるので，yはxの1次関数となります。表より，水の量は1分間で2Lずつ増えているので，x分後では$2x$L増えます。はじめの水の量は4Lだから，x分後の水そうの水の量yLは，

$y=2x+4$

この式に$x=7$を代入すると，

$y=2\times7+4=18$

答 18

2 1次関数$y=3x-2$について，xの値が4から7まで増加するときのyの増加量を求めなさい。〈佐賀〉

$\frac{(y\text{の増加量})}{(x\text{の増加量})}=$(変化の割合)より，

$\frac{(y\text{の増加量})}{7-4}=3$

(yの増加量)$=3\times3=9$

答 9

27 1次関数のグラフを考えよう

▶本冊p.77

練習問題

1 右の図のように，x軸，y軸とそれぞれ点A，Bで交わる直線①があります。点Oは原点とします。点Bのy座標が4，△OABの面積が10のとき，直線①の式を求めなさい。〈北海道〉

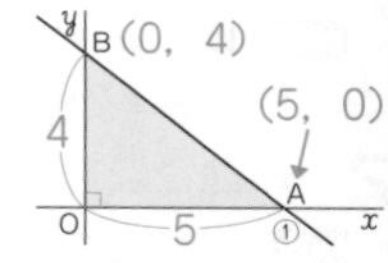

$\triangle OAB=\frac{1}{2}\times OA\times OB$

OAの長さから，点Aの座標がわかるんだね。

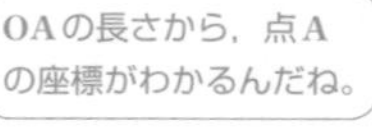

$10=\frac{1}{2}\times OA\times4$

点Bのy座標。

$OA=5$

したがって，点Aの座標は(5, 0)となります。直線①は，切片が4，傾きが$-\frac{4}{5}$の直線です。

点Bのy座標。　グラフは右へ5進むと，下へ4進む。

答 $y=-\frac{4}{5}x+4$

2 次の1次関数のグラフをかきなさい。〈京都〉

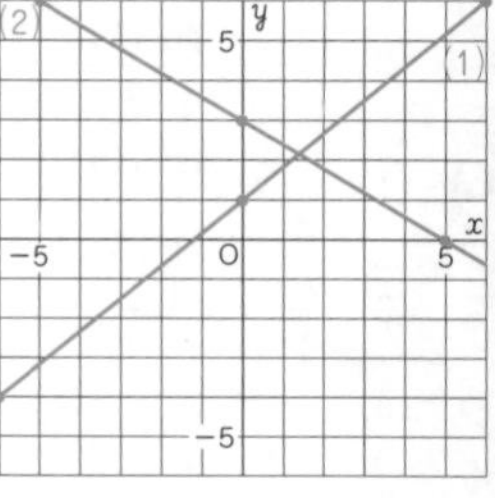

(1) $y=\frac{5}{6}x+1$

切片は1で，右へ6進むと上へ5進むグラフです。

(2) $y=-\frac{3}{5}x+3$

切片は3で，右へ5進むと下へ3進むグラフです。

28 1次関数の式を求めよう

▶本冊p.79

練習問題

1 次の条件をみたす1次関数の式を求めなさい。

(1) グラフが点(0, 3)を通り，傾き2の直線 〈北海道〉

求める式を$y=ax+b$とすると，
傾きが2だから，$a=2$
点(0, 3)を通るから，$b=3$ ←切片。

答 $y=2x+3$

(2) xの増加量が2のときのyの増加量が-1で，$x=0$のとき$y=1$となる 〈徳島〉

求める式を$y=ax+b$とすると，

$$a=\frac{(y\text{の増加量})}{(x\text{の増加量})}=\frac{-1}{2}=-\frac{1}{2}$$

$x=0$のとき$y=1$だから，$b=1$ ←$x=0$のときのyの値がb。

答 $y=-\dfrac{1}{2}x+1$

2 2点$(-3, 9)$，$(2, 4)$を通る直線の式を求めなさい。 〈三重改〉

求める式を$y=ax+b$とすると，
2点$(-3, 9)$，$(2, 4)$を通るから，傾きaは，

$$a=\frac{4-9}{2-(-3)}=\frac{-5}{5}=-1$$

$y=ax+b$に，$a=-1$，$x=2$，$y=4$を代入すると，
$4=-2+b$より，$b=6$

答 $y=-x+6$

29 交点の座標を求めよう

▶本冊p.81

練習問題

1 方程式$2x-3y+1=0$ …㋐と右の図の直線ℓについて，次の問いに答えなさい。 〈群馬〉

(1) 方程式㋐を，yについて解きなさい。また，方程式㋐のグラフをかきなさい。

$2x-3y+1=0$
$-3y=-2x-1$
$y=\dfrac{2}{3}x+\dfrac{1}{3}$

切片が分数のときは，x, yの座標がともに整数になる2点を見つけて，グラフをかきます。

また，$x=1$のとき，$y=1$，$x=4$のとき，$y=3$だから，
方程式㋐のグラフは2点(1, 1)，(4, 3)を通ります。

答 $y=\dfrac{2}{3}x+\dfrac{1}{3}$，グラフは上の図

(2) 方程式㋐のグラフを直線mとするとき，直線ℓと直線mの交点の座標を求めなさい。

グラフから，直線ℓの切片は4で，右へ1進むと下へ1進むから，傾きは-1です。直線ℓの式は，$y=-x+4$

連立方程式 $\begin{cases} y=-x+4 \\ y=\dfrac{2}{3}x+\dfrac{1}{3} \end{cases}$ を解き，交点の座標を求めます。

答 $\left(\dfrac{11}{5}, \dfrac{9}{5}\right)$

30 関数$y=ax^2$とは？

▶本冊p.83

練習問題

1 yはxの2乗に比例し，$x=3$のとき$y=12$です。yをxの式で表しなさい。 〈長崎〉

求める式を$y=ax^2$として，$x=3$，$y=12$を代入すると，
$12=a\times3^2$ （$12=9a$）
$a=\dfrac{4}{3}$

答 $y=\dfrac{4}{3}x^2$

2 yはxの2乗に比例し，$x=1$のとき$y=2$です。$x=3$のときのyの値を求めなさい。 〈沖縄〉

$y=ax^2$に$x=1$，$y=2$を代入すると，$a=2$となるので，
$y=2x^2$
この式に，$x=3$を代入すると，
$y=2\times3^2=18$

答 $y=18$

3 右の図のように，関数$y=x^2$のグラフ上の点でy座標が6になる点は2つあります。その点のx座標をそれぞれ求めなさい。 〈富山〉

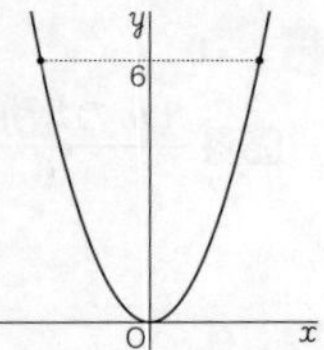

$y=x^2$に$y=6$を代入すると，
$6=x^2$
$x=\pm\sqrt{6}$ ←xは6の平方根。

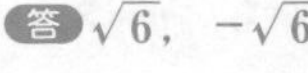
答 $\sqrt{6}$，$-\sqrt{6}$

xについての2次方程式を解けばいいんだね。

31 xとyの範囲を考えよう

▶本冊p.85

練習問題

1 関数$y=-x^2$について，xの変域が次のときのyの変域を求めなさい。

(1) $1\leqq x\leqq3$ 〈栃木〉

$x=3$のとき，$y=-9$，←最小値
$x=1$のとき，$y=-1$ ←最大値
をとります。

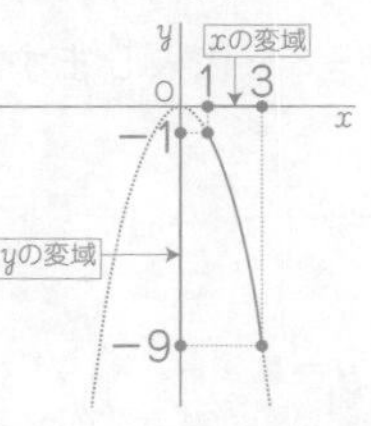

答 $-9\leqq y\leqq-1$

(2) $-2\leqq x\leqq3$ 〈埼玉15〉

$x=3$のとき，$y=-9$，←最小値
$x=0$のとき，$y=0$ ←最大値
をとります。 ←$x=-2$のときではないことに注意。

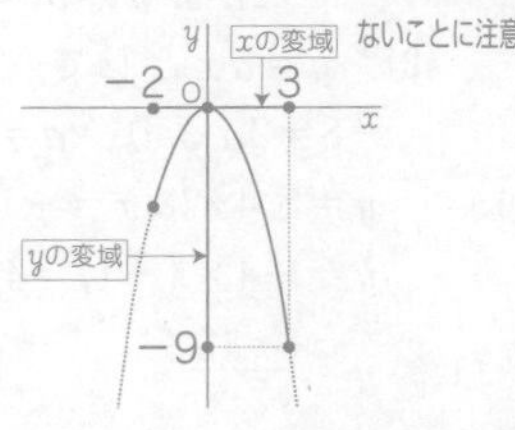

答 $-9\leqq y\leqq0$

2 関数$y=ax^2$について，xの変域が$-2\leqq x\leqq3$のとき，yの変域は$0\leqq y\leqq18$となります。このとき，aの値を求めなさい。 〈富山〉
グラフは上に開いた形。

x，yの変域からグラフをかくと，
右のようになります。
グラフより，$x=3$のとき，$y=18$
(最大値)をとります。
$y=ax^2$に$x=3$，$y=18$を代入して
解くと，$a=2$

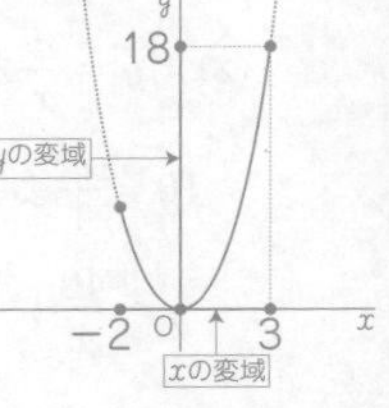

答 $a=2$

x と y の増え方を考えよう

▶本冊 p.87

練習問題

1 関数 $y=x^2$ について，x の値が 1 から 3 まで増加するときの変化の割合を求めなさい。〈山口〉

$x=1$ のとき，$y=1$

$x=3$ のとき，$y=9$

(変化の割合) $=\dfrac{9-1}{3-1}=\dfrac{8}{2}=4$

関数 $y=ax^2$ の変化の割合は一定ではありません。x，y の増加量から計算しましょう。

答 4

2 関数 $y=-2x^2$ について，x の値が 2 から 4 まで増加するときの変化の割合を求めなさい。〈徳島〉

$x=2$ のとき，$y=-8$

$x=4$ のとき，$y=-32$

(変化の割合) $=\dfrac{-32-(-8)}{4-2}=\dfrac{-24}{2}=-12$

増加量が負の数になることもあります。

答 -12

3 関数 $y=ax^2$ について，x の値が 1 から 4 まで増加するときの変化の割合は -15 です。このとき，a の値を求めなさい。〈福島〉

$x=1$ のとき，$y=a$

$x=4$ のとき，$y=16a$

変化の割合が -15 だから，

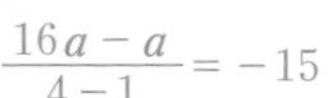

$\dfrac{16a-a}{4-1}=-15$

$5a=-15$

$a=-3$

文字 a を使って y の増加量を表し，a についての1次方程式を解くよ。

答 $a=-3$

関数は，表，式，グラフの3つをおさえよう。

関数 $y=ax^2$ の変域を求めるときは，簡単なグラフをかこう。

まとめのテスト 1　3 関数

▶本冊 p.88〜89

1 ㋐，㋑

解説 $y=ax$ の形を選びます。

㋐は $a=3$，㋑は $a=\dfrac{1}{3}$ です。

2 (1) $y=-3x$　(2) $y=4$

解説 (1) $y=ax$ として，$x=2$，$y=-6$ を代入します。

$-6=2a$ より，$a=-3$

(2) $y=ax$ として，$x=2$，$y=-8$ を代入します。

$-8=2a$ より，$a=-4$

$y=-4x$ に $x=-1$ を代入すると，

$y=-4\times(-1)=4$

3 (1) $y=-\dfrac{48}{x}$　(2) $y=8$

解説 (1) $y=\dfrac{a}{x}$ として，$x=6$，$y=-8$ を代入します。

$-8=\dfrac{a}{6}$ より，$a=-48$

(2) $y=\dfrac{a}{x}$ として，$x=4$，$y=10$ を代入します。

$10=\dfrac{a}{4}$ より，$a=40$

$y=\dfrac{40}{x}$ に $x=5$ を代入すると，$y=\dfrac{40}{5}=8$

4 $y=\dfrac{12}{x}$

解説 y が x に反比例するので，$y=\dfrac{a}{x}$ と表します。

表から，$x=1$，$y=12$ を代入すると，

$12=\dfrac{a}{1}$ より，$a=12$　← 計算しやすい値を選ぶ。

5 式 $y=\dfrac{6}{x}$　グラフ 右の図

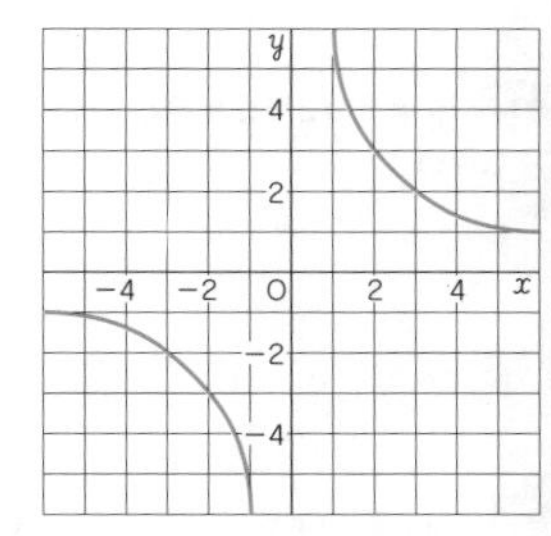

解説 $y=\dfrac{a}{x}$ に $x=3$，$y=2$ を代入すると，$a=6$

$xy=6$ より，x 座標と y 座標の積が6の点を見つけて曲線でつなぎます。

6 10

解説 $\dfrac{(y\text{の増加量})}{6}=\dfrac{5}{3}$ より，$(y\text{の増加量})=\dfrac{5}{3}\times6=10$

← (変化の割合) $=\dfrac{(y\text{の増加量})}{(x\text{の増加量})}=\dfrac{5}{3}$

7 ④

解説 平行な直線は傾きが等しいから，$y=3x+b$ の形で表される式を選びます。

まとめのテスト2　3 関数

▶本冊 p.90〜91

1　右の図

解説 切片は2だから，点(0，2)を通ります。

傾きは$\frac{4}{3}$だから，右へ3進むと上へ4進みます。

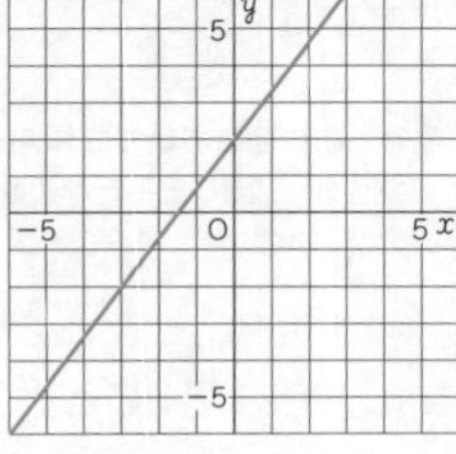

2　(1)　1　　(2)　$y=x+13$

解説 (1)　$\frac{12-3}{6-(-3)}=\frac{9}{9}=1$

(2)　求める直線の式を$y=ax+b$とします。
直線ABに平行だから，$a=1$ ←平行な直線は傾きが等しい。
点C(0，13)を通るから，$b=13$

3　−2

解説 方程式をyについて解きます。

$2y=-4x+5$より，$y=-2x+\frac{5}{2}$ ←傾きが−2，切片が$\frac{5}{2}$の直線。

4　(2，3)

解説 連立方程式$\begin{cases} y=-x+5 \\ y=2x-1 \end{cases}$を，代入法を使って解くと，

$x=2$，$y=3$となります。
←2直線の交点のx座標，y座標と等しくなる。

5　$a=\frac{3}{2}$

解説 $y=ax^2$に$x=2$を代入すると，$y=4a$
$y=-x^2$に$x=2$を代入すると，$y=-4$
したがって，A(2，$4a$)，B(2，−4)となります。
AB＝10より，$4a-(-4)=10$　$4a=6$　$a=\frac{3}{2}$

6　$a=0$，$b=48$

解説 グラフをかくと右のようになるので，yの変域は，$0 \leqq y \leqq 48$

7　−12

解説 $x=1$のとき，$y=-3$
$x=3$のとき，$y=-27$
(変化の割合)$=\frac{-27-(-3)}{3-1}=\frac{-24}{2}=-12$

8　$a=-2$

解説 関数$y=ax^2$について，$x=1$のとき，$y=a$，
$x=3$のとき，$y=9a$だから，
(変化の割合)$=\frac{9a-a}{3-1}=\frac{8a}{2}=4a$
関数$y=-8x+7$の変化の割合は−8だから，
$4a=-8$より，$a=-2$

33 垂線と垂直二等分線を作図しよう

▶本冊 p.97

練習問題

1　右の図のように，直線ℓと，直線ℓ上にない2点A，Bがあります。Aを通り，ℓに垂直な直線上にあって，2点A，Bから等しい距離にある点Pを作図しなさい。〈熊本〉

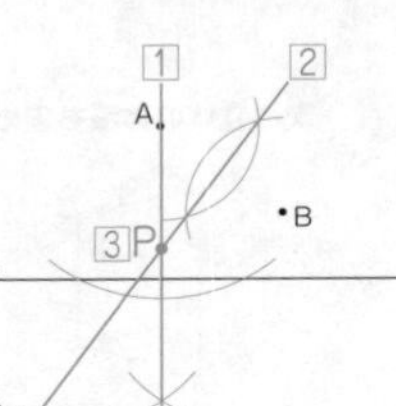

1　点Aを通るℓの垂線を作図します。←点Pは，ℓに垂直な直線上にある。

2　線分ABの垂直二等分線を作図します。←点Pは，2点A，Bから等しい距離にある。

3　1と2の交点をPとします。

2　右の図の△ABCにおいて，頂点Bが辺AC上の点Pに重なるように折るとき，折り目の線を作図しなさい。〈鳥取〉

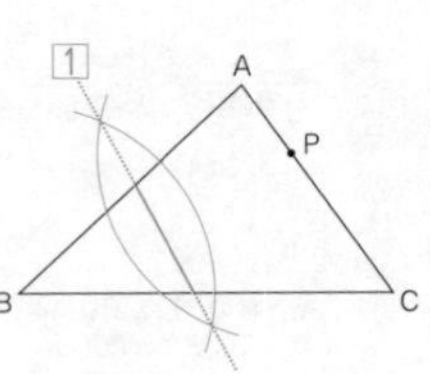

折り目の線は，重なる2点を結ぶ線分の垂直二等分線になります。

1　線分BPの垂直二等分線を作図します。

折り目の線は，△ABCの内部だけになることに注意しよう。

垂線の作図 ➡ 図形の高さや垂直な線をひくときに利用します。
垂直二等分線の作図 ➡ 2点からの距離が等しい点や折り目の線をひくときに利用します。

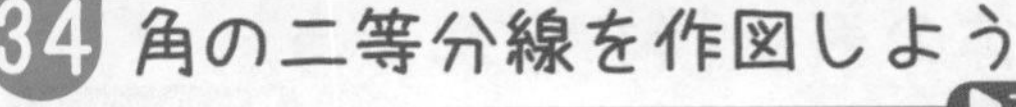

34 角の二等分線を作図しよう

▶本冊 p.99

練習問題

1　右の図のように，線分ABと半直線ACがあります。ABの垂直二等分線上にあって，AB，ACまでの距離が等しい点Pを，作図によって求め，Pの位置を示す文字Pを書きなさい。〈福島〉

1　線分ABの垂直二等分線を作図します。

2　∠CABの二等分線を作図します。←2辺までの距離が等しい点は，その2辺のつくる角の二等分線上にある。

3　1と2の交点をPとします。

2　右の図のように，2直線ℓ，mがあり，直線ℓ上に点Aがあります。中心が直線m上にあって，点Aで直線ℓに接する円を作図しなさい。〈愛媛〉

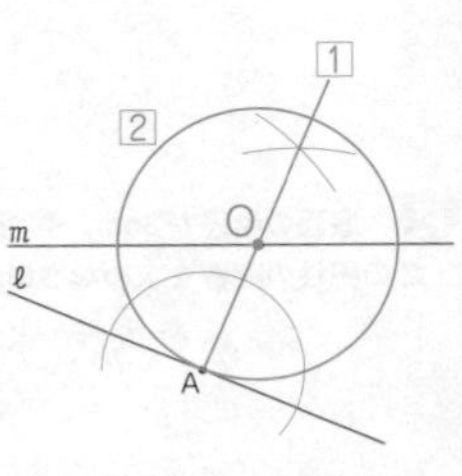

1　点Aを通るように，一直線ℓの角の二等分線をひき，直線mとの交点をOとします。
←点Aで直線ℓに接するから，OA⊥ℓとなる。

円の接線が，接点を通る半径に垂直であることを使うよ。

2　点Oを中心として，線分OAを半径とする円をかきます。

35 おうぎ形の面積と弧の長さを求めよう

▶本冊p.101

練習問題

1 半径10cm，中心角36°のおうぎ形の弧の長さを求めなさい。〈徳島〉

$\ell = 2\pi \times 10 \times \frac{36}{360} = 2\pi$

（←半径10cm，←中心角36°）

半径が r，中心角が a°のおうぎ形の弧の長さ ℓ は，$\ell = 2\pi r \times \frac{a}{360}$

答 2π cm

2 半径6cm，弧の長さが 9π cmのおうぎ形の中心角を求めなさい。〈福島〉

おうぎ形の中心角を a°とすると，

$2\pi \times 6 \times \frac{a}{360} = 9\pi$

（←半径6cm，←弧の長さが 9π cm）

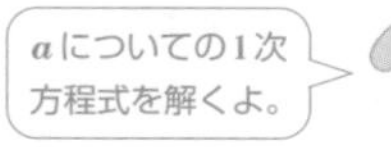

これを解くと，$a = 270$

答 270°

3 右の図は円錐の展開図です。おうぎ形の中心角の大きさを求めなさい。〈愛媛〉

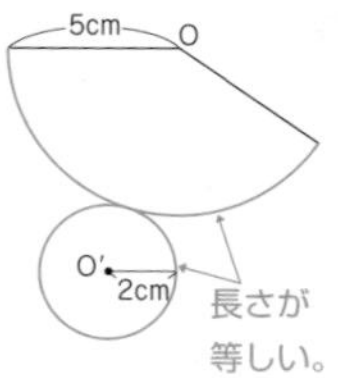

おうぎ形の中心角を a°とすると，

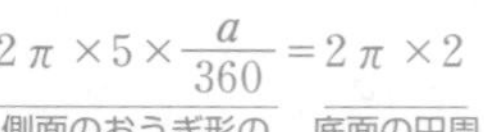

$2\pi \times 5 \times \frac{a}{360} = 2\pi \times 2$

（側面のおうぎ形の弧の長さ，底面の円周）

これを解くと，$a = 144$

答 144°

36 平面や直線の関係を考えよう

▶本冊p.103

練習問題

1 右の図において立体ABC－DEFは三角柱です。次の㋐～㋓のうち，辺BCと平行な辺を1つ選び，記号で答えなさい。〈大阪〉

㋐ 辺AC　㋑ 辺AD　㋒ 辺DE　㋓ 辺EF

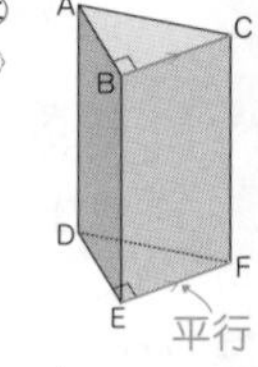

㋐ 辺BCと点Cで交わります。

㋑，㋒ 辺BCと平行でなく，交わらないので，ねじれの位置にあります。

㋓ 辺BCと平行です。

答 ㋓

2 右の図の立体は直方体です。辺ABとねじれの位置にあり，面ABCDと平行である辺はどれですか。すべて答えなさい。〈静岡〉

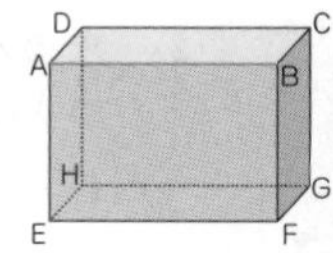

辺ABとねじれの位置にある辺は，

（←辺ABと平行でなく，交わらない辺。）

辺DH，辺CG，辺HE，辺GFです。

面ABCDと平行な辺は，

（←面ABCDと同じ平面上になく，交わらない辺。）

辺HE，辺GF，辺HG，辺EFです。

したがって，辺ABとねじれの位置にあって，面ABCDと平行である辺は，辺HE，辺GFです。

答 辺HE，辺GF

37 立体の表面積を求めよう

▶本冊p.105

練習問題

1 右の図は，底面の半径が3cm，高さが5cmの円柱です。この円柱の表面積を求めなさい。〈山口〉

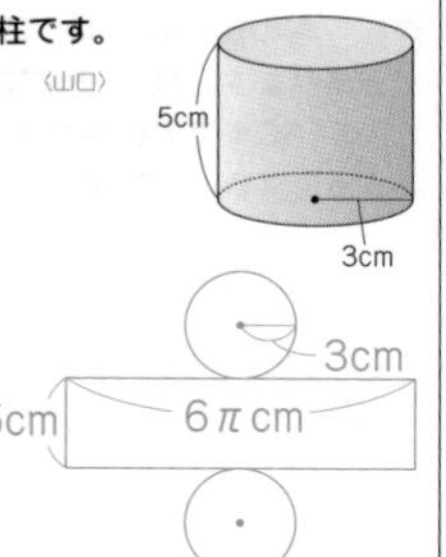

側面は，縦が5cm，横が 6π cmの長方形です。（←$2\pi \times 3$）

側面積 ➡ $5 \times 6\pi = 30\pi$ (cm^2)

底面積 ➡ $\pi \times 3^2 = 9\pi$ (cm^2)

表面積

➡ $30\pi + 9\pi \times 2 = 48\pi$ (cm^2)

答 48π cm^2

2 底面の半径が3cm，側面積が 54π cm^2 の円柱があります。この円柱の高さを求めなさい。〈福島〉

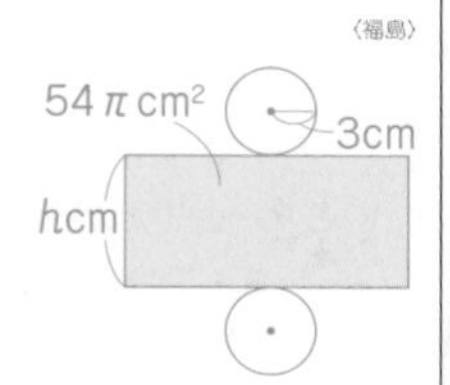

円柱の高さを h cmとすると，

円柱の側面は，縦が h cm，横が 6π cmの長方形です。

$h \times 6\pi = 54\pi$

$h = 9$

答 9cm

38 立体の体積を求めよう

▶本冊p.107

練習問題

1 次の立体の体積を求めなさい。

(1) 〈長崎〉

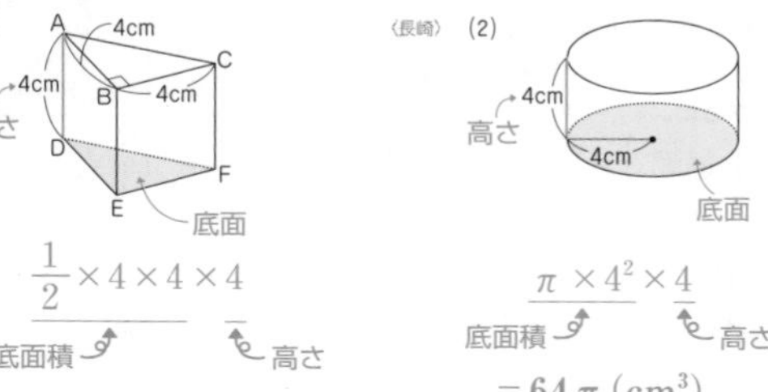

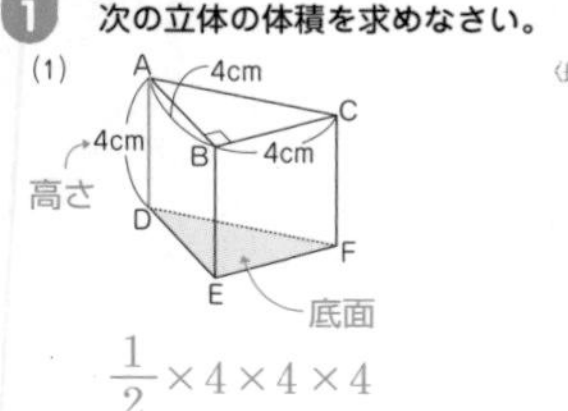

$\frac{1}{2} \times 4 \times 4 \times 4$

（底面積，高さ）

$= 32$ (cm^3)

(2) 〈熊本〉

（図：4cm 高さ，4cm，底面）

$\pi \times 4^2 \times 4$

（底面積，高さ）

$= 64\pi$ (cm^3)

(3) 〈栃木〉

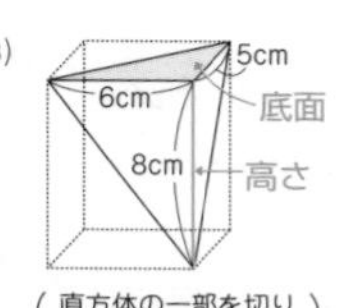

（直方体の一部を切り取ってできた三角錐）

$\frac{1}{3} \times \frac{1}{2} \times 6 \times 5 \times 8$

（底面積，高さ）

$= 40$ (cm^3)

(4) 〈徳島〉

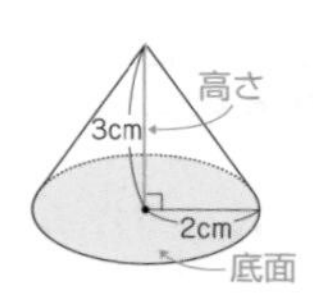

$\frac{1}{3} \times \pi \times 2^2 \times 3$

（底面積，高さ）

$= 4\pi$ (cm^3)

底面積を S，高さを h とすると，

（柱体の体積）$= Sh$

（錐体の体積）$= \frac{1}{3}Sh$

39 回転させてできる立体を考えよう

▶本冊p.109

練習問題

1 右の図のような，AB=5cm，AD=3cmの長方形ABCDを，辺CDを回転の軸として1回転させてできる立体の体積を求めなさい。〈佐賀〉

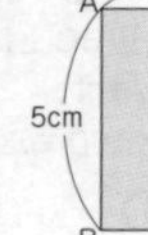

長方形を回転させるので，右のような円柱ができます。

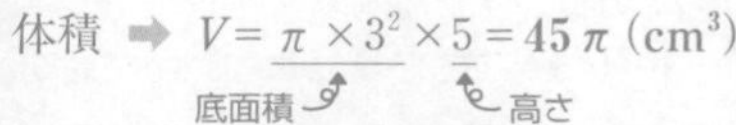

体積 ➡ $V=\pi \times 3^2 \times 5 = 45\pi$ (cm³)

底面積　高さ

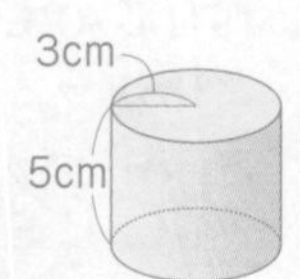

回転させる平面図形とつくられる回転体との関係
長方形 ➡ 円柱　直角三角形 ➡ 円錐　半円 ➡ 球

2 右の図のおうぎ形OABは，半径3cm，中心角90°です。このおうぎ形を，AOを通る直線ℓを軸として1回転させてできる立体の体積と表面積を求めなさい。〈和歌山〉

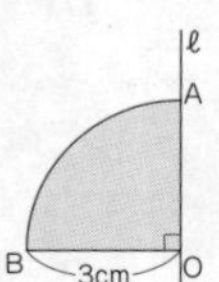

中心角が90°のおうぎ形を回転させるので，右のような半球ができます。

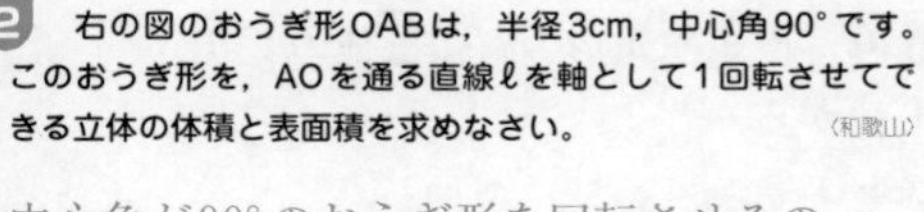

体積 ➡ $V=\frac{1}{2}\times\frac{4}{3}\times\pi\times3^3=18\pi$ (cm³)

半球だから，半分にする。　球の体積

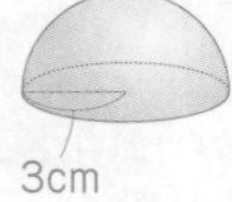

表面積 ➡ $S=\pi\times3^2+\frac{1}{2}\times4\times\pi\times3^2=27\pi$ (cm²)

円の面積　半球だから，球の表面積の半分。

40 立体を平面に表そう

▶本冊p.111

練習問題

1 右の図は，ある立体の投影図です。この投影図が表す立体の名前として，正しいものを，㋐～㋓から1つ選びなさい。また，この立体の体積を求めなさい。〈北海道〉

㋐ 三角柱　㋑ 円柱　㋒ 三角錐　㋓ 円錐

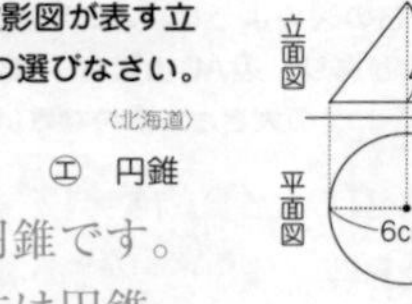

立面図が三角形だから，角錐か円錐です。ここで，平面図が円だから，立体は円錐だとわかります。この円錐の底面の半径は3cm，高さは4cmだから，

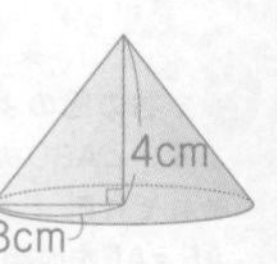

体積 ➡ $V=\frac{1}{3}\times\pi\times3^2\times4=12\pi$ (cm³)

底面積　高さ

答 ㋓，12π cm³

2 右の図は円柱の投影図です。この立体の体積を求めなさい。〈長崎〉

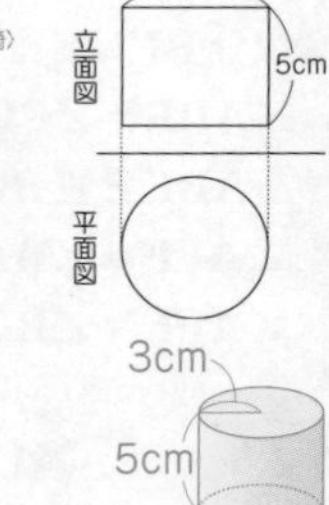

投影図から，底面の円の半径は3cm，高さは5cmだとわかります。

体積 ➡ $V=\pi\times3^2\times5=45\pi$ (cm³)

底面積　高さ

見取り図をかくと，立体をイメージしやすくなるよ。

答 45π cm³

41 角の大きさを求めよう

▶本冊p.113

練習問題

1 次の図で，ℓ//mのとき，∠xの大きさを求めなさい。

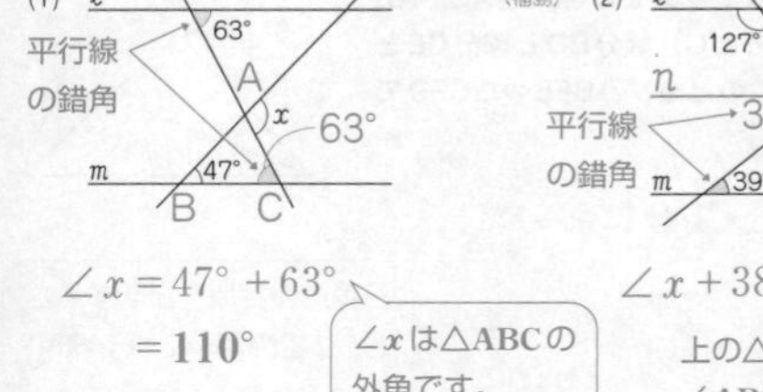

(1)

$\angle x=47°+63°$
$=\mathbf{110°}$

∠xは△ABCの外角です。

(2)

$\angle x+38°=127°-39°$

上の△ABCで，∠ABCの外角。

$\angle x=\mathbf{50°}$

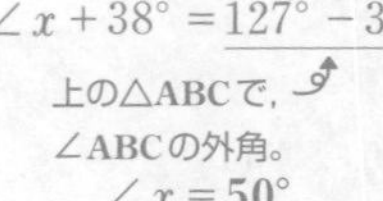

2 次の図で，∠xの大きさを求めなさい。

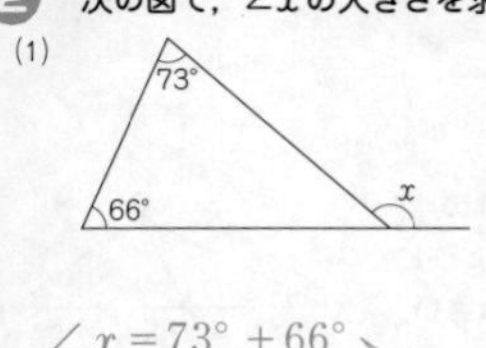

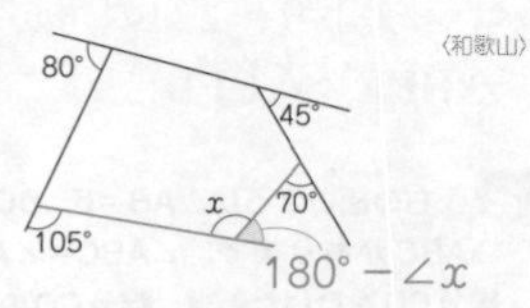

(1)

$\angle x=73°+66°$
$=\mathbf{139°}$

三角形の内角と外角の関係を使います。

(2)

多角形の外角の和は，360°だから，

$(180°-\angle x)+105°$
$+80°+45°+70°=360°$
$480°-\angle x=360°$
$\angle x=\mathbf{120°}$

42 三角形の合同を証明しよう

▶本冊p.115

練習問題

1 右の図のように，長方形ABCDを，対角線ACを折り目として折り返したとき，点Bが移動した点をE，辺ADと線分CEの交点をFとします。このとき，△AEF≡△CDFを証明しなさい。〈長崎〉

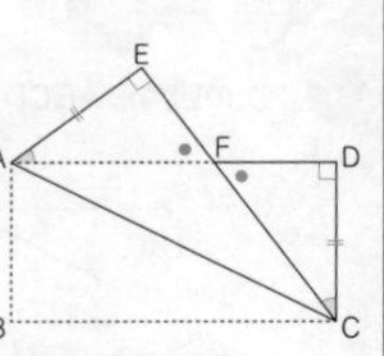

（証明） △AEFと△CDFにおいて，

四角形ABCDは長方形で，折り返しているから，

AE＝CD　…①　← 長方形の対辺は等しい。

∠AEF＝∠CDF　…②　← 長方形の4つの角は等しい(90°)。

対頂角は等しいから，

∠AFE＝∠CFD　…③

②，③より，

∠EAF＝∠DCF　…④　← 三角形の2つの角が等しければ，残りの角も等しい。

①，②，④より，

1組の辺とその両端の角がそれぞれ等しいから，

△AEF≡△CDF

三角形の合同を証明する手順

△＿＿と△＿＿において，
～から，← 必ず根拠を示す。
＿＿＝＿＿　…①
＿＿＝＿＿　…②　← 等しい辺や角の関係を3つ見つける。
＿＿＝＿＿　…③
＿＿から，← 合同条件を示す。
△＿＿≡△＿＿

図の中に，等しい辺や角の印をつけて，見通しを立ててから証明を書きはじめよう。

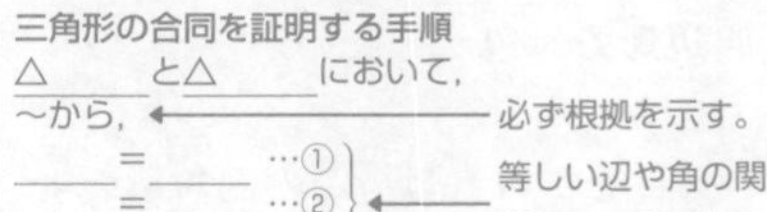

43 二等辺三角形の性質をまとめよう

▶本冊p.117

練習問題

1 右の図のように，∠BAC＝42°，AB＝ACの二等辺三角形ABCがあり，辺AC上にAD＝BDとなる点Dをとります。このとき，$\angle x$の大きさを求めなさい。〈山口〉

$\angle ABD=\angle BAD=42^\circ$ ← △DABは二等辺三角形。

$\angle ABC=(180^\circ-42^\circ)\div 2=69^\circ$ ← △ABCは二等辺三角形。

$\angle x=69^\circ-42^\circ=$ **27°** ← $\angle x=\angle ABC-\angle ABD$

2 右の図のように，△ABCの辺BC上に点Dがあります。∠ABDの二等分線と線分AD，辺ACとの交点をそれぞれE，Fとします。∠BAE＝∠BCFのとき，AE＝AFを証明しなさい。〈北海道〉

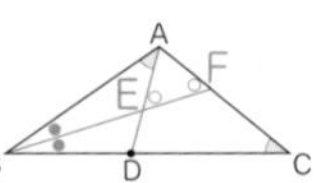

（証明）仮定から，
∠BAE＝∠BCF …①
線分BFは，∠ABDを二等分するから，
∠ABE＝∠CBF …②
△ABEと△BCFで，内角と外角の関係から，
∠AEF＝∠BAE＋∠ABE …③ ← ∠AEFは△ABEの外角。
∠AFE＝∠BCF＋∠CBF …④ ← ∠AFEは△BCFの外角。
①，②，③，④より，∠AEF＝∠AFE
2つの角が等しいから，△AEFは二等辺三角形である。
したがって，AE＝AF

44 直角三角形の合同を証明しよう

▶本冊p.119

練習問題

1 右の図のように，正方形ABCDがあり，辺AB上に点E，辺BC上に点Fをとり，△DEFが正三角形になるようにします。〈佐賀〉

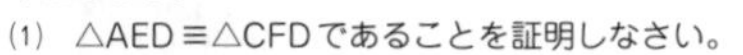

(1) △AED≡△CFDであることを証明しなさい。

（証明）△AEDと△CFDにおいて，
四角形ABCDは正方形だから，
∠DAE＝∠DCF＝90° …① ← 正方形の4つの角はすべて等しい。
AD＝CD …② ← 正方形の4つの辺はすべて等しい。
△DEFは正三角形だから，
DE＝DF …③ ← 正三角形の3つの辺は等しい。
①，②，③より，直角三角形の斜辺と他の1辺がそれぞれ等しいから，
△AED≡△CFD

直角三角形を見つけたら，直角三角形の合同条件を考えよう。

(2) ∠ADEの大きさを求めなさい。

(1)より，$\angle ADE=\angle CDF$ ← 合同な図形の対応する角は等しい。
また，$\angle ADC=90^\circ$，$\angle EDF=60^\circ$より，
$\angle ADE=(90^\circ-60^\circ)\div 2=$ **15°**
← $\angle ADC-\angle EDF$

45 平行四辺形の性質を使おう

▶本冊p.121

練習問題

1 次の四角形ABCDは平行四辺形です。$\angle x$の大きさを求めなさい。

(1) 〈岐阜〉

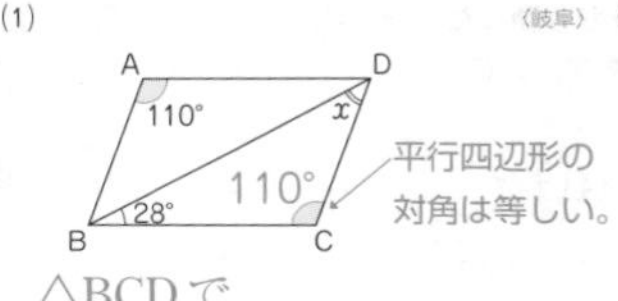

△BCDで
$\angle x=180^\circ-(28^\circ+110^\circ)$
$=$ **42°**

(2) DO＝DC 〈鳥取〉

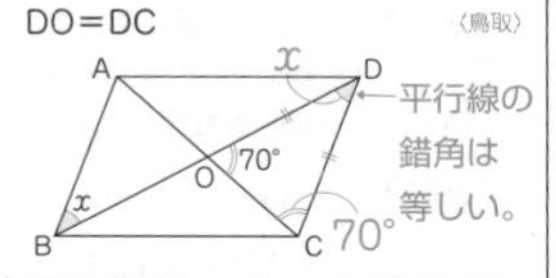

△DOCで， ← 二等辺三角形。
$\angle x=180^\circ-70^\circ\times 2$
$=$ **40°**

2 図のような平行四辺形ABCDがあります。この平行四辺形に，条件∠A＝∠Bを加えると，長方形になります。では，平行四辺形ABCDがひし形になるには，どのような条件をつければよいですか。次の㋐〜㋓までの中から正しいものを選びなさい。〈愛知〉

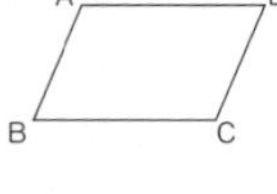

㋐ ∠A＝∠D　㋑ AB＝AD
㋒ AB＝AC　㋓ AC＝BD

ひし形は，4つの辺がすべて等しい四角形です。
四角形ABCDは平行四辺形で対辺が等しいから，
AB＝DC，AD＝BC
これより，AB＝ADの条件をつければ，この四角形の4つの辺がすべて等しくなります。

答 ㋑

46 三角形の相似を証明しよう

▶本冊p.123

練習問題

1 右の図のように，△ABCがあります。頂点B，Cからそれぞれ辺AC，ABに垂線をひき，辺AC，ABとの交点をそれぞれD，Eとし，線分BDと線分CEとの交点をFとします。このとき，△BFE∽△CFDであることを証明しなさい。〈茨城〉

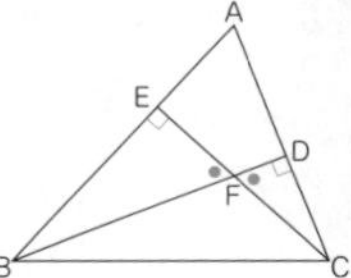

（証明）△BFEと△CFDにおいて，
仮定から，
∠BEF＝∠CDF …①
対頂角は等しいから，
∠BFE＝∠CFD …②
①，②より，2組の角がそれぞれ等しいから，
△BFE∽△CFD

三角形の相似を証明するとき，2組の角がそれぞれ等しいことをよく使うよ。

2 右の図のように，AB＝6，BC＝3，CA＝4の△ABCがあります。∠ABC＝∠ACDとなるように線分CDをひいたとき，線分CDの長さを求めなさい。〈徳島〉

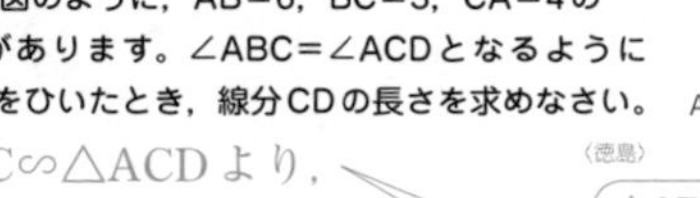

△ABC∽△ACDより，
相似な三角形の対応する辺の比は等しいから，
6：4＝3：CD ← AB：AC＝BC：CD
これを解いて，CD＝2

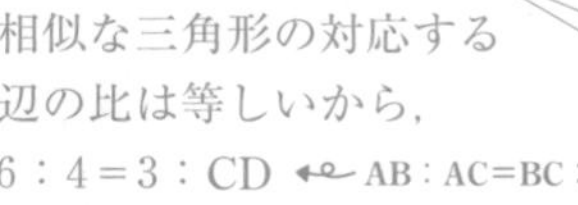

△ABCと△ACDにおいて，
仮定から，
∠ABC＝∠ACD …①
共通な角だから，
∠BAC＝∠CAD …②
①，②より，2組の角がそれぞれ等しいから，
△ABC∽△ACD

答 2

47 比を使って長さを求めよう

▶本冊p.125

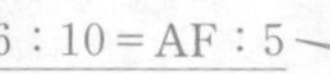

1 右の図で，四角形DBCEは平行四辺形です。線分AFの長さを求めなさい。〈佐賀〉

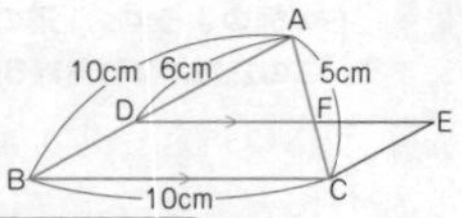

DF//BCより， ← 平行四辺形DBCEの対辺は平行。

$6:10=\mathrm{AF}:5$

← AD：AB＝AF：AC

△ABCで，三角形と線分の比(1)を使います。

$10\mathrm{AF}=30$

$\mathrm{AF}=3$

答 3cm

2 右の図のように，2つの直線ℓ，mが，3つの平行な直線p，q，rと交わるとき，xの値を求めなさい。〈和歌山〉

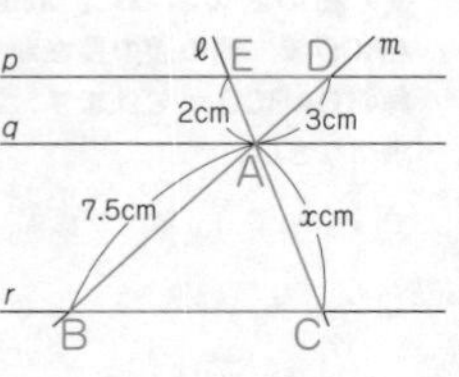

三角形と線分の比(1)は，
2点D，Eが辺BA，CAの
延長上にあっても成り立ちます。

$p//r$より，

$3:7.5=2:x$

← AD：AB＝AE：AC

$3x=15$

$x=5$

右の図で，
①DE//BCならば，
AD：AB＝AE：AC
＝DE：BC
②AD：AB＝AE：AC
ならば，DE//BC

答 $x=5$

48 中点に注目しよう

▶本冊p.127

練習問題

1 図の△ABCにおいて，AB＝4cmとします。辺AB，BC，CAの中点をそれぞれD，E，Fとし，△DEFにおいて，辺DE，EF，FDの中点をそれぞれP，Q，Rとします。このとき，PRの長さを求めなさい。〈沖縄〉

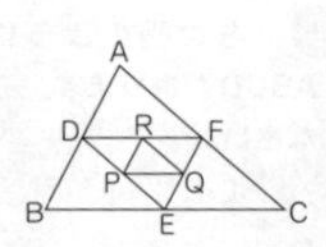

△CBAで，点E，Fはそれぞれ
辺BC，辺ACの中点だから，
中点連結定理より，

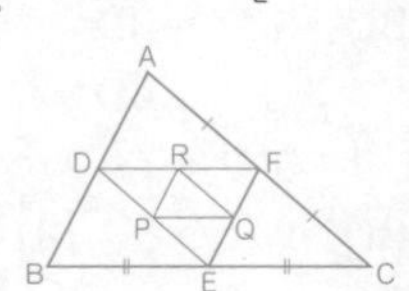

$\mathrm{EF}=\dfrac{1}{2}\mathrm{BA}=\dfrac{1}{2}\times4=2(\mathrm{cm})$

△DEFで，点P，Rはそれぞれ
辺DE，辺DFの中点だから，
中点連結定理より，

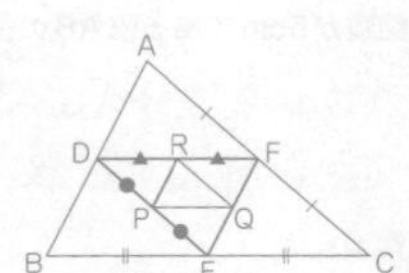

$\mathrm{PR}=\dfrac{1}{2}\mathrm{EF}=\dfrac{1}{2}\times2=1(\mathrm{cm})$

答 1cm

2 相似比が5：2の相似な2つの図形F，Gがあります。Fの面積が$400\mathrm{cm}^2$のとき，Gの面積は何cm^2か，求めなさい。〈愛知〉

FとGの相似比が5：2だから，面積比は，$5^2:2^2=25:4$

Gの面積を$x\mathrm{cm}^2$とすると，

$400:x=25:4$

これを解くと，$x=64$

答 $64\mathrm{cm}^2$

49 円周角の定理とは？

▶本冊p.129

練習問題

1 次の図で，∠xの大きさを求めなさい。

(1) 〈北海道〉

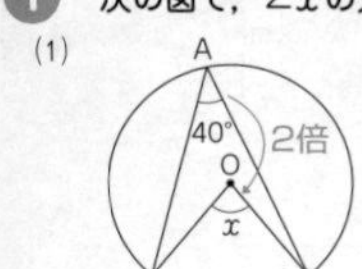

$\overset{\frown}{\mathrm{BC}}$に対する中心角より，

$\angle x=40°\times2$

$=\mathbf{80°}$

(2) 〈茨城〉

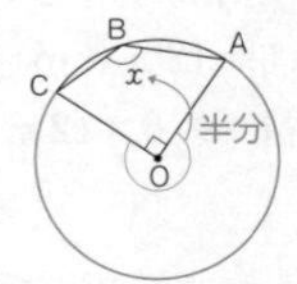

$\overset{\frown}{\mathrm{AC}}$に対する円周角より，

$\angle x=(360°-90°)\div2$

$=\mathbf{135°}$

(3) 〈和歌山〉

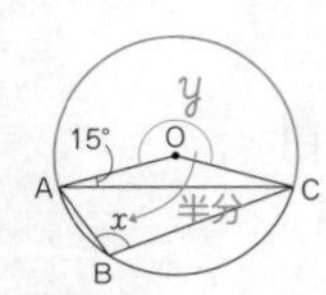

$\angle\mathrm{AOC}=180°-15°\times2$

$=150°$

$\angle y=360°-150°$

$=210°$

$\overset{\frown}{\mathrm{AC}}$に対する円周角より，

$\angle x=210°\div2$

$=\mathbf{105°}$

(4) 〈岩手〉

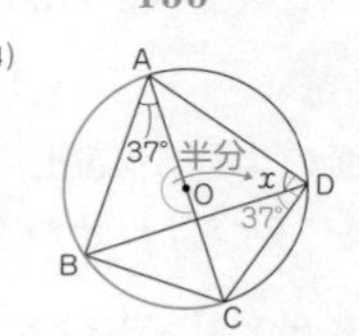

$\overset{\frown}{\mathrm{AC}}$に対する円周角より，

$\angle\mathrm{ADC}=180°\div2=90°$

$\overset{\frown}{\mathrm{BC}}$に対する円周角より，

$\angle\mathrm{BDC}=\angle\mathrm{BAC}=37°$

$\angle x=90°-37°$

$=\mathbf{53°}$

50 円周角の定理を利用しよう

▶本冊p.131

1 右の図のように，線分ABを直径とする半円があり，半円の周上に，点Cと，AD＝BDとなる点Dをとります。また，線分ADの延長と線分BCの延長の交点をE，線分ACと線分BDの交点をFとします。このとき，△AFD≡△BEDであることを証明しなさい。〈山口〉

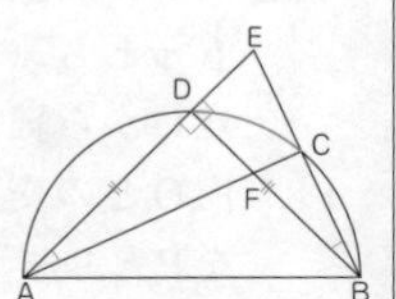

(証明) △AFDと△BEDにおいて，

仮定から，

AD＝BD　…①

$\overset{\frown}{\mathrm{CD}}$に対する円周角は等しいから，

∠FAD＝∠EBD　…②

直径に対する円周角は90°であり，

∠ADEは一直線の角だから，

∠ADF＝∠BDE＝90°　…③ ← ∠BDE＝180°－∠ADF＝90°

①，②，③より，1組の辺とその両端の角が

それぞれ等しいから，

△AFD≡△BED

中心角が180°のときが直径だから，直径に対する円周角は90°になるね。

円周角の定理を利用するときは，同じ弧に注目して，等しい角を見つけましょう。

51 平面図形で三平方の定理を使おう

▶本冊p.133

練習問題

1 右の図のように，AB=2cm，BC=3cmの長方形ABCDがあります。この長方形の対角線BDの長さを求めなさい。〈北海道〉

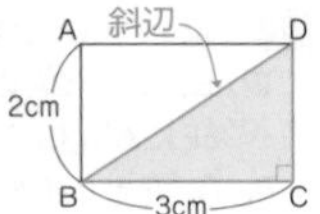

△BCDは直角三角形だから，

$BC^2+CD^2=BD^2$

$3^2+2^2=BD^2$

$BD^2=13$

BD>0だから，$BD=\sqrt{13}$

答 $\sqrt{13}$ cm

2 右の図のように，半径10cmの円Oで，中心Oからの距離が5cmである弦ABの長さを求めなさい。〈徳島〉

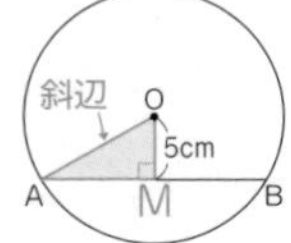

点Oから線分ABへ垂線をひき，ABとの交点をMとすると，点MはABの中点になります。

△AMOは直角三角形だから，

$AM^2+OM^2=OA^2$

$AM^2+5^2=10^2$

$AM^2=75$

AM>0だから，$AM=5\sqrt{3}$ ← $\sqrt{75}=\sqrt{5^2\times3}=5\sqrt{3}$

これより，弦ABの長さは，

$AB=2AM$

$=10\sqrt{3}$

答 $10\sqrt{3}$ cm

52 空間図形で三平方の定理を使おう

▶本冊p.135

練習問題

1 右の図のような，1辺の長さが4cmの立方体があります。この立方体の対角線BHの長さを求めなさい。〈徳島〉

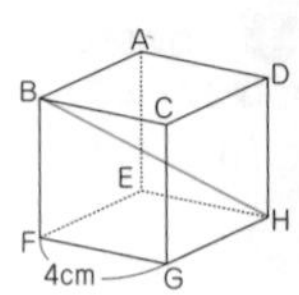

立方体は，縦，横，高さがすべて等しい直方体と考えられるので，求める対角線の長さは，

$\sqrt{4^2+4^2+4^2}=4\sqrt{3}$ ← 1辺がaの立方体の対角線の長さは，$\sqrt{3}a$となる。

答 $4\sqrt{3}$ cm

2 右の図のように，底面が1辺6cmの正方形ABCDで，他の辺の長さがすべて5cmである正四角錐OABCDがあります。この正四角錐の体積を求めなさい。〈愛媛〉

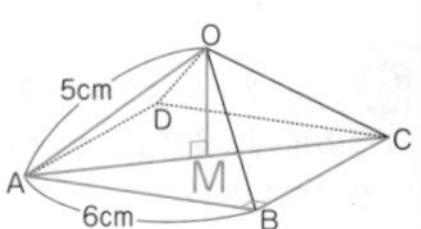

点Oから底面に垂線をひき，面ABCDとの交点をMとします。△OAMで三平方の定理を使って高さを求めます。

△ABCは直角二等辺三角形だから，

$AC=\sqrt{2}AB=6\sqrt{2}$ (cm) ← AB：AC=1：$\sqrt{2}$

$AM=6\sqrt{2}\div2=3\sqrt{2}$ (cm) ← 正四角錐だから，点MはACの中点。

$AM^2+OM^2=OA^2$ より，$OM^2=7$ ← $(3\sqrt{2})^2+OM^2=5^2$，$OM^2=25-18$，$OM^2=7$

OM>0だから，$OM=\sqrt{7}$ (cm)

求める体積Vは，

$V=\frac{1}{3}\times6\times6\times\sqrt{7}=12\sqrt{7}$ (cm^3)

底面積　高さ

答 $12\sqrt{7}$ cm^3

まとめのテスト 1　4 図形

▶本冊p.136〜137

1 右の図

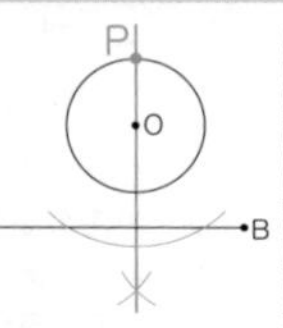

解説 円Oの周上にあり，線分ABからもっとも遠い点がPとなります。点Oから線分ABへ垂線をひき，円Oとの交点のうち，上にある点をPとします。

2 右の図

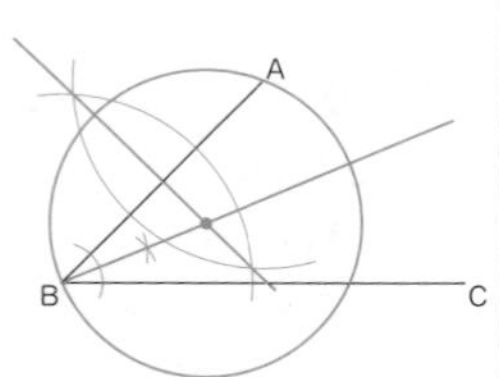

解説 ∠ABCの二等分線と，線分ABの垂直二等分線の交点を中心とし，点A，点Bを通る円をかきます。

3 14π cm^2

解説 おうぎ形の中心角をa°とすると，

$2\pi\times4\times\frac{a}{360}=7\pi$ より，$a=315$

求める面積は，

$\pi\times4^2\times\frac{315}{360}=14\pi$ (cm^2)

4 辺BC，辺EF

解説 辺ADと平行でなく，交わらない辺を見つけます。

平行な辺は，辺BE，辺CFです。

交わる辺は，辺AC，辺AB，辺DF，辺DEです。

5 72π cm^2

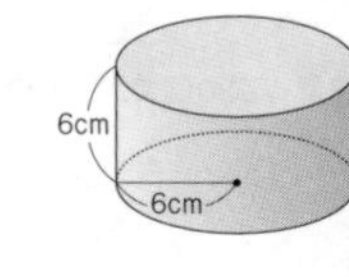

解説 側面となる長方形の横の長さは，底面の円周と等しいから，

$2\pi\times6=12\pi$ (cm)

側面積 ➡ $6\times12\pi=72\pi$ (cm^2)

6 ㋐

解説 ㋐ $\frac{1}{3}\times\pi\times3^2\times10=30\pi$ (cm^3)

㋑ $\pi\times3^2\times4=36\pi$ (cm^3)

㋒ $\frac{4}{3}\times\pi\times3^3=36\pi$ (cm^3)

7 32π cm^3

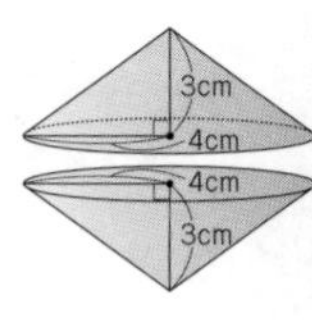

解説 底面の半径が4cm，高さが3cmの円錐を，2つ合わせた立体ができます。

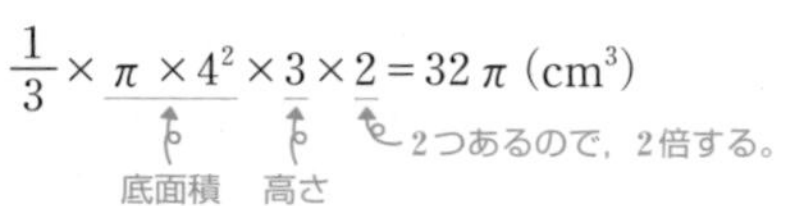

$\frac{1}{3}\times\pi\times4^2\times3\times2=32\pi$ (cm^3)

底面積　高さ　2つあるので，2倍する。

8 36π cm^3

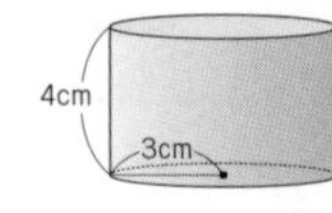

解説 立体は，底面の半径が3cm，高さが4cmの円柱です。

$\pi\times3^2\times4=36\pi$ (cm^3)

まとめのテスト2　4 図形
▶本冊 p.138～139

1 (1)　135°　　(2)　120°

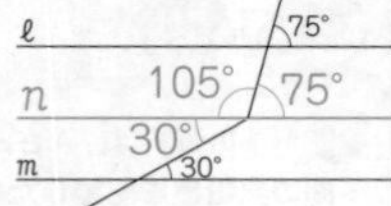

解説 (1)　右の図のように，$\ell /\!/ m /\!/ n$ となるように n をひくと，
$\angle x = 105° + 30° = 135°$

(2)　右の図より，
$\angle x = 70° + 50° = 120°$

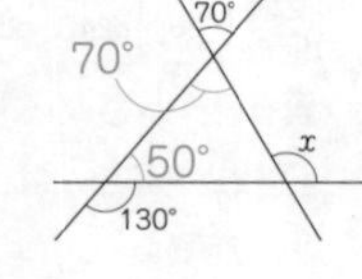

2 証明　△AMDと△PMCにおいて，
AD∥CPより，錯角は等しいから，
∠ADM＝∠PCM　…①
点Mは辺CDの中点だから，
DM＝CM　…②
対頂角は等しいから，
∠AMD＝∠PMC　…③
①，②，③より，1組の辺とその両端の角がそれぞれ等しいから，
△AMD≡△PMC

3 65°

解説 △ABDは二等辺三角形だから，
∠ADB＝(180°－110°)÷2
＝35°

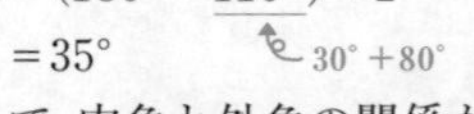

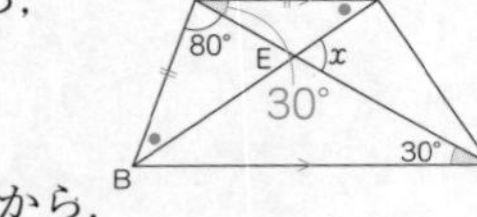

△AEDで，内角と外角の関係から，
$\angle x = 30° + 35° = 65°$

4 証明　△CDGと△ECHにおいて，
四角形ABCDと四角形FGCEは合同な長方形だから，
CD＝EC　…①
仮定から，
∠CGD＝∠EHC＝90°　…②
DG∥ECより，錯角は等しいから，
∠CDG＝∠ECH　…③
①，②，③より，直角三角形の斜辺と1つの鋭角がそれぞれ等しいから，
△CDG≡△ECH

5 ㊃

解説 △CQDの内角の和は180°だから，
$\angle CQD = 180° - (75° + 60° - a°)$
$= (a + 45)°$

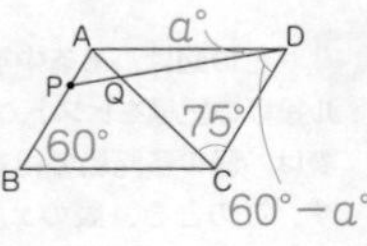

6 21°

解説 四角形ABCDはひし形で，四角形AEFDは正方形だから，△DCFはDC＝DFの二等辺三角形です。

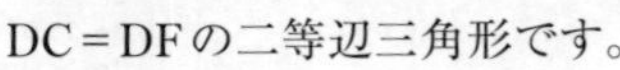

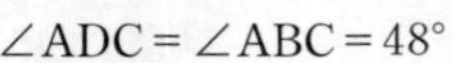

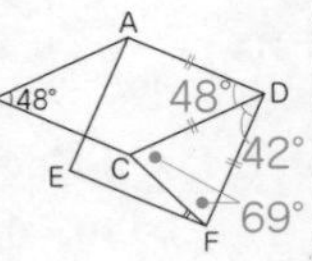

∠ADC＝∠ABC＝48°
∠CDF＝90°－48°＝42°
∠CFD＝(180°－42°)÷2＝69°
∠CFE＝90°－69°＝21°

まとめのテスト3　4 図形
▶本冊 p.140～141

1 証明　△ABCと△ADEにおいて，
仮定から，AD＝3cm，AE＝2cmだから，
AB：AD＝6：3＝2：1　…①
AC：AE＝4：2＝2：1　…②
共通な角だから，
∠BAC＝∠DAE　…③
①，②，③より，2組の辺の比とその間の角がそれぞれ等しいから，
△ABC∽△ADE

2 (1)　$x = \frac{27}{4}$　　(2)　$x = 12$

解説 (1)　$4 : 9 = 3 : x$
$4x = 27$
$x = \frac{27}{4}$

(2)　$6 : 9 = x : (30 - x)$
$9x = 6(30 - x)$
$15x = 180$
$x = 12$

3 3cm

解説 △CABで，中点連結定理から，
$GH = \frac{1}{2}AB = \frac{1}{2} \times 6 = 3$(cm)

4 135cm³

解説 円錐Bの体積を $x$cm³ とすると，
$2^3 : 3^3 = 40 : x$ より，$x = 135$

5 (1)　57°　　(2)　48°

解説 (1)　∠BCD＝38°÷2＝19°　←$\overset{\frown}{AB}$に対する円周角。
∠CBD＝∠AOD＝38°　←AO∥BCより錯角が等しい。
△CBDで，内角と外角の関係から，
$\angle x = 19° + 38° = 57°$

(2)　∠ACB＝∠ADB＝180°－(24°＋90°)＝66°
（直径に対する円周角だから，∠BAD＝90°）
△ABCは二等辺三角形だから，
$\angle x = 180° - 66° \times 2 = 48°$

6 証明　△ACDと△ABEにおいて，
ACとBDは垂直に交わるから，
∠AEB＝90°　…①
ACは円Oの直径で，$\overset{\frown}{AC}$に対する円周角より，
∠ADC＝90°　…②
①，②より，
∠ADC＝∠AEB　…③
また，$\overset{\frown}{AD}$に対する円周角は等しいから，
∠ACD＝∠ABE　…④
③，④より，2組の角がそれぞれ等しいから，
△ACD∽△ABE

7 $4\sqrt{2}$

解説 四角形BCDEは正方形です。直角二等辺三角形BCDで，
$BD = \sqrt{2}BC = \sqrt{2} \times 4 = 4\sqrt{2}$

53 度数分布表を読み取ろう

▶本冊 p.147

1 右の表は，ある中学校の1年生男子の握力を調べ，その結果を度数分布表に表したものです。表の中の㋐，㋑，㋒にあてはまる数をそれぞれ求めなさい。〈愛知〉

握力(kg)	度数(人)	相対度数
以上　未満		
20～25	4	0.10
25～30	㋐	㋑
30～35	12	0.30
35～40	8	0.20
40～45	6	0.15
45～50	2	0.05
計	㋒	1.00

4÷㋒＝0.10 より，㋒＝40

20kg以上25kg未満の階級から考える。

4＋㋐＋12＋8＋6＋2＝40 より，

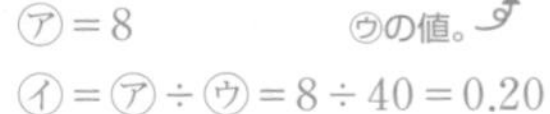

㋐＝8　　㋒の値。

㋑＝㋐÷㋒＝8÷40＝0.20

㋒は他の階級から考えることもできるよ。

答　㋐8　㋑0.20　㋒40

2 右の図は，ある中学校の女子のハンドボール投げの記録をヒストグラムに表したものです。表は，図の各階級の相対度数をまとめたものです。このとき，表の x，y の値を，小数第3位を四捨五入して，小数第2位まで求めなさい。〈徳島〉

図
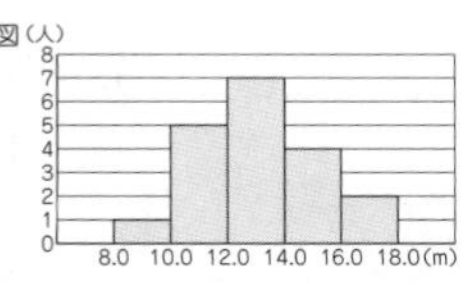

表

距離(m)	相対度数
以上　未満	
8.0～10.0	0.05
10.0～12.0	x
12.0～14.0	y
14.0～16.0	0.21
16.0～18.0	0.11
計	1.00

ヒストグラムから，度数の合計は19人とわかるので，

$x=5\div19=0.263\cdots$

$y=7\div19=0.368\cdots$

答　$x=0.26$，$y=0.37$

54 資料の特徴を表す値を求めよう

▶本冊 p.149

練習問題

1 下の資料は，Aさんの家に設置された太陽光発電システムの，連続した10日間の発電量を記録したものです。このとき，発電量の平均値と中央値(メジアン)を求めなさい。〈茨城〉

	1日目	2日目	3日目	4日目	5日目	6日目	7日目	8日目	9日目	10日目
発電量(kWh)	25	24	25	26	25	6	22	24	26	22

資料を小さい順に並べて考えます。

6，22，22，24，24，25，25，25，26，26

平均値は，

$(6+22+22+24+24+25+25+25+26+26)\div10$

$=\mathbf{22.5}$**(kWh)**

中央値は，中央の5番目と6番目の値の平均で，

$(24+25)\div2=\mathbf{24.5}$**(kWh)**

2 右の図は，ある中学校の生徒20人が，1か月間に読んだ本の冊数と人数の関係を表したものです。中央値(メジアン)と最頻値(モード)を，それぞれ求めなさい。〈兵庫〉

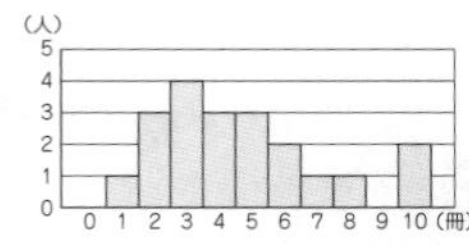

ヒストグラムの人数を冊数の少ない順に数えていくと，10番目と11番目の値はいずれも4冊だから，中央値は4冊です。最頻値は，人数がもっとも多い冊数だから，3冊です。

答　**中央値…4冊　最頻値…3冊**

55 データの傾向を読み取ろう

▶本冊 p.151

練習問題

1 下の記録は，ある中学校の生徒14人がハンドボール投げを行ったときの結果を，距離の短い方から順に並べたものです。〈熊本A〉

記録

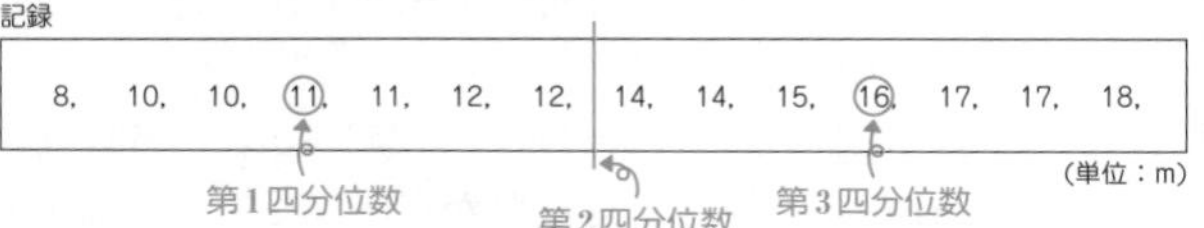

(1) ハンドボール投げの記録の中央値を求めましょう。

中央値は，中央の7番目と8番目の値の平均で，

$(12+14)\div2=13$(m)

答　**中央値…13m**

(2) ハンドボール投げの記録の箱ひげ図をかきましょう。

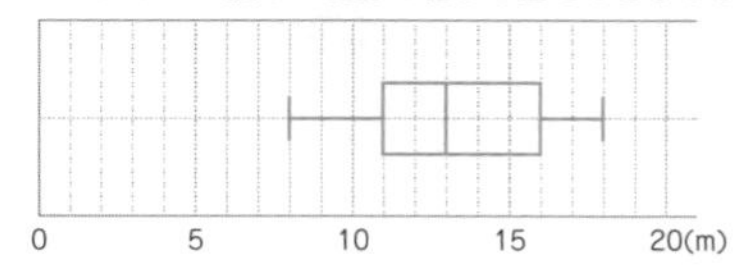

第1四分位数は前半7つのデータの中央値「11」

第3四分位数は後半7つのデータの中央値「16」

最大値は「18」，最小値は「8」

これと(1)の中央値(第2四分位数)を加えて，図のように箱ひげ図を完成させます。

56 樹形図を使って確率を求めよう

▶本冊 p.153

練習問題

1 500円硬貨，100円硬貨，50円硬貨がそれぞれ1枚ずつあります。これらの3枚の硬貨を同時に投げるとき，表の出る硬貨の合計金額が100円以上600円以下となる確率を求めなさい。〈鹿児島〉

硬貨の出方は全部で8通り。

樹形図から考える。

100円以上600円以下となるのは5通り。　樹形図で，●の部分。

したがって，確率は，$\dfrac{5}{8}$

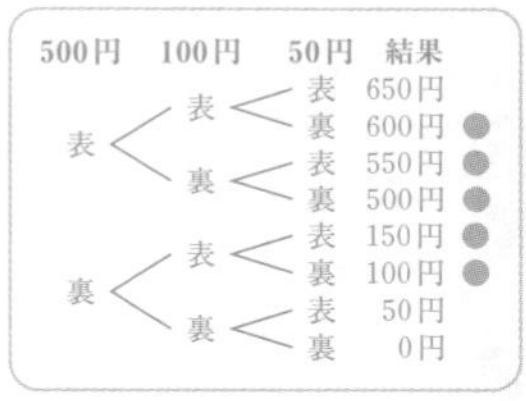

2 袋の中に，赤玉が1個，青玉が2個，白玉が3個入っています。この袋の中から，同時に2個の玉を取り出すとき，少なくとも1個は白玉である確率を求めなさい。〈埼玉16〉

出方は全部で15通り。

少なくとも1個が白玉である出方は12通り。　樹形図で，●の部分。

したがって，確率は，

$\dfrac{12}{15}=\dfrac{4}{5}$

(別解)白玉が1個も出ないのは3通りだから，

$1-\dfrac{3}{15}=\dfrac{12}{15}=\dfrac{4}{5}$

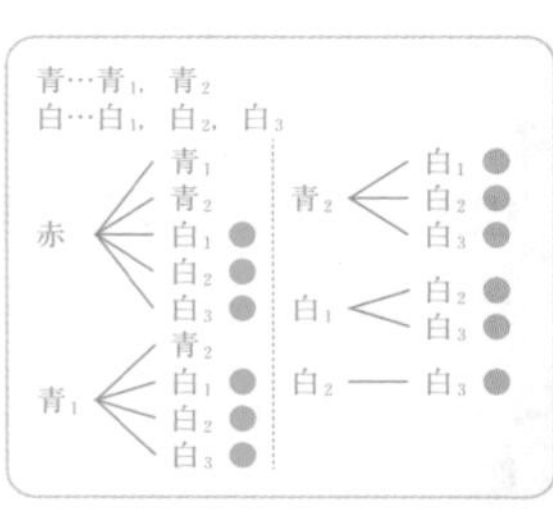

57 表を使って確率を求めよう

▶本冊p.155

練習問題

1 大小2つのさいころを投げるとき，出た目の数の積が20以上となる確率を求めなさい。〈岩手〉

目の出方は全部で36通り。
出た目の数の積が20以上となるのは8通り。←表の下線部分。
したがって，確率は，

$\frac{8}{36}=\frac{2}{9}$

大＼小	1	2	3	4	5	6
1	1	2	3	4	5	6
2	2	4	6	8	10	12
3	3	6	9	12	15	18
4	4	8	12	16	20	24
5	5	10	15	20	25	30
6	6	12	18	24	30	36

2 右の図のように，数字2，3を書いたカードがそれぞれ2枚ずつ，数字4を書いたカードが1枚あります。この5枚のカードをよくきって，1枚カードを取り出し，取り出したカードを戻し，再びよくきって，1枚カードを取り出します。このとき，1回目に取り出したカードに書かれた数字と2回目に取り出したカードに書かれた数字の和が6以上になる確率を求めなさい。〈愛知〉

2 2 3 3 4

カードの出方は全部で25通り。
数字の和が6以上になるのは13通り。←表の下線部分。
したがって，確率は，

$\frac{13}{25}$

1＼2	2_a	2_b	3_a	3_b	4
2_a	4	4	5	5	6
2_b	4	4	5	5	6
3_a	5	5	6	6	7
3_b	5	5	6	6	7
4	6	6	7	7	8

2枚ある2と3を，a，bを使って区別します。

58 標本から全体の傾向を調べよう

▶本冊p.157

練習問題

1 アルミ缶とスチール缶の空き缶を合わせて960個回収しました。これらの回収した空き缶の中から48個を無作為に抽出したところ，スチール缶が22個ふくまれていました。回収した空き缶のうち，スチール缶の個数はおよそ何個と推定できますか。〈鹿児島〉

回収したスチール缶の個数をx個とします。

$48:22=960:x$（48：22 標本，960：x 母集団）

「空き缶の個数：スチール缶の個数」の関係から，比例式をつくります。

$48x=22\times960$

$x=440$

答 およそ440個

2 ある池で魚の数を推定するために，100匹の魚をつかまえて，目印をつけて池に戻しました。そして，1週間後に再び魚を50匹つかまえたところ，目印のついた魚が6匹ふくまれていました。この池には，およそ何匹の魚がいると推定できますか。答えは一の位を四捨五入して，十の位までの概数で求めなさい。〈栃木〉

池にx匹の魚がいるとします。

$50:6=x:100$（50：6 標本，x：100 母集団）

「魚の数：印をつけた魚の数」の関係から，比例式をつくります。

$6x=50\times100$

$x=833.\cdots$（一の位を四捨五入して0）

答 およそ830匹

まとめのテスト　5 統計・確率

▶本冊p.158～159

1 (1) 14分　(2) 0.2

解説 (1) 12分以上16分未満の階級の階級値です。
(2) 20分以上24分未満の階級の度数が27人で，度数の合計が135人だから，$27\div135=0.2$

2 ㋒

解説 ㋐ 平均値は，
$(0\times2+1\times3+2\times6+3\times4+4\times7+5\times3)\div25$
$=2.8$(冊)
㋑ 最頻値は，人数が7人ともっとも多い4冊です。
㋒ 中央値は，小さい方から数えて13番目の人が入っている冊数で，3冊です。
㋓ 範囲は，資料の最大の値と最小の値の差だから，$5-0=5$(冊)

3 a 7　b 16

解説 11人の得点を小さい順に並べると，
5，7，7，8，10，11，13，14，16，19，20
箱ひげ図を見ると，最小値5(点)，最大値20(点)，中央値は11(点)です。
aは第1四分位数なので，前半5つの数の中央値(データの数が奇数個なので中央の数)7(点)です。
bは第3四分位数なので，後半5つの数の中央値16(点)です。

4 $\frac{1}{2}$

解説 3枚の硬貨をa，b，cとして，樹形図をつくります。
硬貨の出方は全部で8通り。
少なくとも2枚は裏となるのは，●をつけた4通り。
したがって，確率は，$\frac{4}{8}=\frac{1}{2}$

a	b	c	結果
表	表	表	
		裏	
	裏	表	
		裏	●
裏	表	表	
		裏	●
	裏	表	●
		裏	●

5 $\frac{5}{9}$

解説 さいころの目の出方は全部で36通り。
積abが3の倍数となるのは20通り。←表の下線部分。
したがって，確率は，

$\frac{20}{36}=\frac{5}{9}$

a＼b	1	2	3	4	5	6
1	1	2	3	4	5	6
2	2	4	6	8	10	12
3	3	6	9	12	15	18
4	4	8	12	16	20	24
5	5	10	15	20	25	30
6	6	12	18	24	30	36

6 およそ90人

解説 求める生徒数をx人とすると，$120:18=600:x$（120：18 標本，600：x 母集団）
これを解くと，$x=90$

1 文字式を使って説明しよう

▶本冊p.163

チャレンジ問題

1 ある月のカレンダーにおいて，図1のような形に並ぶ4つの数を小さい順にa，b，c，dとし，この4つの数の間に成り立つ関係について考えます。図2は$a=5$のときの例です。〈群馬〉

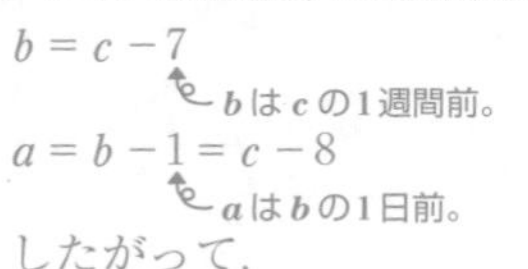

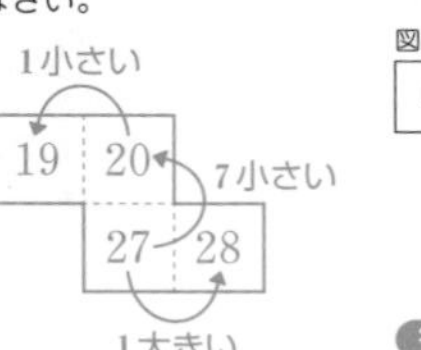

(1) $c=27$であるとき，aの値を求めなさい。

$b=c-7$ ← bはcの1週間前。

$a=b-1=c-8$ ← aはbの1日前。

したがって，

$a=27-8=19$

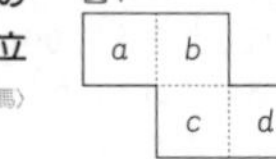

答 $a=19$

(2) dをaの式で表しなさい。

$b=a+1$ ← aの1日後。

$c=b+7=a+8$ ← bの1週間後。

$d=c+1=a+9$ ← cの1日後。

答 $d=a+9$

(3) $bc-ad$の値はいつでも8であることを，文字を使って説明しなさい。

b，c，dを，文字aを使って表すと，
$b=a+1$，$c=a+8$，$d=a+9$となる。（1つの文字で表して計算します。）

$$bc-ad=(a+1)(a+8)-a(a+9)$$ ← 乗法公式①と分配法則を使う。
$$=a^2+9a+8-a^2-9a$$
$$=8$$

したがって，$bc-ad$の値はいつでも8である。

2 方程式を使って解こう

▶本冊p.165

チャレンジ問題

1 折り紙を，生徒1人に5枚ずつ配ると40枚たりませんでした。そこで，3枚ずつ配ることにしたら24枚余りました。このとき，生徒の人数を求めなさい。〈茨城〉

1 生徒の人数をx人とすると，

2 $5x-40=3x+24$
5枚ずつ配ると40枚たりない。 3枚ずつ配ると24枚余る。

折り紙の枚数
5(枚)×x(人)
不足(40枚)
3(枚)×x(人)
余り(24枚)

3 この方程式を解くと，

$x=32$

生徒の人数は自然数だから，

この解は問題に合っています。

答 32人

2 ある水族館の入館料は，おとな2人と中学生1人で3800円，おとな1人と中学生2人で3100円です。おとな1人と中学生1人の入館料はそれぞれいくらですか。〈鹿児島〉

1 おとな1人の入館料をx円，中学生1人の入館料をy円とすると，

2 $\begin{cases} 2x+y=3800 \\ x+2y=3100 \end{cases}$
← おとな2人と中学生1人で3800円。
← おとな1人と中学生2人で3100円。

3 この連立方程式を解くと，$x=1500$，$y=800$

入館料は自然数だから，この解は問題に合っています。

答 おとな1500円，中学生800円

3 点が動くときの面積は？

▶本冊p.167

チャレンジ問題

1 右の図のように，AB=4cm，AD=8cmの長方形ABCDがあります。2点P，Qは点Aを同時に出発します。点Pは辺AB，BC，CD上を秒速1cmで点Dまで動き，停止します。点Qは辺AD上を秒速2cmで点Dまで動き，停止します。〈茨城〉

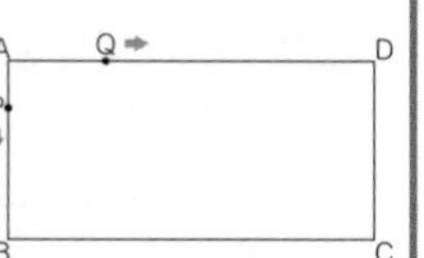

(1) 2点P，Qが点Aを出発してから，3秒後の線分PQの長さを求めなさい。

△APQで三平方の定理より， ← AP=3cm，AQ=6cmの直角三角形。

$3^2+6^2=PQ^2$　$PQ=\sqrt{45}=3\sqrt{5}$

答 $3\sqrt{5}$cm

(2) △APQの面積が長方形ABCDの面積の$\frac{1}{4}$になるのは，2点P，Qが点Aを出発してから，何秒後と何秒後か求めなさい。 ← $4\times8\times\frac{1}{4}=8(cm^2)$

x秒後に面積が$\frac{1}{4}$になるとします。

① $0\leqq x\leqq4$のとき ← 点Pは辺AB上。

$\frac{1}{2}\times2x\times x=8$より，$x=2\sqrt{2}$

② $4\leqq x\leqq12$のとき ← 点Pは辺BC上。

$\frac{1}{2}\times8\times4=16(cm^2)$より，面積が$\frac{1}{4}$になりません。

③ $12\leqq x\leqq16$のとき ← 点Pは辺CD上。

$\frac{1}{2}\times8\times(16-x)=8$より，$x=14$

①
A 2$x$cm Q D
$x$cm
P
B C

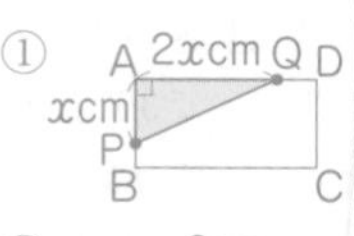

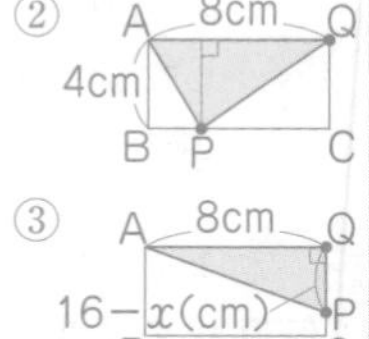

答 $2\sqrt{2}$秒後と14秒後

4 グラフの問題を解こう

▶本冊p.169

チャレンジ問題

1 右の図のように，関数$y=ax^2$のグラフ上に3点A，B，Cがあります。点Aの座標は(4, 8)，点Bのx座標は2であり，点Cと点Aのy座標は等しいです。〈佐賀〉

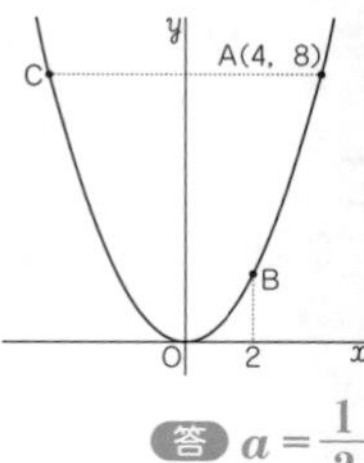

(1) aの値を求めなさい。

$y=ax^2$に$x=4$，$y=8$を代入して計算します。 ← 点Aの座標。

答 $a=\frac{1}{2}$

(2) 直線ABの式を求めなさい。

$y=\frac{1}{2}x^2$に$x=2$を代入すると，$y=2$

したがって，B(2, 2)となります。

A(4, 8)より，2点A，Bを通る直線の傾きと切片を求めます。

答 $y=3x-4$

(3) △ABCの面積を求めなさい。

C(−4, 8)だから，長さの関係は右のようになります。

△ABCは，底辺が8，高さが6の三角形になるから，面積は，

$\frac{1}{2}\times8\times6=24$

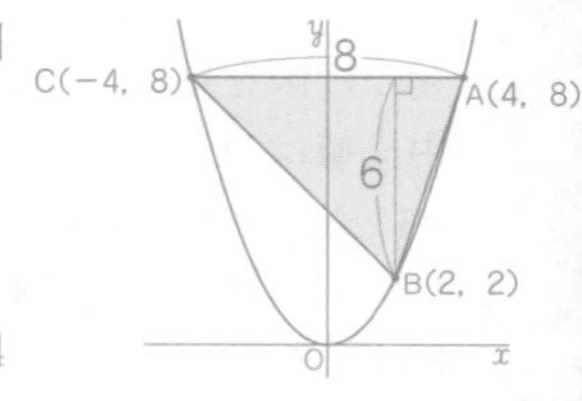

答 24

5 基本の作図を応用しよう

▶本冊 p.171

チャレンジ問題

1 右の図において，頂点Bを通り△ABCの面積を2等分する直線を作図しなさい。〈鹿児島〉

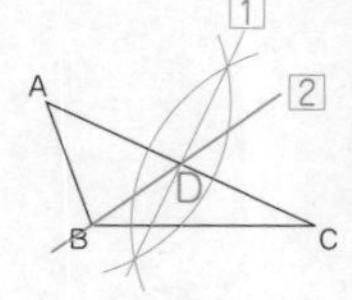

[1] 線分ACの垂直二等分線をひき，線分ACとの交点を点Dとします。

[2] 直線BDをひきます。

2 右の図のように，∠A=90°，AB=ACである△ABCがあります。次の［条件］①，②をともに満たす点D，Eをそれぞれ辺AB，AC上に作図しなさい。〈大分〉

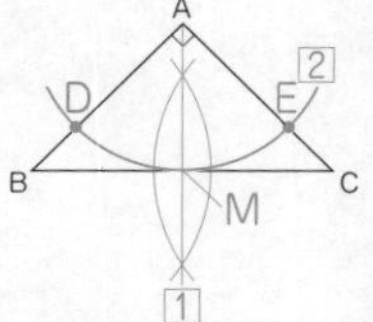

［条件］ ① △ABCと△ADEは相似です。

② △ADEの面積は△ABCの面積の$\frac{1}{2}$倍です。

△ADEの面積が△ABCの$\frac{1}{2}$倍で，△ABCと△ADEはともに直角二等辺三角形だから，辺BCの中点をMとすると，△ADE≡△MAB≡△MACとなります。

したがって，AM=AD=AEとなるように作図します。

[1] 直線BCの垂直二等分線を作図し，BCとの交点をMとします。←点Mは辺BCの中点。

[2] 点Aを中心として，線分AMを半径とする円をかき，辺AB，ACとの交点をD，Eとします。

6 長さがもっとも短くなるのは？

▶本冊 p.173

チャレンジ問題

1 右の図に示した立体ABC−DEFは，AB=BC=CA=4cm，AD=9cm，∠ABE=∠CBE=90°の正三角柱です。辺DEの中点をMとします。辺CF上にある点をP，辺AD上にある点をQとし，点Mと点Q，点Pと点Qをそれぞれ結び，PQ+QM=ℓcmとします。FP=8cmのとき，ℓの値がもっとも小さくなる場合のℓの値を求めなさい。〈東京〉

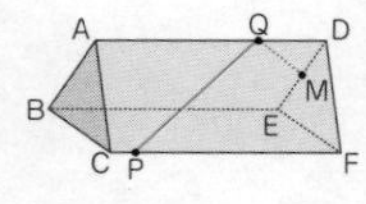

ℓの値がもっとも小さくなるのは，右の図のように，展開図でPQ，QMが一直線になるときです。△MPFで三平方の定理より，$8^2+6^2=\ell^2$

これを解くと，ℓ=10

答 ℓ=10

2 右の図のように，AB=3cm，AD=4cm，AE=6cmの直方体ABCDEFGHがあります。辺FGの中点をMとし，この直方体に，頂点Aから辺BFと交わるように点Mまで糸をかけます。かける糸の長さがもっとも短くなるときの，糸と辺BFとの交点をPとします。このとき，線分APと線分PMの長さの比をもっとも簡単な整数の比で表しなさい。〈長崎〉

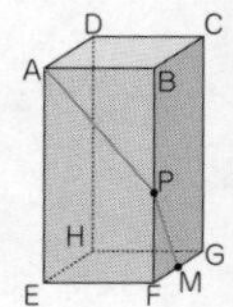

糸の長さがもっとも短くなるのは，右の図のように，展開図でAP，PMが一直線になるときです。

△MAEで，PF∥AEだから，三角形と線分の比(2)より，

AP：PM=EF：FM=3：2

答 3：2

7 図形を使った確率を求めよう

▶本冊 p.175

チャレンジ問題

1 右の図のように，半径1の円Oの円周を6等分する点A，B，C，D，E，Fがあります。さいころの6つの面に，図の円周上の点を表すAからFの文字のシールがはってあります。このさいころを2回投げ，出た文字の2つの点を結んだとき，線分の長さが1になる確率を求めなさい。ただし，同じ文字が出たときは線分の長さを0とします。〈滋賀〉

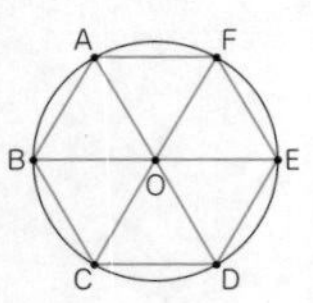

点A，B，C，D，E，Fは円周を6等分する点だから，六角形ABCDEFは正六角形になります。

また，円Oの半径が1だから，正六角形ABCDEFの1辺の長さは1になります。

したがって，さいころを2回投げて，AとB，DとEのように，正六角形ABCDEFの1辺をつくる2つの目が出たとき，線分の長さが1になります。

さいころの目の出方は全部で36通り。←右の表より，6×6。

線分の長さが1になるのは，12通り。←表の○の部分。

したがって，確率は，

$\frac{12}{36}=\frac{1}{3}$

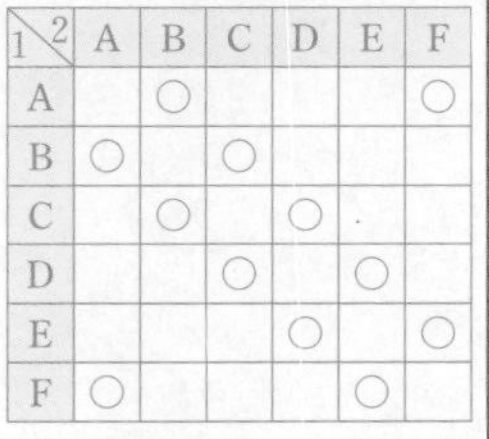

1＼2	A	B	C	D	E	F
A		○				○
B	○		○			
C		○		○		
D			○		○	
E				○		○
F	○				○	

さいころを2回投げるときの確率は，表を利用して求めよう。

おめでとう！ここまでよくがんばったね。

次は，付録の「合格ミニBOOK」で復習しよう。

2 1 0 9 8 7 6 5 4 3
* * D C B A